面向"十二五"高职高专规划教材
高等职业教育骨干校课程改革项目研究成果

过程控制技术

主　编　侯慧姝
副主编　邬大雷　郑艳楠
参　编　于梦琦　邢泽斌

北京理工大学出版社
BEIJING INSTITUTE OF TECHNOLOGY PRESS

内 容 简 介

本书将"自动控制原理"与"过程控制工程"课程的内容有机融合，使读者可以循序渐进地掌握过程控制的理论知识并能系统地掌握自动化控制工程应用的技能。通过对本书的学习，使学生能够掌握分析过程控制系统的方法并应用到工程实践中，真正做到由浅入深、融会贯通、学以致用。

本书共 8 章，每章附有练习题，以加强读者对每个章节知识和技能的掌握程度。全书可分为 3 部分，第 1 部分为过程控制系统的基础知识（第 1、2 章），主要学习过程控制系统的组成、分类、术语等基本概念，使学生了解过程控制系统，掌握分析过程控制系统的基本概念和基本要求；第 2 部分为过程控制系统的分析（第 3、4 章），学习被控对象的数学模型和过程控制系统的分析方法，使学生学会使用数学模型分析简单过程控制系统；第 3 部分为过程控制系统应用（第 5～8 章），内容有串级控制系统、前馈控制系统、比值控制系统、安全仪表系统等典型复杂控制系统典型单元的控制方案。

本书强调实用性、应用性，重点突出与实际应用紧密结合，不仅可作为高职高专生产过程自动化技术及自动化相关专业的理论教材，由于各章后附有项目训练任务，也可作为这些专业学生的实训教材使用，亦可供炼油、石油化工、冶金、电力、煤炭、轻工等领域从事工业自动控制工作的技术人员参考。

版权专有　侵权必究

图书在版编目（CIP）数据

过程控制技术/侯慧姝主编．—北京：北京理工大学出版社，2013.1（2016.1 重印）
ISBN 978-7-5640-7175-2

Ⅰ.①过…　Ⅱ.①侯…　Ⅲ.①过程控制-高等学校-教材　Ⅳ.①TP273

中国版本图书馆 CIP 数据核字（2012）第 312013 号

出版发行 /	北京理工大学出版社
社　　址 /	北京市海淀区中关村南大街 5 号
邮　　编 /	100081
电　　话 /	（010）68914775（办公室）　68944990（批销中心）　68911084（读者服务部）
网　　址 /	http：//www.bitpress.com.cn
经　　销 /	全国各地新华书店
印　　刷 /	虎彩印艺股份有限公司
开　　本 /	710 毫米×1000 毫米　1/16
印　　张 /	19.75
字　　数 /	370 千字
版　　次 /	2013 年 1 月第 1 版　2016 年 1 月第 3 次印刷
定　　价 /	39.00 元

责任编辑 / 陈莉华
责任校对 / 周瑞红
责任印制 / 王美丽

图书出现印装质量问题，本社负责调换

前 言

过程控制技术是现代工业控制中尤为重要的一个分支，随着物质生活水平的提高以及市场竞争的日益激烈，人们对产品制造的工艺过程要求也越来越高。高产、低耗以及安全生产、保护环境等也成了工业生产过程研究的主体。过程控制技术对于提高产品质量以及节能环保等均起着十分重要的作用，过程控制技术已成为工程技术和管理人员必备的科学技术知识。

本书将过程控制理论和过程控制系统应用相结合，讲授过程控制的基本概念、控制系统的数学模型、系统组成原理及分析、简单控制系统、串级及其他复杂控制系统的原理和工程应用、安全仪表系统的概念和应用等内容，使读者可以循序渐进地掌握过程控制技术的知识并能系统地掌握自动化工程应用的技能。本书是编者根据多年从事生产过程自动化及相关专业的实践工作经验及相关教学经验编写的，编者着重注重了公式、原理论证的科学性，内容的系统性和可教性，在内容安排上真正做到了理论联系实际、由浅入深。

全书分为3部分，第1部分：过程控制系统的基础知识，包括过程控制系统的组成、分类、术语等基本概念，使学生了解过程控制系统，掌握分析过程控制系统的基本概念和基本要求；第2部分：过程控制系统的分析，包括被控对象的数学模型和过程控制系统的分析，使学生学会使用数学模型分析简单过程控制系统；第3部分：过程控制系统应用，包括串级控制系统、前馈及比值控制系统等典型复杂控制系统和典型单元的控制方案，还介绍了当今在过程控制领域占据越来越重要地位的安全仪表系统。通过对本书的学习，使学生掌握分析过程控制系统的方法并应用到工程实践中，真正做到由浅入深、融会贯通、学以致用。

本书共分为8章，其中第1、4章、实训项目一、二由内蒙古化工职业学院郑艳楠老师编写；第2、3章、实训项目三、四由内蒙古化工职业学院邬大雷老师编写；第5～8章、实训项目七、八由内蒙古化工职业学院侯慧姝老师编写；绪论、实训项目五由内蒙古化工职业学院于梦琦老师编写；实训项目六和附录部分由内蒙古化工职业学院邢泽斌老师编写。侯慧姝任主编，邬大雷、郑艳楠任副主编，侯慧姝负责全书的组织和统稿工作。

本书由内蒙古化工职业学院的孙家瑞教授任主审，对本书全部书稿进行了认真细致的审阅，提出了许多宝贵意见和建议，在此表示衷心的感谢！

内蒙古天润化肥股份有限公司吕文坡高工在本书编写过程中给予了很多工程技术上的指导，还得到了内蒙古机电职业学院王景学老师的支持和帮助，在此一并致以诚挚的谢意！并向所有关心、支持、帮助本书出版工作的同志表示最诚挚的谢意！

由于编者的学术水平、专业知识和实践经验有限，本书的错误和缺点在所难免，敬请有关专家和读者批评指正。

编　者

目 录

绪论 …………………………………………………………………………………………… 1

第1章 过程控制系统的基本概念 ………………………………………………………… 3
1.1 过程控制系统的组成及其分类 …………………………………………………… 3
1.2 过程控制系统的过渡过程和品质指标 …………………………………………… 10
本章小结 ………………………………………………………………………………… 16
习题与思考题 …………………………………………………………………………… 17

第2章 控制系统的数学模型 ……………………………………………………………… 19
2.1 控制系统的数学模型 ……………………………………………………………… 19
2.2 过程控制系统的传递函数 ………………………………………………………… 24
2.3 被控对象数学模型的实验测取 …………………………………………………… 37
本章小结 ………………………………………………………………………………… 43
习题与思考题 …………………………………………………………………………… 45

第3章 过程控制系统的动态性能 ………………………………………………………… 46
3.1 过程控制系统的动态响应 ………………………………………………………… 46
3.2 常规控制规律对系统过渡过程的影响 …………………………………………… 52
本章小结 ………………………………………………………………………………… 62
习题与思考题 …………………………………………………………………………… 63

第4章 单回路控制系统 …………………………………………………………………… 65
4.1 被控变量与操纵变量的选择 ……………………………………………………… 65
4.2 控制阀的选择 ……………………………………………………………………… 72
4.3 测量元件特性对控制品质的影响 ………………………………………………… 84
4.4 控制器控制规律的选择及正反作用的确定 ……………………………………… 88
4.5 简单控制系统的方案实施 ………………………………………………………… 92
4.6 简单控制系统的投运和控制器参数整定 ………………………………………… 95
4.7 过程控制系统故障的产生及排除方法 …………………………………………… 102

本章小结 ……………………………………………………………………… 103
　　习题与思考题 …………………………………………………………………… 104
第 5 章　串级控制系统 ………………………………………………………………… 106
　5.1　串级控制系统的基本原理和结构 …………………………………………… 106
　5.2　串级控制系统的设计 ………………………………………………………… 114
　5.3　串级控制系统的实施 ………………………………………………………… 117
　　本章小结 ……………………………………………………………………… 125
　　习题与思考题 …………………………………………………………………… 125
第 6 章　其他复杂控制系统 …………………………………………………………… 127
　6.1　前馈控制系统 ………………………………………………………………… 127
　6.2　比值控制系统 ………………………………………………………………… 133
　6.3　分程控制系统 ………………………………………………………………… 142
　6.4　选择性控制系统 ……………………………………………………………… 148
　6.5　均匀控制系统 ………………………………………………………………… 154
　　本章小结 ……………………………………………………………………… 158
　　习题与思考题 …………………………………………………………………… 159
第 7 章　信号报警和安全仪表系统（SIS） …………………………………………… 161
　7.1　信号报警系统 ………………………………………………………………… 161
　7.2　安全仪表系统（SIS） ………………………………………………………… 166
　　本章小结 ……………………………………………………………………… 189
　　习题与思考题 …………………………………………………………………… 190
第 8 章　典型单元及装置的控制方案 ………………………………………………… 191
　8.1　流体输送设备的控制 ………………………………………………………… 191
　8.2　锅炉设备的控制 ……………………………………………………………… 201
　8.3　传热设备的控制 ……………………………………………………………… 217
　8.4　精馏塔的控制 ………………………………………………………………… 227
　　本章小结 ……………………………………………………………………… 235
　　习题与思考题 …………………………………………………………………… 236
项目一　一阶单容上水箱对象特性测试实验 ………………………………………… 237
项目二　上水箱液位 PID 整定实验 …………………………………………………… 243
项目三　串接双容中水箱液位 PID 整定实验 ………………………………………… 250

项目四　锅炉夹套水温 PID 整定实验（动态） ……………………………………… 255
项目五　锅炉夹套和锅炉内胆温度串级控制系统 ………………………………… 262
项目六　主副回路涡轮流量计流量比值控制系统实验 …………………………… 267
项目七　流量-液位前馈反馈控制实验 ……………………………………………… 272
项目八　锅炉内胆水温 PID 整定实验（动态） …………………………………… 275
附录 1　拉普拉斯变换 ……………………………………………………………… 281
　附录 1.1　拉氏变换的定义 ……………………………………………………… 281
　附录 1.2　常用的拉氏变换法则（不作证明） ………………………………… 283
　附录 1.3　拉普拉斯反变换 ……………………………………………………… 287
　附录 1.4　用拉氏变换求解系统的暂态过程 …………………………………… 292
附录 2　《过程控制技术》部分中英文词汇对照表 ………………………………… 295
附录 3　常用管道仪表流程图设计符号 …………………………………………… 301
参考文献 ……………………………………………………………………………… 305

绪　　论

生产过程自动控制是指在化工、炼油、造纸、冶金、电力、食品等生产过程中的自动化控制的简称。在生产过程的机器设备上，配置一些过程控制仪表，使操作人员由直接管理和操作设备的方式方法改变为操作人员间接操作设备，并使生产过程在不同程度上自动地进行。这种用过程控制设备来管理生产过程的方法称为生产过程自动控制，又称为过程控制。

生产过程自动化的内容比较广泛，包括自动检测、自动控制、自动保护和程序控制等多方面。

（1）自动检测

在化工生产过程中，需要随时掌握和了解各处的生产情况和工艺参数，以便加以调整，使生产过程稳定运行，保证生产合格产品。这就需要自动检测，并将测量结果用仪表或屏幕显示及制表打印出来。在自动控制和自动保护系统中，测量是一个基础。在生产过程自动化中，被测变量或者被控变量通常指温度、流量、压力、物位和成分等物理量。

（2）自动控制

自动控制是在测量的基础上，进一步用自动化装置代替操作人员的直接操作，自动克服扰动对被控变量的影响，进而稳定工艺生产过程。自动控制是过程控制的核心。

（3）自动保护

在生产过程中，因为某些工艺变量超过一定限量时，会严重影响生产，甚至发生事故，因此需要设计自动保护系统。最简单的就是自动声光报警。

（4）程序控制

程序控制系统是指连续量控制中的反馈控制系统。它与控制系统的区别在于设定值，自动控制系统一般属于定值控制系统。在程序控制系统中，设定值是按预先设定的程序进行变化的。

过程控制技术是以过程控制原理为基本理论，以过程检测仪表和过程控制仪表为先导课程，并与工艺生产过程密切结合，研究并解决自动控制中的工程应用问题。它一般包括生产过程中控制方案的设计，自动控制装置的选型，控制方案的实施，以及控制系统的操作、运行管理等诸多问题。

本书作为普通高校生产过程自动化技术专业学生的一门专业课教材，包括两大部分。

第一部分为过程控制原理。阐述过程控制系统的基本构成与基本要求、过程控制系统的数学模型、过程控制系统的分析。这部分内容本着"必需、够用"的原则作了较大的调整。数学模型只介绍微分方程式和传递函数，系统分析只介绍时域分析，不涉及现代控制理论。

第二部分为过程控制工程。这是本书的重点，书中比较详细地介绍简单控制系统的分析与设计，对复杂控制系统、安全仪表系统和典型单元的基本控制方案做了比较全面的介绍。过程控制原理部分的内容比较抽象，涉及高等数学知识，做一般的掌握；过程控制工程部分的内容是核心，做重点掌握。

"过程控制技术"是生产过程自动化技术专业学生的一门理论性和实践性较强的专业课程。通过这门课程的学习，可以使学生具备控制系统基本组成及其特性分析的知识，掌握简单控制系统的分析、设计、运行、整定与维护技术，具有生产过程控制技术的能力。

第 1 章

过程控制系统的基本概念

1.1 过程控制系统的组成及其分类

随着人们物质生活水平的提高以及市场竞争的日益激烈,产品的质量和功能也向更高的档次发展,制造产品的工艺过程变得越来越复杂,为满足优质、高产、低消耗,以及安全生产、保护环境等要求,作为工业自动化重要分支的过程控制的任务也愈来愈繁重。

在自动控制技术中,过程控制技术是历史较为久远的一个分支,在 20 世纪 40 年代就已有应用。过程控制是指石油、化工、电力、冶金、造纸、医药等工业生产过程中对温度、压力、流量、物位、成分等过程变量的控制,是自动控制技术的重要组成部分。随着生产从简单到复杂,从局部到全局,从低级到智能的发展,过程控制技术也经历了一个不断发展的过程。

20 世纪 40 年代以前,对生产过程的控制基本处于人工操作状态。只有少量检测仪表应用在生产过程中作为监测之用,几乎没有控制仪表,操作人员根据观测到的生产过程参数,用手动操作的方式控制生产过程,控制效果不理想。

20 世纪 40 年代末,基地式仪表和单元组合仪表(气动Ⅰ型和电动Ⅰ型)被应用于生产过程,开始了对生产过程的自动控制。此时的过程控制系统大多是单输入 – 单输出的单回路定值控制系统。

20 世纪 60 年代以后,单元组合仪表发展到气动Ⅲ型和电动Ⅲ型,控制理论基础是以频域法和根轨迹法为主的经典控制理论。此时的过程控制系统从简单控制系统的应用发展到串级、比值、均匀和选择性等多种复杂控制系统。传统的单输入 – 单输出控制系统发展到多输入 – 多输出控制系统。

20 世纪 80 年代,随着微电子技术的迅猛发展,单片机和微机逐渐普及到生产过程中,大大推动了过程控制技术的发展。控制理论方面,出现了最优控制、模糊控制、解耦控制、自适应控制等现代控制理论。虽然模拟仪表仍被广泛使用,以微处理器为核心的智能仪表、可编程逻辑控制器(PLC)、集散控制系统(DCS)及现场总线控制系统(FCS)得到了越来越多的使用,逐渐成为过程控制系统的主流产品。

1.1.1 过程控制系统的组成

过程控制是自动控制的一个分支,而自动控制是在人工控制的基础上发展起来的。人工控制是指在人直接参与的情况下,利用控制装置使被控制对象和过程按预定规律变化的过程。下面先通过一个示例,如图 1-1 所示,将人工控制与自动控制进行对比分析,从而说明过程控制系统的由来、组成与工作原理。

从维持生产平稳考虑,工艺上希望储罐内的液位 h 能保持在所希望的高度上。则液位 h 是需要控制的工艺变量,称为被控变量;SP 为被控变量的控制目标,称为给定值或设定值。显然,当进水量或出水量波动时,都会使罐内的液位 h 发生变化。现假定通过控制出水量能够维持液位的恒定,则出水量称为操纵变量。而进水量是造成被控变量产生不期望波动的原因,称为扰动或干扰。若由操作工完成这一任务,所要做的工作如下。

① 用眼睛观察液位计实际液位的指示值,并通过神经系统告诉大脑。

② 通过大脑对眼睛观测到的实际液位值 h 与给定值 SP 进行比较,根据差值的大小和方向,并结合操作经验发出控制命令。

③ 根据大脑发出的控制命令,通过手去改变出水阀门开度,来控制液位的高低。

④ 反复执行上述操作,直到液位等于给定值。

上述操作通过眼、脑、手相互配合完成液位的控制过程就是一个典型的人工控制过程,人在控制过程中主要完成了测量、比较和执行,操作工与所控制的液罐设备构成了一个人工控制系统。

显然,在负荷变化较小,液位变化不大的场合,采用人工控制是可以实现对液位控制的。但是人工控制系统有许多缺点,甚至有时不可能实现控制目标。首先,人工控制系统的控制精度不高,或者说控制精度完全取决于操作者的经验;其次,由于有些生产过程和被控变量变化极快,人的反应不能跟上这种变化;再则,有些场合如高温、高压、有毒、放射性等对人体有危害的领域,人无法直接参与控制,特别是对于现代流程工业,典型的生产装置需要控制的回路多达几百个,靠人工控制难以完成上述工作。因此,为了进一步改善控制系统的性能,减少操作人员的劳动强度,提高控制精度和工作效率,必须应用机械、电气、液压等自动化装置来代替人对一些物理量自动地进行控制,这样人工控制系统就发展成为自动控制系统。

自动控制是指在无人直接参与的情况下,通过控制器使被控制对象或过程自动地按照预定的要求运行。以图 1-1 所示的液位控制问题为例,可采用液位测量变送器 LT 代替人眼，来检测液位的高低并将其转换为标准的电信号（如 4～20 mA DC 信号）；同时，采用液位控制器 LC 代替人脑，通过接收液位测量信号，并与其设定值 SP 进行比较得出偏差值，控制器根据偏差的正负、大小及变化趋势，发出标准的控制信号（如 4～20 mA DC 信号）；然后，采用自动执行机构代替人手，来实施对出水量的控制，这里的执行机构为控制阀。控制阀根据控制器发出的控制信号，来增大或者减小出口阀门的开度以调节出水流量，并最终使液位测量值 h 接近或等于给定值 SP。这样，就构成了一个典型的液位自动控制系统，如图 1 - 1（b）所示。

由上述示例的分析对比可知，一般过程控制系统是由被控对象和自动控制装置两大部分或由被控对象、测量变送器、控制器、控制阀 4 个基本环节所组成。

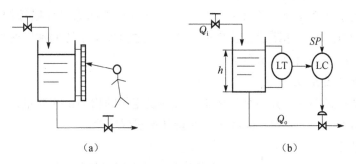

图 1 - 1 液位控制系统
（a）液位人工控制系统；（b）液位自动控制系统

1.1.2 过程控制系统的方块图及其术语

为了清楚地说明过程控制系统的结构及各环节之间的相互关系和信号联系，常用方块图来表示，如图 1 - 2 所示。

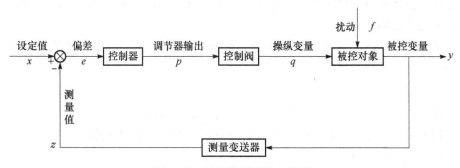

图 1 - 2 过程控制系统方框图

方块图中每个方块代表控制系统中一个环节，方块之间用一条带有箭头的直线表示它们之间的联系，箭头表示信号传递的方向，进入方块的信号为环节输入，离开方块的为环节输出，线上字母说明传递信号的名称；另外，箭头还具有单向性，即方块的输入只能影响输出，而输出不能直接影响输入；还需要强调的是方块图中各线段表示的是信号关系，而不是真实的物料或能量的关系。例如，上述储罐液位控制系统中，操作变量是出水量，它直接影响液位 h 的高低，信号的方向是指向被控变量 h 的，但真实的物料却是离开被控对象的，千万不可混淆。方块图是过程控制系统中一个重要的概念和常用工具。

现在结合储罐液位控制系统的例子，说明过程控制系统中常用术语的意义。

(1) 被控对象和被控变量 y

被控对象简称对象或过程，它是被控制的工艺设备、机器或生产过程。在图 1-1 (b) 中被控对象就是储罐。

被控变量 y 是表征生产设备或过程运行是否正常而需要加以控制的物理量。在图 1-1 (b) 中，储罐液位就是被控变量。过程控制系统的被控变量通常有温度、压力、流量、液位、成分等。

(2) 操纵变量 q

受控制装置操纵，并使被控变量保持在设定值的物理量或能量，被称为操纵变量。在图 1-1 (b) 中，储罐的出水量就是操纵变量。

(3) 扰动 f

除操纵变量外，凡是影响被控变量的各种外来因素都称为扰动。在图 1-1 (b) 中，进入储罐液体流量的波动是一种扰动，储罐内液体压力的波动也是一种扰动等，即引起被控变量变化的扰动可以有多个。

(4) 测量变送器和测量值 z

观察被控变量是否受到扰动的影响，是否维持在预定的设定值范围之内，就要利用测量元件对被控变量进行测量，并转换成统一的标准信号输出。实现测量并完成转换任务的元件或仪表就称为测量变送器。在图 1-1 (b) 中，采用的是液位测量变送器。

测量值 z 是测量变送器输出的统一标准信号，供显示和控制器等其他仪表使用。

(5) 设定值 x 和偏差 e

设定值 x 是一个与被控变量期望值相对应的信号值。

偏差 e 在过程控制系统中，规定偏差是设定值与测量值之差。

(6) 控制器输出 p

亦称控制信号。设定值与测量值进行比较得出偏差，作为控制器的输入信号，控制器根据偏差的大小和方向，按一定的控制规律发出相应的输出信号 p 去驱动控制器。

(7) 控制阀

控制阀执行控制器的控制信号，通过阀门开度变化将控制信号的变化转换成操纵变量的变化。在图 1-1（b）中，控制阀根据控制信号对储罐的出水量进行控制。

1.1.3 过程控制系统的分类

过程控制系统有多种分类方法，每一种分类方法都是反映了控制系统某一方面的特点。基本的分类方法主要有以下几种。

1. 按过程控制系统的结构特点分类

(1) 前馈控制系统

前馈控制系统又称开环控制系统，即系统的输出量未被引回以对系统的控制部分产生影响，不形成信号传递的闭合环路。如图 1-3 所示。

图 1-3 开环控制系统

例 1-1 开环调速系统。原理示意图如图 1-4 所示。

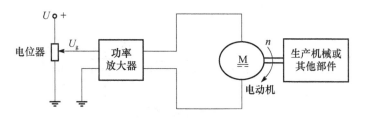

图 1-4 开环调速系统原理图

工作原理：当出现扰动如负载转矩增加（减少），电动机转速便随之降低（增高）而偏离给定值。若要维持给定转速不变，操作人员必须经过判断，相应地调整电位器滑臂的位置来提高（降低）给定电压，使电动机转速恢复到原给定值。

该系统的结构框图如图 1-5 所示。

图 1-5 开环调速系统方框图

图 1-5 中，给定输入量——U_g；被控对象——直流电动机；被控变量——

电动机的转速 n，系统的输出量；扰动——功率放大器的电源电压波动、放大系数漂移、负载的变化等。

可见，系统的输出量，即电动机的转速并没有参与系统的控制。

开环控制系统的特点是信号由给定值至被控变量单向传递，作用路径不是闭合的。由于开环控制系统不具备自动修正被控量偏差的能力，故系统的精度低，即抗干扰能力差。但是开环控制结构简单、调整方便、成本低，在国民经济各部门均有采用。如自动售货机、自动洗衣机、产品自动生产线、数控机床及交通指挥红绿灯转换等均为开环控制系统。

(2) 反馈控制系统

反馈控制系统又称闭环控制系统，即把系统输出信号通过反馈环节又引回到系统输入端作用于控制部分，形成闭合回路，这样的系统就是闭环控制系统，它是过程控制系统中一种最基本的控制结构形式。反馈分为正反馈和负反馈，当反馈信号与设定值相减，即取负值与设定值相加，这属于负反馈；当反馈信号取正值与设定值相加，这属于正反馈。过程控制系统一般采用负反馈。

例 1-2 闭环调速系统。

在例 1-1 开环调速系统基础之上，增加测速发电机反馈环节及放大环节，构成闭环调速系统。原理示意图如图 1-6 所示，该系统的结构框图如图 1-7 所示。

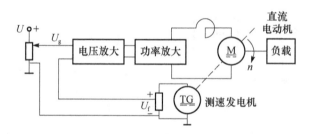

图 1-6 测速发电机闭环调速原理图

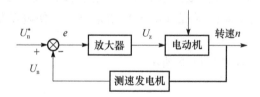

图 1-7 测速发电机闭环调速系统方框图

工作原理：当系统受到扰动影响时，例如负载增大，则电动机的转速 n 降低，测速发电机的端电压 U_n 减小。在给定电压 U_n^* 不变时，偏差电压 e 则会增加，经放大器放大后，电动机的电枢电压 U_z 上升，使得电动机转速 n 增加。如果负载减小,则电动机转速调节的过程与上述过程变化相反。这样,抑制了负载扰动对电动机转速的影响。同样,对其他扰动因素,只要影响到输出转速的变化,上述调节过程会自动进行,从而保证了系统的控制精度,提高了抗干扰能力。

通过上述分析可知,闭环系统的基本组成如下。

被控对象:需要进行控制的设备或过程(工作机械)。

执行机构:直接作用于被控对象的仪表或装置(电动机)。

检测装置:用来检测被控变量,并将其转换成与给运量同一物理量(测速发电机)。

中间环节:一般指放大元件(放大器,可控硅整流功放)。

给定环节:设定被控变量的给定值(电位器)。

比较环节:将所测的被控变量与给定值比较,确定两者偏差量。

闭环控制方式的特点是控制作用不是直接来自给定输入,而是系统的偏差信号,由偏差产生对系统被控变量的控制。系统被控变量的反馈信息反过来又影响系统的偏差信号,即影响控制作用的大小。由于闭环控制能自动修复被控变量偏差的能力,故控制精度高,抗干扰能力强。但是闭环控制系统不仅使用元件多、线路复杂,且因信号反馈的作用,如果未选好系统元件或系统参数配合不当时,调节过程可能变得很差,甚至出现发散或等幅振荡等不稳定情况。

(3) 复合控制系统

在工业生产过程中,引起被控变量变化的扰动是多种多样的。开环(前馈)控制最主要的优点是能针对主要扰动及时迅速地克服其对被控变量的影响;而对于其余次要扰动,利用反馈控制予以克服,使控制系统在稳态时能准确地使被控变量稳定在给定值上。在实际生产过程中,将两者结合起来使用,充分利用开环前馈与反馈控制两者的优点,在反馈控制系统中引入前馈控制,从而构成前馈 - 反馈控制系统,它可以大大提高控制质量。

2. 按设定值的变化规律分类

(1) 定值控制系统

所谓定值控制系统,是指过程控制系统的设定值恒定不变。工艺生产中要求控制系统的被控变量保持在一个标准值上不变,这个标准值就是设定值。

过程控制系统大多数属于定值控制系统。由于引起这类系统输出参数波动的原因不是设定值的改变,而是各种扰动,系统的任务就是要克服扰动对被控变量的影响,所以把扰动信号作为输入的系统叫作定值控制系统。

(2) 随动控制系统

随动控制系统也称为跟踪控制系统。这类系统的设定值随时间变化,是未知的时间函数。控制系统的任务是使被控变量尽快地、准确地跟踪设定值变化,如地对空导弹系统就是典型的随动控制系统。

(3) 程序控制系统

程序控制系统的设定值有规律地变化,是已知的时间函数。这类系统多用在间歇反应过程,如合成氨生产工艺空气分离装置中的分子筛吸附器使用的程序控制系统。

在石油、化工、电力、冶金、轻工、制药等工业生产中,定值控制系统占大多数,故本课程研究的重点是线性、连续、单输入、单输出的定值控制系统。

3. 按输出变量和输入变量间的关系分类

(1) 线性控制系统

系统全部由线性元件组成,它的输出量与输入量间的关系用线性微分方程来描述。线性系统最重要的特性,是可以应用叠加原理。几个不同的作用量,同时作用于系统时的响应,等于这些作用量单独作用的响应的叠加。

(2) 非线性控制系统

非线性系统中存在有非线性元件,要用非线性微分方程来描述。非线性系统不能应用叠加原理。

4. 按系统传输信号对时间的关系的规律分类

(1) 连续控制系统

连续控制系统的特点是各元件的输入量与输出量都是连续量或模拟量,所以又称为模拟控制系统,连续系统的运动规律通常可用微分方程来描述。

(2) 离散控制系统

离散系统又称采样数据系统。它的特点是系统中有的信号是脉冲序列或采样数据量或数字量。

5. 按系统中的参数对时间的变化情况分类

(1) 定常系统

定常系统的特点是系统的全部参数不随时间变化,它用定常微分方程来描述。

(2) 时变系统

时变系统的特点是系统中有的参数是时间 t 的函数,它随时间变化而改变。例如宇宙飞船控制系统。

1.2 过程控制系统的过渡过程和品质指标

在了解对过程控制系统的性能要求之前,先来学习一些必要的基本概念。

1.2.1 过程控制系统的过渡过程

在图1-1所示的储罐液位控制系统中，当储罐液位与设定值相等时，储罐液位将保持不变，系统处于平衡状态。当储罐液位与设定值不相等时，储罐出口控制阀将开大或关小，出水量将发生变化，储罐液位不断变化直至重新回到设定值。在对液位的调节过程中，系统处于不平衡状态，系统中的各个变量都在变化。把被控变量不随时间而变化的平衡状态称为静态或稳态；而把被控变量随时间而变化的不平衡状态称为动态或瞬态。

当过程控制系统在动态变化的过程中时，被控变量是不断变化的，这一随时间变化的过程称为过程控制系统的过渡过程，也就是过程控制系统在外作用下从一个平衡状态过渡到另一个平衡状态的过程。过渡过程是控制作用不断克服干扰作用影响的过程，当干扰作用被抑制时，过渡过程也就结束，系统到达新的平衡。

系统的平衡状态是暂时的、相对的、有条件的，不平衡才是普遍的、绝对的、无条件的。在对过程控制系统的分析与研究中，了解系统的静态是必要的，但是了解系统的动态更为重要。这是因为在生产过程中，干扰是客观存在且不可避免的，例如生产过程中前后工序的相互影响、负荷的改变、电压的波动、环境因素的影响等。从一个过程控制系统投入运行开始，时时刻刻都有干扰作用于系统，破坏正常的工艺生产状态，控制系统的目的就是要通过自动控制装置不断施加控制作用去对抗或抵消干扰作用的影响，使被控变量保持在工艺生产所要求的控制技术指标上。所以，一个控制系统在正常工作时，总是处于一波未平、一波又起、波动不止、往复不息的动态过程中，动态分析是过程控制系统的研究重点。

当储罐液位控制系统处于平衡状态即静态时，扰动作用为零，设定值不变，系统中控制器的输出和控制阀的输出都暂不改变，这时被控变量储罐液位也就不变。一旦设定值有了改变或有扰动作用于系统，系统平衡被破坏，被控变量开始偏离设定值，此时控制器、控制阀将相应动作，改变操纵变量出水量的大小，使被控变量储罐液位回到设定值，恢复平衡状态。过程控制系统的输出变量变化是由于输入变量（设定或扰动）的变化引起的，所以，输出是输入的时间响应。时间响应对应着过渡过程，稳态响应对应着过渡过程的静态，瞬态响应对应着过渡过程的动态。

1.2.2 过渡过程的基本形式

系统在过渡过程中，被控变量随时间的变化规律首先取决于作用于系统的干扰形式。在生产中，出现的干扰是没有固定形式的，且多半属于随机性质。常用

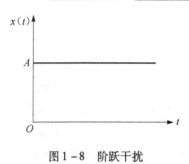

图1-8 阶跃干扰

的典型输入干扰信号有阶跃函数、斜坡函数、抛物线函数、脉冲函数和正弦函数等。

在分析和设计控制系统时,为了安全和方便,常选一些定型的干扰形式进行讨论,其中常用的是阶跃干扰,如图1-8所示。

阶跃干扰(阶跃输入)的特点是:这种形式的干扰比较突然、比较危险,对被控变量的影响也最大。如果一个控制系统能够有效地克服这种类型的干扰,那么对于其他比较缓和的干扰也一定能很好地克服;同时,由于这种干扰的形式简单,容易实现,便于分析、实验和计算,所以在进行系统分析时,基本都采用阶跃函数作为干扰的形式进行讨论。

在如图1-8所示的阶跃干扰作用下,过程控制系统的过渡过程一般有以下几种基本形式。

(1) 非振荡单调过程(非周期过程)

被控变量在给定值的某一侧做缓慢变化,没有来回波动,最后稳定在某一数值上,如图1-9(a)所示。

(2) 衰减振荡过程

被控变量上下波动,但幅度逐渐减小,最后稳定在某一数值上,如图1-9(b)所示。

(3) 等幅振荡过程

被控变量始终在某一范围内上下波动,波动的幅值大小相等,如图1-9(c)所示。

(4) 发散振荡过程

被控变量上下波动,幅值逐渐变大,如图1-9(d)所示。

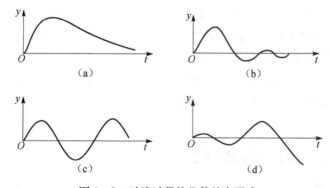

图1-9 过渡过程的几种基本形式

(a) 非振荡单调过程;(b) 衰减振荡过程;(c) 等幅振荡过程;(d) 发散振荡过程

非振荡单调过程和衰减振荡过程都是衰减的过渡过程,称为稳定的过渡过程,被控变量经过一段时间后,逐渐趋向原来的或新的平衡状态,这是我们所期望的。但非振荡单调过程中,被控变量变化较慢,长时间偏离给定值,不能很快恢复平衡状态,故一般不采用。只有在对于生产上被控变量不允许有波动的情况下才可以采用这种过程。衰减振荡过程能使系统很快稳定下来,是经常采用的形式。

发散振荡过程,称为不稳定的过渡过程,其被控变量在控制过程中不但不能回到给定值,反而越来越偏离给定值,将导致被控变量超越工艺允许范围,严重时会引起事故,显然这是生产所不允许的,应竭力避免。

等幅振荡过程介于稳定和不稳定之间,一般认为是不稳定的过渡过程。除一些控制质量要求不高的情况(如位式控制)外,这种过程一般情况下不采用。

1.2.3 过渡过程的品质指标

过程控制系统的过渡过程是衡量控制系统品质的依据。在多数情况下,希望得到衰减振荡过程,所以一般取衰减振荡的过渡过程形式来讨论控制系统的品质指标。目前,对一般的过程控制系统,从稳定性理论出发,常采用5个指标,即最大偏差(或超调量)、衰减比、余差、过渡时间(亦称回复时间或控制时间)及振荡周期(或频率)。这些指标一般是通过系统的参数整定来实现的。

图1-10是一个典型的定值控制系统在阶跃扰动作用下的过渡过程,从中可以得到该控制系统的品质指标。

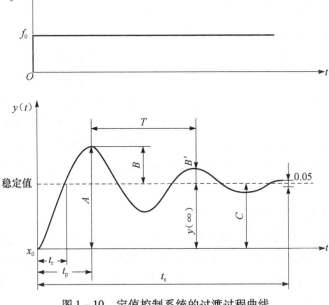

图1-10 定值控制系统的过渡过程曲线

1. 最大偏差 A（或超调量 B）

最大偏差是指在过渡过程中，被控变量偏离设定值的最大数值，等于被控变量的最大指示值与设定值之差。在阶跃扰动作用下的衰减振荡过程，最大偏差就是被控变量第一个波的峰值与设定值之差，如图 1-10 中的 A 表示。

最大偏差反应系统在控制过程中被控变量偏离设定值的程度，也可以用超调量 B 表示。超调量 B 是指过渡过程曲线超出新稳态值的最大值，即

$$B = 最大指示值 - 新稳定值 = A - C$$

最大偏差或超调量是反应系统过渡过程稳定性的一个动态指标。

2. 衰减比 n

指过渡过程曲线同方向前后相邻两个峰值之比，如图 1-10 中 $B/B' = n$，或习惯表示为 $n:1$。可见 n 愈小，过渡过程的衰减程度越小，意味着控制系统的振荡程度越加剧烈，稳定性也就越低，当 $n=1$ 时，过渡过程为等幅振荡；反之 n 愈大，过渡过程愈接近非振荡过程，相应的稳定性也越高。从对过程控制系统的基本性能要求综合考虑（稳定、迅速），衰减比 n 在 $4\sim10$ 为宜。如以 $n=4$ 为例，当第一波峰值 $B=1$ 时，则第二波峰值 B' 为 $\frac{1}{4}B$，第三波峰值为 $\frac{1}{16}B$，可见衰减之快。这样，当被控变量受到扰动之后，可以断定它只需经过几次振荡很快就会稳定下来，不会出现造成事故的异常值。因此，衰减比 n 表示衰减振荡过渡过程的衰减程度，是反映控制系统稳定程度的一项指标。

3. 上升时间 t_r、峰值时间 t_p 和过渡时间 t_s

① 上升时间 t_r 是过渡过程曲线从零上升至第一次到达新稳定值所需的时间。

② 峰值时间 t_p 是过渡过程曲线到达第一个峰值所需的时间。

③ 过渡时间 t_s 又称控制时间（过渡过程时间）。它是从扰动发生起至被控变量建立起新的平衡状态止的一段时间。严格地讲，被控变量完全达到新的稳态值需要无限长的时间。实际上从仪表的灵敏度以及工程上规定：过渡过程曲线衰减到与最终稳态值之差不超过 $\pm5\%$ 时所需的时间，为过渡过程时间或控制时间 t_s。上升时间 t_r、峰值时间 t_p 和过渡时间 t_s 都是衡量控制系统快速性的质量指标。

4. 振荡周期 T（或振荡频率 f）

过渡过程曲线从第一个波峰到同方向第二个波峰之间的时间叫做振荡周期 T 或称工作周期，其倒数称为振荡频率 f 或工作频率。在衰减比相等同的条件下，振荡周期与过渡时间成正比，振荡周期越短，过渡时间就越快。因此，振荡周期也是衡量控制系统快速性的一个质量指标。

5. 余差 C（残余偏差）

余差是过渡过程终了时设定值与被控变量的稳态值之差，用数学式表示为

$$C = \lim_{t \to \infty} e(t) = x - y(\infty)$$

余差是一个反映控制系统准确性的质量指标，也是一个精度指标。它由生产工艺给出，一般希望余差为零或不超过预定的范围。

对于过渡过程的品质指标，一般希望最大偏差或超调量、余差小一些，过渡时间短一些，这样控制质量就好一些，但这些指标之间是有矛盾的，不能同时给予保证。如当最大偏差和余差都小时，则过渡时间就要长。因此，要根据工艺生产的要求，结合不同的控制系统，对控制质量指标分出主次，区别轻重，优先保证主要控制质量指标。

1.2.4 对过程控制系统性能的基本要求

工程上常从稳定性（简称稳）、快速性（简称快）和准确性（简称准）3 个方面来要求过程控制系统的性能。

1. 稳定性

稳定性是指若系统受到外作用，稳态被打破，经过一段时间的调整，系统会恢复到新的稳定状态。对于稳定的系统，随着时间的增长其被控变量是趋近于或等于设定值的。对于不稳定系统，其输出量发散，不稳定的系统是无法工作的。因此任何一个过程控制系统首先必须是稳定的，这是最基本的要求。

2. 快速性

快速性是指系统动态过程经历的时间短。动态过渡过程时间越短，系统的快速性就越好，即具有较高的动态精度。通常，系统的动态过程多是衰减振荡过程。这时被控制变量变化很快，以致被控变量产生超出期望值的波动，经过几次振荡后，达到新的稳定工作状态。稳定性和快速性是衡量系统动态过程好坏的尺度。

3. 准确性

准确性是指过渡过程结束后被控变量与设定值接近的程度，常用稳态误差来表示。所谓稳态误差指的是动态过程结束后系统又进入稳态，此时被控变量的期望值和实际值之间的偏差值。它表明了系统控制的准确程度。稳态误差越小，则系统的稳态精度越高。若稳态误差为零，则系统称为无差系统；若稳态误差不为零，则系统称为有差系统。

考虑到控制系统的动态过程在不同阶段中的特点，工程上常常从稳、快、准 3 个方面来评价系统的总体精度。定值控制系统对准确性要求较高，随动控

制系统则对快速性要求较高。同一系统中，稳定性、快速性和准确性往往是相互制约的。求稳有可能引起系统的快速性变差、精度变低；求快，则可能加剧振荡，甚至引起不稳定。怎样根据不同的工作任务，在保证系统稳定的前提下，兼顾系统的快速性和准确性，满足实际系统指标，这正是本课程要解决的问题。

本章小结

1. 主要内容

① 过程控制系统是由被控对象（被控制的生产过程或机器设备）和自动控制装置（测量变送器、控制器、控制阀）组成。

② 方块图是系统各环节特性、系统结构和信号流向的图解表示法。既能描述系统中各变量间的定量关系，又能够清楚地表明系统各环节对系统性能的影响，是过程控制系统研究中非常重要的分析工具。

③ 开环控制系统没有对被控变量进行测量和反馈，当被控变量受到扰动作用而发生偏离时，系统没有自动调整作用，通常控制精度低。

④ 闭环控制系统的输出量通过反馈环节返回来作用于控制部分，形成闭合回路，所以又称为反馈控制系统。控制装置与被控对象之间不但有顺向作用，而且还有反向联系，被控量对控制过程有影响。

⑤ 过程控制系统为了完成一定任务，必须具备一定的品质指标，常用过渡过程（或时间响应）来衡量，过渡过程的品质指标主要有：最大偏差或超调量、衰减比、过渡时间、振荡周期、余差。对过程控制系统的基本性能要求可归纳为：稳定、迅速、准确三个方面。

2. 基本要求

① 弄清楚组成过程控制系统的结构，掌握描述控制系统的原理图和方块图及其专用术语。

② 掌握闭环控制系统实现自动控制的基本原理，尤其是负反馈在过程控制中的作用。学会用负反馈原理设计简单的闭环控制系统。

③ 了解过程控制系统的几种分类方法。

④ 了解开环控制与闭环控制的差别及各自的特点。

⑤ 弄清楚定值控制系统与随动控制系统的区别，以及连续系统与离散系统的区别。

⑥ 掌握过程控制系统过渡过程（或时间响应）的概念。

⑦ 掌握过程控制系统的品质指标及计算方法。

习题与思考题

1. 分别叙述开环和闭环控制系统的主要优缺点。
2. 过程控制系统由哪几部分组成？各组成部分在系统中的作用是什么？
3. 什么是控制系统的过渡过程？有几种基本形式？
4. 说明过程控制系统的分类方法。通常过程控制系统可分为哪几类？
5. 什么是定值控制系统？
6. 说明图 1-11 所示过程控制系统的组成，画出方框图，简述其工作过程？

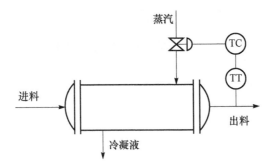

图 1-11 加热器温度控制系统

7. 图 1-12 为温度控制系统，试画出系统的方框图，简述其工作原理；指出被控对象、被控变量和操纵变量。

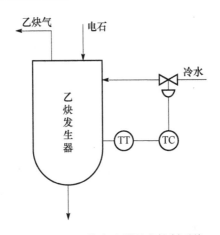

图 1-12 乙炔发生器温度控制系统

8. 某化学反应器，工艺规定操作温度为 200 ℃ ± 10 ℃，考虑安全因素，调节过程中温度规定值最大不得超过 15 ℃。现设计运行的温度定值调节系统，在最大阶跃干扰作用下的过渡过程曲线如图 1-13 所示，试求：该系统的过渡过程品质指标（最大偏差、余差、衰减比、振荡周期和过渡时间），并问该调节系统是否满足工艺要求。

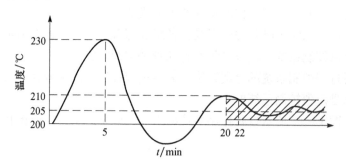

图 1-13　化学反应器的过渡过程曲线

第 2 章

控制系统的数学模型

2.1 控制系统的数学模型

为了对过程控制系统进行精确的分析和设计,不仅要定性地了解系统的工作原理及其特点,更要定量地了解组成系统各环节的基本性能,揭示系统的结构、参数与动态性能的关系。这些环节的基本性能一般都可以用数学表达式来描述,因此整个过程控制系统的基本性能也就可以用数学表达式来描述。把描述控制系统输入变量、输出变量以及系统内部各变量之间关系的数学表达式称为系统的数学模型。

建立系统数学模型的方法通常有机理建模法和实验建模法。机理建模法根据系统及环节各变量遵循的物理、化学规律,推导出其数学表达式,从而建立数学模型;实验建模法则是对系统施加测试信号(阶跃信号、单位脉冲信号或正弦信号等),记录输出响应,经过数据处理,用逼近的方法求出系统的数学模型,这种方法也称为系统辨识。机理建模法适用于简单、典型、通用常见的系统,而实验法适用于复杂、不常见、难以用函数表达的系统。

数学模型可以有不同的表示形式,时域中常用的数学模型有微分方程式、差分方程和状态方程;复数域中有传递函数和结构图;频域中有频率特性等,各种数学模型表示形式可以互相转换。

工程中的控制系统,不管它是机械的、电气的、液压的、气动的,还是热力的、化学的,其运动规律都可以用微分方程加以描述。因此,用机理建模法建立系统或环节的数学模型就从列写它们的微分方程开始。

建立控制系统数学模型(微分方程式)的一般步骤可归纳如下。

① 分析系统工作原理,将系统划分为若干环节,确定系统和环节的输入、输出变量,可考虑每个环节列写一个方程。

② 根据各变量所遵循的基本定律(物理定律、化学定律)或通过实验等方法得出的基本规律,列写各环节的原始方程式,并考虑适当简化和线性化。

③ 将各环节方程式联立,消去中间变量,最后得出只含输入、输出变量及

其导数的微分方程。

④ 将输出变量及各阶导数放在等号左边，将输入变量及各阶导数放在等号右边，并按降幂排列，最后将系统归化为具有一定物理意义的形式，成为标准化微分方程。

如果推导出的数学模型是一阶微分方程式，则称系统具有一阶特性；如果数学模型是二阶微分方程式，则称系统具有二阶特性，依此类推。

2.1.1 建立微分方程示例

例 2-1 试列写如图 2-1 所示 RC 无源网络的微分方程。

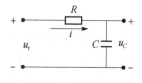

图 2-1 RC 无源电路

解：该电路中，u_C 受控于 u_r，下面求解 RC 电路的微分方程。

（1）确定输入变量和输出变量

分析可知，输入变量为 u_r，输出变量为 u_C

（2）列写微分方程

根据 KVL，有

$$u_r = iR + u_C \tag{2-1}$$

（3）消去中间变量

式（2-1）中，i 是中间变量，电容上电流与电压的关系为

$$i = C\frac{du_C}{dt} \tag{2-2}$$

将式（2-2）代入式（2-1）中，得

$$RC\frac{du_C}{dt} + u_C = u_r \tag{2-3}$$

由式（2-3）可见，RC 无源网络的数学模型为一阶微分方程，具有一阶特性。

2.1.2 一阶被控对象的数学模型

例 2-2 图 2-2 所示的蒸汽直接加热器是一个简单传热对象，图 2-2（a）是由蒸汽直接加热器构成的温度控制系统，图 2-2（b）是控制系统中被控对象的方块图。工艺要求热流体温度（即容器内温度）保持恒定值，温度控制器根据被测温度信号与设定值的偏差，经计算后去控制控制阀，以控制加热蒸汽的流量，使被控温度达到工艺要求。

解：（1）列写原始动态方程式，确定输入变量和输出变量

根据热量平衡关系：

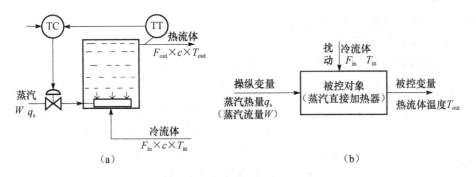

图 2-2 蒸汽直接加热器构成的温度自控系统
(a) 控制系统原理图；(b) 被控对象方块图

[单位时间内进入对象的热量] - [单位时间内离开对象的热量]
= [对象储存热量的变化率]

即
$$(q_s + q_{in}) - q_{out} = du/dt \tag{2-4}$$

式中 q_s——蒸汽在单位时间内带入加热器的热量；
q_{in}——冷流体进入加热器时单位时间内带入的热量；
q_{out}——热流体离开加热器时单位时间内带走的热量；
u——加热器内物料储存的热量。

由图 2-1 (b) 可知，被控对象的输出变量就是热流体出口温度 T_{out}；输入变量是表征控制作用和扰动作用的变量，控制作用是蒸汽热量 q_s 的变化，扰动作用则是冷流体的流量 F_{in} 或冷流体的温度 T_{in} 的变化。

(2) 消去中间变量得微分方程式

所谓中间变量就是原始动态方程式中出现的一些既不是输入变量又不是输出变量的变量。为了获得只含有输出变量和输入变量的微分方程式，需要找出中间变量与输出变量和输入变量的函数关系，通过联立方程式消去中间变量。

对于式 (2-4)，中间变量 q_{in}、q_{out} 及 u 与输出和输入变量的关系为

$$q_{in} = F_{in} \times c \times T_{in} \tag{2-5}$$

$$q_{out} = F_{out} \times c \times T_{out} \tag{2-6}$$

$$du/dt = M_c \times dT_{out}/dt \tag{2-7}$$

式中 F_{in}，F_{out}——冷、热流体的流量，一般情况下，$F_{in} = F_{out}$；
c——流体的比热容；
M_c——加热器的摩尔热容，即对象温度升高 1℃ 所需加入的热量。

联立式 (2-4)~式 (2-7)，消去中间变量并整理得

$$M_c \times dT_{out}/dt + F_{in} \times c \times T_{out} = q_s + F_{in} \times c \times T_{in} \tag{2-8}$$

式 (2-8) 就是蒸汽直接加热器当冷流体、流量波动或加热蒸汽热量变化时

的数学模型，可见这是一阶微分式方程式。

(3) 通道数学模型

所谓通道是指被控对象的输入变量至输出变量的信号联系。被控对象的输入变量为操纵变量和干扰作用，输出变量为被控变量，则操纵变量至被控变量的信号联系称为对象的控制通道；扰动变量至被控变量的信号联系称为对象的扰动通道。

图 2-3 为被控变量通道的方框图，包括控制通道和干扰通道。

直接蒸汽加热器通过蒸汽流量控制出口温度的恒定，设冷流体流量和温度不变，用 F_{in0} 和 T_{in0} 表示，则式 (2-8) 可表示为

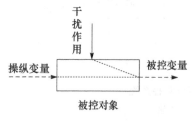

图 2-3 被控变量通道的方框图

$$M_c \times dT_{out}/dt + F_{in0} \times c \times T_{out} = q_s + F_{in0} \times c \times T_{in0} \qquad (2-9)$$

式 (2-9) 中只有输出变量（被控变量）T_{out} 与操纵变量（蒸汽流量 q_s），所以称为加热器控制通道的微分方程式。

主要的扰动作用有两个，即冷流体流量 F_{in} 和温度 T_{in} 的变化。假定蒸汽流量 q_s 和冷流体流量 F_{in} 不变，仅考虑冷流体温度 T_{in} 变化，则式 (2-9) 又可表示为

$$M_c \times dT_{out}/dt + F_{in0} \times c \times T_{out} = q_{s0} + F_{in0} \times c \times T_{in} \qquad (2-10)$$

式 (2-10) 只有输出变量（被控变量）T_{out} 与扰动变量（冷流体温度 T_{in}），所以该式称为加热器扰动通道的微分方程式。

同理，当考虑另一个扰动变量，冷流体流量 F_{in} 的变化时，扰动通道的微分方程式为

$$M_c \times dT_{out}/dt + F_{in} \times c \times T_{out} = q_{s0} + F_{in} \times c \times T_{in0} \qquad (2-11)$$

式 (2-11) 同时包含了控制作用和两个扰动作用，所以称为蒸汽直接加热器的全通道微分方程。

(4) 建立增量方程式

因为在过程控制系统中，主要是考虑被控变量偏离设定值的过渡过程，而不考虑在 $t=0$ 时刻的被控变量，所以一般用输出变量和输入变量的增量形式表示对象的微分方程，称为对象的增量方程式。变量进行增量化处理后，使方程不必考虑初始条件；能使非线性特性化成线性特性；而且符合线性自动控制系统的情况。

直接蒸汽加热器各通道的增量方程式分别叙述如下。

① 控制通道的增量方程式。此时设冷流体流量和温度不变，则 $\Delta F_{in}=0$，$\Delta T_{in}=0$，式 (2-9) 的增量形式为

$$M_c \times d\Delta T_{out}/dt + F_{in0} \times c \times \Delta T_{out} = \Delta q_s \qquad (2-12)$$

整理得

$$\frac{M_c}{F_{in0}c} \times \frac{d\Delta T_{out}}{dt} + \Delta T_{out} = \Delta q_s \qquad (2-13)$$

② 扰动通道的增量方程式。当为冷流体温度变化时，可得该扰动通道的增量方程式为

$$\frac{M_c}{F_{in0}c} \times \frac{d\Delta T_{out}}{dt} + \Delta T_{out} = \Delta T_{in} \qquad (2-14)$$

通过上述几个示例可以发现，虽然对象的物理过程不一样，但它们具有相同的数学模型，即都是一阶微分方程，故称为一阶被控对象，可以表示为一般形式

$$T\frac{d\Delta y}{dt} + \Delta y = K\Delta x \qquad (2-15)$$

式（2-15）中，$T = \frac{M_c}{F_{in0}c}$，$\Delta y = \Delta T_{out}$，$\Delta x = \Delta T_{in}$。

为书写便利，在本教材中将一阶微分方程式中的增量"Δ"省略，但在今后遇到变量时要将其理解为是相应变量的增量。因此，一阶对象的数学模型可写成

$$T\frac{dy}{dt} + y = Kx \qquad (2-16)$$

式中　T——一阶对象的时间常数；

K——一阶对象的放大系数；

y——一阶对象输出变量的增量；

x——一阶对象输入变量的增量。

2.1.3　二阶被控对象的数学模型

二阶被控对象数学模型的建立过程与一阶对象相似。因为二阶对象数学模型的建立推导过程较复杂，下面仅以串联储罐对象为例，直接给出其数学模型，不再赘述中间推导过程。

例 2-3　图 2-4 为两个串联液体储罐，试建立其数学模型。为便于分析，假设两个储罐均近似为线性对象。

解：分析可得

输入变量——进水量 Q_{in}；

输出变量——储罐液位高度 h_2；

C_1，C_2——储罐 1，2 的容量系数；

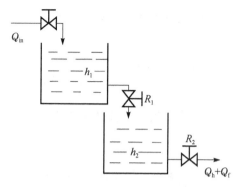

图 2-4 两个串联液体储槽

R_1，R_2——阀1，阀2的阻尼系数；
Q_h——液位 h_2 的变化引起的流量变化；
Q_f——阀2开度的变化引起的流量变化。
Q_1——上水箱1出水量的变化

$$Q_{in} - Q_1 = C_1 \frac{dh_1}{dt}$$

$$Q_1 - (Q_h + Q_f) = C_2 \frac{dh_2}{dt}$$

$$Q_1 = \frac{1}{R_1}h_1 \quad Q_h = \frac{1}{R_2}h_2$$

$$R_1 C_1 R_2 C_2 \frac{d^2 h_2}{dt^2} + (R_1 C_1 + R_2 C_2) \frac{dh_2}{dt} + h_2 = R_2 Q_{in} - R_2 Q_f - C_1 R_1 R_2 \frac{dQ_f}{dt}$$

令 $R_1 C_1 = T_1$，$R_2 C_2 = T_2$，得串联储罐的数学模型为

$$T_1 T_2 \frac{d^2 h_2}{dt^2} + (T_1 + T_2) \frac{dh_2}{dt} + h_2 = R_2 Q_{in} - R_2 Q_f - T_1 R_2 \frac{dQ_f}{dt} \quad (2-17)$$

式（2-17）为二阶微分方程表达式，所以串联储罐为二阶对象，将其写成一般形式，即二阶被控对象的数学模型一般形式为

$$a\frac{d^2 y}{dt^2} + b\frac{dy}{dt} + cy = Kx \quad (2-18)$$

简单被控对象的数学模型是容易获取的，而实际生产过程中的对象十分复杂，通过对象机理获得数学模型是很困难的，工程上常常通过实验方法来获取对象的数学模型，详见本章2.3节的介绍。

2.2 过程控制系统的传递函数

在过程控制系统中，直接求解系统的微分方程是分析研究系统的基本方法，

但微分方程求解的过程较为烦琐,当微分方程阶次较高时,计算求解更为复杂,对系统的分析设计极为不便。为此对于线性定常系统,常采用传递函数来分析系统。

传递函数是一种常用的数学模型,建立在拉普拉斯变换(简称拉氏变换)基础上,可以间接地分析系统结构和参数与系统性能的关系,并且可以根据传递函数在复平面上的形状直接判断系统的动态性能,找出改善系统品质的方法。所以,用传递函数描述系统可以免去求解微分方程的麻烦。以传递函数为工具分析和综合控制系统的方法称为频域法。它不但是经典控制理论的基础,而且在以时域方法为基础的现代控制理论发展过程中,也不断发展形成了多变量频域控制理论,成为研究多变量控制系统的有力工具。传递函数可以更直观、形象地表示出一个系统的结构和系统各变量间的相互关系,并使运算大为简化。

2.2.1 传递函数

1. 传递函数的定义

在零初始条件下,线性定常系统输出量的拉氏变换与输入量的拉氏变换之比称为传递函数,用 $G(s)$ 表示。即

$$G(s) = \frac{Y(s)}{X(s)} \quad (2-19)$$

零初始条件有两方面的含义:一是指输入量是在 $t \geq 0$ 时才作用于系统,因此,在 $t < 0$ 时,输入量及其各阶导数均为 0;二是指输入量作用于系统前,系统处于稳定的工作状态,即输出量及其各阶导数在 $t < 0$ 时的值也为 0,本课程中讨论的过程控制系统均属于此类情况。

设过程控制系统或环节的微分方程式为

$$a_n \frac{d^n y(t)}{dt^n} + a_{n-1} \frac{d^{n-1} y(t)}{dt^{n-1}} + \cdots + a_1 \frac{dy(t)}{dt} + a_0 y(t)$$
$$= b_m \frac{d^m x(t)}{dt^m} + b_{m-1} \frac{d^{m-1} x(t)}{dt^{m-1}} + \cdots + b_1 \frac{dx(t)}{dt} + b_0 x(t) \quad (2-20)$$

式中　$x(t)$——输入;
　　　$y(t)$——输出;
　　　a_i, $b_j (i = 0 \sim n, j = 0 \sim m)$——常系数。

对式(2-20)进行拉氏变换,即将微分方程的算符 d/dt 用复数 s 置换便得到

$$(a_n s^n + a_{n-1} s^{n-1} + \cdots + a_1 s + a_0) Y(s) = (b_m s^m + b_{m-1} s^{m-1} + \cdots + b_1 s + b_0) X(s)$$
$$(2-21)$$

整理后

$$Y(s) = \frac{b_m s^m + b_{m-1} s^{m-1} + \cdots + b_1 s + b_0}{a_n s^n + a_{n-1} s^{n-1} + \cdots + a_1 s + a_0} X(s) \quad (2-22)$$

在零初始条件下，由传递函数的定义得

$$G(s) = \frac{Y(s)}{X(s)} = \frac{b_m s^m + b_{m-1} s^{m-1} + \cdots + b_0}{a_n s^n + a_{n-1} s^{n-1} + \cdots + a_0} \quad (2-23)$$

也可写成

$$Y(s) = G(s)X(s)$$

在零初始条件下求系统或环节的传递函数，只需要将微分方程中变量的各阶导数用 s 的相应幂次代替就行了，因此从微分方程式求传递函数非常容易。经过变换后，把一个复杂的微分方程式变换成了一个简单的代数方程。

2. 传递函数的性质

由式 (2-23) 传递函数的表达式，可以将传递函数的性质归纳如下。

① 传递函数的概念只适应于线性定常系统。

② 传递函数只取决于系统本身的结构参数，表征了系统本身的动态特性，而与输入量的大小及性质无关。

③ 传递函数不能反映非零初始条件下系统的运动规律。

④ 传递函数只适用于单输入单输出系统的描述，对于多输入多输出系统来说没有统一的传递函数。

⑤ 传递函数是复变量 s 的有理真分式，所有的系数均为实常数。传递函数分子多项式的阶次 m 总是小于或等于分母多项式的阶次 n。

3. 典型环节及其传递函数

过程控制系统一般由若干元件以一定形式连接而成，把具有某种确定信息传递关系的元件、元件组或元件的一部分称为一个环节，经常遇到的环节则称为典型环节。这样，任何复杂的系统总可归结为由一些典型环节组成，从而给建立数学模型、研究系统特性带来方便，使问题简化。常见的典型环节有：比例环节、惯性环节、微分环节、积分环节、振荡环节和延迟环节等。

(1) 比例环节（放大环节/无惯性环节）

比例环节的微分方程为

$$y(t) = Kx(t) \quad (2-24)$$

式中 K——比例环节的放大系数。

图 2-5 为比例环节的示例。

① 传递函数。

对式 (2-24) 两边取拉氏变换，得环节传递函数

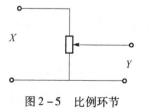

图 2-5 比例环节

$$G(s) = \frac{Y(s)}{X(s)} = K \qquad (2-25)$$

② 阶跃响应曲线，如图 2-6 所示。
③ 方框图，如图 2-7 所示。

图 2-6　比例环节阶跃响应曲线　　　图 2-7　比例环节方框图

比例环节的特点：输出量与输入量之间的关系是一种固定的比例关系，即输出量按一定比例复现输入量，无滞后、失真现象。

（2）惯性环节

惯性环节的微分方程为

$$T\frac{dy(t)}{dt} + y(t) = Kx(t) \qquad (2-26)$$

式中　K——放大系数；
　　　T——时间常数，表征环节的惯性，与环节的结构参数有关。

图 2-8 为惯性环节的示例。

① 传递函数。

对（2-25）两边取拉氏变换，得环节传递函数。

$$G(s) = \frac{Y(s)}{X(s)} = \frac{K}{Ts+1} \qquad (2-27)$$

② 阶跃响应曲线，如图 2-9 所示。
③ 方框图，如图 2-10 所示。

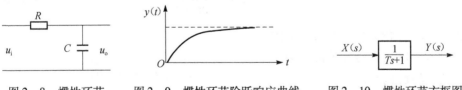

图 2-8　惯性环节　　图 2-9　惯性环节阶跃响应曲线　　图 2-10　惯性环节方框图

惯性环节的特点：由于惯性环节中含有一个储能元件，所以当输入量突然变化时，输出量不能跟着突变，而是按指数规律逐渐变化，存在时间上的延迟。惯性环节的名称就由此而来。

(3) 积分环节

积分环节的微分方程式为

$$y(t) = \frac{1}{T_i} \int_0^t x(t) \, dt, \quad t \geq 0 \qquad (2-28)$$

式中 T_i——积分环节的时间常数。

图 2-11 为积分环节的示例。

① 传递函数。

对式（2-28）两端取拉氏变换，得环节传递函数

$$G(s) = \frac{Y(s)}{X(s)} = \frac{1}{T_i s} \qquad (2-29)$$

② 阶跃响应曲线，如图 2-12 所示。

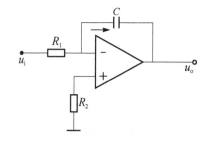

图 2-11 积分环节

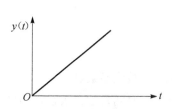

图 2-12 积分环节阶跃响应曲线

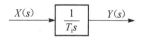

图 2-13 积分环节方框图

③ 方框图，如图 2-13 所示。

积分环节的特点：输出量与输入量的积分成正比例，即输出量取决于输入量对时间的积累过程。

(4) 微分环节

微分环节的微分方程为

$$y(t) = T_d \frac{dx(t)}{dt} \qquad (2-30)$$

式中 T_d——微分环节的时间常数。

图 2-14 为微分环节的示例。

① 传递函数。

对式（2-30）两端取拉氏变换，得环节传递函数

$$G(s) = \frac{Y(s)}{X(s)} = T_d s \qquad (2-31)$$

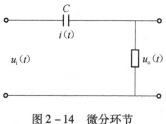

图 2-14 微分环节

② 阶跃响应曲线，如图 2-15 所示。
③ 方框图，如图 2-16 所示。

图 2-15　微分环节阶跃响应曲线　　图 2-16　微分环节方框图

微分环节的特点：输出量与输入量的微分成正比，即输出量与输入量的大小无关，只与输入量的变化率成正比例。当输入量为阶跃函数时，理论上输出量将是一个幅值为无穷大而时间宽度为零的脉冲，在工程中是不可能实现的。因此，物理系统中微分环节不独立存在，而是和其他环节一起出现。

（5）振荡环节

振荡环节的微分方程为

$$T^2 \frac{d^2 y(t)}{dt^2} + 2\xi T \frac{dy(t)}{dt} + y(t) = x(t) \tag{2-32}$$

式中　T——振荡环节的时间常数；
　　　ξ——阻尼比。

图 2-17 为振荡环节的示例。

① 传递函数。

对式（2-32）两端取拉氏变换，得环节传递函数

$$G(s) = \frac{Y(s)}{X(s)} = \frac{1}{T^2 s^2 + 2\xi T s + 1}$$

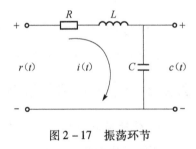

图 2-17　振荡环节

② 阶跃响应曲线，如图 2-18 所示。
③ 方框图，如图 2-19 所示。

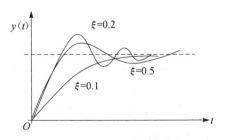

图 2-18　振荡环节阶跃响应曲线

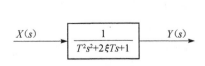

图 2-19　振荡环节方框图

振荡环节的特点：环节中有两个独立储能元件，而且能够将储存的能量相互转换。在能量转换过程中使输出量产生振荡。

（6）延迟环节

延迟环节也称纯滞后环节。延迟环节的微分方程为

$$y(t) = x(t - \tau) \tag{2-33}$$

式中　τ——纯滞后时间。

实例：各种传动系统（液压传动、气压传动、机械传动）和计算机控制系统，有时需要经过一定的延迟时间，输出才对输入作出响应。

① 传递函数。

对式（2-33）两端取拉氏变换，得环节传递函数

$$G(s) = \frac{Y(s)}{X(s)} = e^{-\tau s} \tag{2-34}$$

② 阶跃响应曲线，如图 2-20 所示。

③ 方框图，如图 2-21 所示。

图 2-20　延迟环节阶跃响应曲线　　　图 2-21　延迟环节方块图

延迟环节的特点：输出量完全复现输入量，但延迟一段时间 τ。

2.2.2　过程控制系统的方块图及其简化

1. 传递函数方框图定义及建立方法

不同的典型环节按不同关系组合起来就构成了不同形式的过程控制系统，将组成系统的各个环节用传递函数方框表示，并将相应的环节按信息流向连接起来，就可以得到系统传递函数方框图。

方框图组成如表 2-1 所示。

表 2-1　方块图的组成

名　称	符　号	说　明
信号线	$u(t)$ 或 $U(s)$ →	信号线是带有箭头的直线，箭头表示信号的流向，在直线旁边标记信号的时间函数或像函数。信号的传递具有单向性

续表

名　称	符　号	说　明
引出点（或测量点）	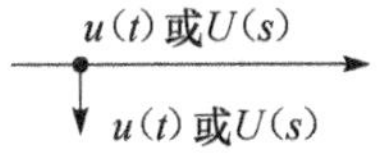u(t)或U(s) u(t)或U(s)	引出点表示信号引出或测量的位置，从同一位置引出的信号在数值和性质方面完全相同。不考虑负载效应
比较点（或综合点）	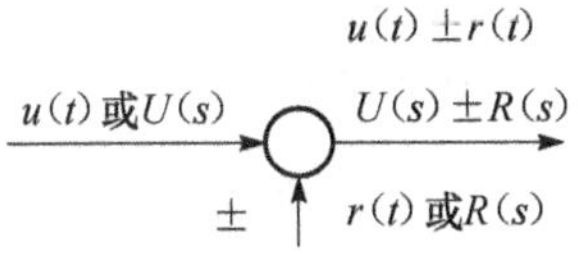u(t)±r(t) u(t)或U(s) U(s)±R(s) ± r(t)或R(s)	比较点表示对两个或两个以上的信号进行加减运算，“+”表示相加，“-”表示相减，“+”号可省略不写。比较点通常可用“⊗”符号表示
方框（或环节）	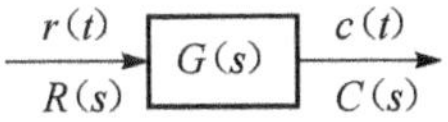r(t) R(s) G(s) c(t) C(s)	方框表示对信号进行的数学变换，方框中写入元部件或系统的传递函数

建立传递函数方框图的方法如下。

① 按照系统的结构和工作原理，列出描述系统各环节的运动（微分）方程式。

② 在零初始条件下，对各环节的微分方程进行拉氏变换，求出每个环节的传递函数，并将它们用方框图的形式表示出来。

③ 按信号的传递与变换过程，依次连接上述各个方框图，构成整个系统的传递函数方框图，一般将给定输入放在左边，输出放在右边。

2. 环节的基本连接方式及其传递函数

(1) 串联

环节串联是最常见的一种组合方式，如图2-22所示。串联组合方式中，前一环节的输出即为后一环节的输入（后一环节对前一环节的输出没有影响，即没有负载效应）。

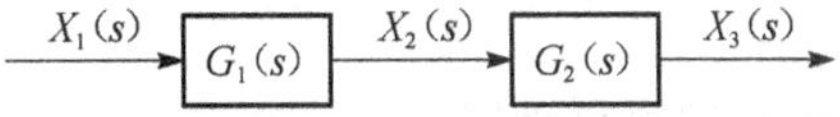
X1(s)
G1(s)
X2(s)
G2(s)
X3(s)

图2-22　环节串联

由串联方框的结构图可知

$$G_1(s) = \frac{X_2(s)}{X_1(s)} \qquad G_2(s) = \frac{X_3(s)}{X_2(s)}$$

消去中间变量 X_2 (s) 得

$$G(s) = \frac{X_3(s)}{X_1(s)} = \frac{X_2(s)}{X_1(s)} \times \frac{X_3(s)}{X_2(s)} = G_1(s)G_2(s)$$

结论：多个环节串联后总的传递函数等于每个环节传递函数的乘积。

$$G(s) = G_1(s)G_2(s)\cdots G_n(s) \tag{2-35}$$

(2) 并联

对于并联的各个环节输入都相同,而它们的输出的代数和就是环节总的输出,如图 2-23 所示。

由并联方框的结构图可知

$$X_1(s) = G_1(s)X(s)$$
$$X_2(s) = G_2(s)X(s)$$
$$Y(s) = X_1(s) \pm X_2(s)$$

消去中间变量 $X_1(s)$、$X_2(s)$,得

$$Y(s) = [G_1(s) \pm G_2(s)]X(s)$$

即

$$G(s) = \frac{Y(s)}{X(s)} = G_1(s) \pm G_2(s)$$

结论:环节并联后总的传递函数等于各环节传递函数的代数和。

$$G(s) = G_1(s) \pm G_2(s) \pm \cdots \pm G_n(s)$$

(3) 反馈连接

如图 2-24 所示,输出 $Y(s)$ 经过一个反馈环节 $H(s)$ 后,反馈信号 $B(s)$ 与输入 $X(s)$ 相加减,再作用到传递函数为 $G(s)$ 的环节。

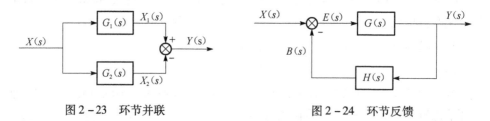

图 2-23 环节并联　　　　图 2-24 环节反馈

由反馈连接方框的结构图可知

$$Y(s) = G(s)E(s)$$
$$B(s) = H(s)Y(s)$$
$$E(s) = X(s) \mp B(s)$$

消去中间变量 $E(s)$、$B(s)$,得

$$Y(s) = \frac{G(s)}{1 \pm G(s)H(s)}X(s)$$

$$W(s) = \frac{Y(s)}{X(s)} = \frac{G(s)}{1 + G(s)H(s)} \qquad (2-36)$$

称 $G(s) = \frac{Y(s)}{E(s)}$ 为前向通道环节的传递函数。

$H(s) = \dfrac{B(s)}{Y(s)}$ 为反馈通道环节的传递函数。

结论：具有反馈结构环节的传递函数等于前向通道的传递函数除以 1 加（若正反馈为减）前向通道与反馈通道传递函数的乘积。

3. 传递函数方块图的等效变换和简化

上面讨论了方块图的 3 种基本组合方式及其传递函数，但环节或系统的方块图通常不是这 3 种基本连接的简单组合，而可能是复杂的连接形式，这就需要对复杂的方块图方进行等效变换，逐步简化为 3 种基本的连接形式，求得环节或系统的传递函数。

所谓等效变化，是指经过对方块图变换或简化后，没有改变其传递函数的表达形式，没有改变输入和输出的动态关系，这种变换称为等效变换。

接下来讨论方块图等效变换的规则。

① 各支路信号相加或相减时，与加减的次序无关，即连续的比较点（相加减点）可以任意交换次序。如图 2-25 所示。

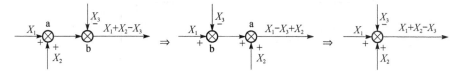

图 2-25　比较点互换

② 在总线路上引出分支点时，与引出次序无关，即连续分支点可以任意交换次序。如图 2-26 所示。

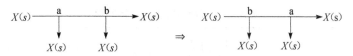

图 2-26　分支点互换

③ 比较点的后移或前移，则需乘以或除以所越过环节的传递函数，如图 2-27所示。

从 $G(s)$ 的输入端移到输出端称为后移，从 $G(s)$ 的输出端移到输入端称为前移。

(a)

图 2-27　比较点移动

(a) 后移

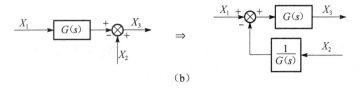

(b)

图 2-27 比较点移动（续）
(b) 前移

④ 分支点的前移或后移，则需乘以或除以越过环节的传递函数，如图 2-28 所示。

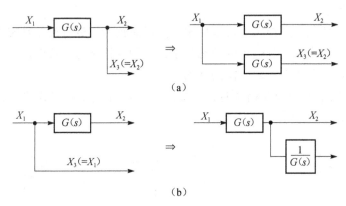

图 2-28 分支点移动
(a) 前移；(b) 后移

现将方块图的基本变换原则列于表 2-2 中，供化简时参考。

表 2-2 方块图的基本变换原则

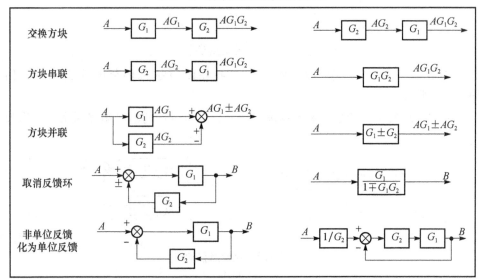

在进行方块图的等效变换时,还需注意以下几点。

① 方块图的等效变换其目的是化简方块图,考虑问题时应从如何把一个复杂的方块图通过等效变换,化简成基本的串联、并联、反馈3种组合方式。采用的方法一般是移动比较点或分支点来减少内反馈回路。

② 反馈连接与并联连接要区分清,特别是在复杂方块图中容易搞错。反馈是信号从环节的输出端取出引回到环节的输入端;并联是信号从环节的输入端取出引向到环节的输出端。

③ 在基本变换规则中指出,比较点可互换,分支点可互换。但比较点与分支点不能互换次序。

例 2-4 试简化图 2-29 (a) 的系统方块图,并求系统的传递函数 $G(s) = \dfrac{Y(s)}{X(s)}$。

解:由图 2-29 (a) 逐渐简化的过程如图 2-29 (b)、(c) 所示。

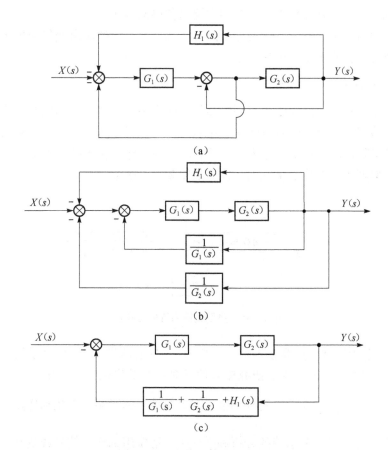

图 2-29 方块图等效变换示例

所以系统传递函数为

$$G(s) = \frac{Y(s)}{X(s)} = \frac{G_1(s)G_2(s)}{1 + G_1(s) + G_2(s) + G_1(s)G_2(s)H_1(s)}$$

2.2.3 过程控制系统的传递函数

1. 系统开环传递函数

当反馈回路断开后，系统便处于开环状态，其反馈信号与偏差信号之比，称为系统的开环传递函数，如图 2-30 所示。

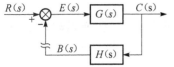

称 $G_k(s) = \dfrac{B(s)}{E(s)} = G(s)H(s)$ 为系统开环传递函数。

图 2-30 系统开环传递函数

当反馈传递函数 $H(s) = 1$ 时，称系统为单位反馈系统，此时，开环传递函数与前向通道传递函数相同。

当反馈回路接通时，系统便处于闭环状态，其系统的输出变量与输入变量之间的传递函数，称为闭环传递函数。

2. 系统闭环传递函数

控制系统在工作过程中会受到两类信号的作用，一类是有用信号，常称为输入信号、给定值、指令或参考输入，用 $r(t)$ 表示；另一类是扰动，常称为干扰信号。参考输入常加在系统的输入端，而扰动一般是作用在被控对象上。

一个典型的反馈控制系统的结构图如图 2-31 所示。

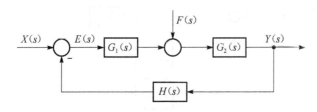

图 2-31 典型反馈系统的方块图

图 2-31 中，$X(s)$ 是输入信号，$F(s)$ 是扰动信号，$Y(s)$ 是系统的输出信号，$E(s)$ 为偏差信号。为了研究输入信号对系统输出的影响，求输入作用下的闭环传递函数 $\dfrac{Y(s)}{X(s)}$；为了研究扰动信号对系统输出的影响，求扰动作用下的闭环传递函数 $\dfrac{Y(s)}{F(s)}$；在控制系统的分析和设计中，还常用到输入信号或扰动信号作用

下,以偏差信号作为输出的闭环误差传递函数$\frac{E(s)}{X(s)}$或$\frac{E(s)}{F(s)}$。

(1) 输入作用下的闭环传递函数

令 $F(s)=0$,则

$$\Phi_X(s) = \frac{Y(s)}{X(s)} = \frac{G_1(s)G_2(s)}{1+G_1(s)G_2(s)H(s)} \qquad (2-37)$$

(2) 扰动作用下的闭环传递函数

令 $X(s)=0$,则

$$\Phi_F(s) = \frac{Y(s)}{F(s)} = \frac{G_2(s)}{1+G_1(s)G_2(s)H(s)} \qquad (2-38)$$

在输入 $X(s)$ 和扰动 $F(s)$ 的共同作用下,则系统输出为

$$Y(s) = \Phi_X(s)X(s) + \Phi_F(s)F(s)$$

开环传递函数为

$$G(s) = G_1(s)G_2(s)H(s)$$

等效为主反馈断开时,从输入信号 $X(s)$ 到 $B(s)$ 之间的传递函数。

(3) 闭环系统的偏差传递函数

系统在输入 $X(s)$ 作用下的偏差传递函数为

$$\Phi_{EX}(s) = \frac{E(s)}{X(s)} = \frac{1}{1+G_1(s)G_2(s)H(s)} \qquad (2-39)$$

系统在扰动 $F(s)$ 作用下的偏差传递函数为

$$\Phi_{EF}(s) = \frac{E(s)}{F(s)} = \frac{-G_2(s)H(s)}{1+G_1(s)G_2(s)H(s)} \qquad (2-40)$$

2.3 被控对象数学模型的实验测取

建立被控对象或环节数学模型的途径有两种,一种是本章第一节介绍的机理建模法,适合较为简单的对象或环节;另一种是用实验测试方法。实验法测取建立数学模型(简称实验建模),就是把被研究对象看作一个黑箱,通过施加典型的输入信号,研究对象的输出响应信号与输入激励信号之间的关系,估计出对象的参数和数学模型,亦称为系统辨识方法或黑箱方法。实验建模不需要深入了解对象的内部机理。对复杂的对象,实验建模比机理建模要简单和省力。

常用的实验测试方法有阶跃响应曲线法、矩形脉冲法、频率法和统计相关法

等，本教材介绍阶跃响应曲线法的实验建模。

阶跃响应曲线法是对处于开环、稳态的被控对象，使其输入变量产生一阶跃变化，测得被控对象的阶跃响应曲线，然后再根据阶跃响应曲线，求取被控对象输入与输出之间的动态数学关系——传递函数。

为得到可靠的测试结果，做测试时应注意以下几点。

① 测试前，被控对象应处于相对稳定的工作状态。否则，就容易将被控对象的其他动态变化与实验时的阶跃响应混淆在一起，影响测取结果。

② 输入的阶跃变化量不能太大，以免对生产的正常进行造成影响，但也不能太小，以防其他干扰影响的比重相对较大。一般阶跃变化在正常输入信号最大幅值的5%~15%，大多取10%。

③ 完成一次实验测试后，应使被控对象恢复原来工况并稳定一段时间，再做第二次实验测试。

④ 在相同条件下应重复多做几次实验，从几次的测试结果中选择两次以上比较接近的响应曲线作为分析依据，以减少随机干扰因素的影响。

⑤ 分别做阶跃输入信号为正、反方向两种变化情况的实验对比，以反映非线性对被控对象的影响。

由阶跃响应曲线求出传递函数，首先要根据被控对象阶跃响应曲线的形状，选定模型传递函数的形式，然后再确定具体参数。在工业生产中，大多数的过渡过程都是有自平衡能力的非振荡衰减过程，其传递函数可以用一阶惯性环节加滞后、二阶惯性环节加滞后或 n 阶惯性环节加滞后几种形式来近似。

2.3.1 对象的自衡特性

1. 有自衡对象

有自衡对象是指当对象受到扰动后，虽然原有平衡状态被破坏，但无需人力或自动控制装置的帮助而能自行重建平衡。有自衡对象实例特性如图2-32所示。

2. 无自衡对象

对于无自衡对象，它没有自行重建平衡的能力，在扰动的影响下，如果没有操作人员或仪表等外部作用的干预，依靠被控对象自身能力不能重新回到平衡状态，输出会无限制地变化下去，直至发生事故。无自衡对象示例及其特性如图2-33所示。由于无自衡对象受到阶跃作用后，其输出变量很容易超出工艺指标的许可范围。因此，只有在特殊情况下，才允许测取无自衡对象的阶跃响应曲线。

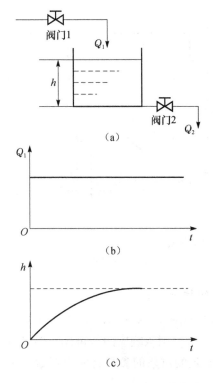

图 2-32 有自衡对象示例及其特性

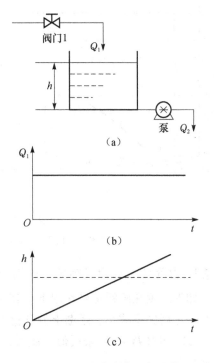

图 2-33 无自衡对象示例及特性

2.3.2 阶跃响应曲线法建立被控对象的数学模型

当给对象输入端施加一个阶跃扰动信号后,对象的输出(在测试记录仪或监视器屏幕上)就会出现一条完整的记录曲线,这就是被测对象的阶跃响应曲线,根据阶跃响应曲线,便可求得对象的特征参数(K、T、T_i、τ),即得到对象的传递函数。图 2-34 为被测对象的阶跃响应曲线。

在工程上,对于有自衡的工业对象常用一阶或一阶带纯滞后环节的传递函数来近似,即

$$G(s) = \frac{K}{Ts+1} \quad \text{或} \quad G(s) = \frac{K}{Ts+1}e^{-\tau s} \qquad (2-41)$$

对于无自衡的工业对象常用积分环节或具有纯滞后的积分环节的传递函数来近似,即

$$G(s) = \frac{1}{Ts} \quad \text{或} \quad G(s) = \frac{1}{Ts}e^{-\tau s} \qquad (2-42)$$

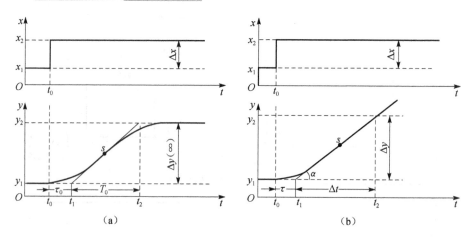

图 2-34 对象响应曲线

（a）有自衡对象的阶跃响应曲线；（b）无自衡对象的阶跃响应曲线

1. 由阶跃响应曲线确定一阶惯性对象的特征参数

如果对象在阶跃信号作用下，其响应曲线如图 2-35 所示。$t=0$ 时曲线斜率最大，之后斜率减小，逐渐上升到稳态值 $y(\infty)$，则该响应曲线可用一阶惯性环节 $G(s)=K/(Ts+1)$ 来近似。此时，需要确定的对象的参数有放大系数 K 和时间常数 T。

（1）放大系数 K

可由阶跃反应曲线的稳态值 $y(\infty)$ 除以阶跃作用的幅值 x_0 求得，即

$$K = \frac{y(\infty)}{x(\infty)} = \frac{y(\infty)}{x_0} \qquad (2-43)$$

（2）时间常数 T

① 作图求时间常数 T。可在阶跃响应曲线的起点处作切线，该切线与 $y(\infty)$ 的交点所对应的时间即为 T。如图 2-36 所示。

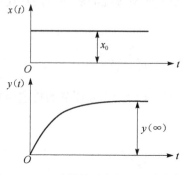

图 2-35 一阶惯性对象的阶跃响应曲线

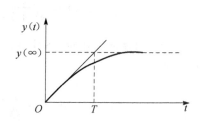

图 2-36 一阶惯性对象时间常数求取

② 解析法求 T。因为一阶惯性对象的微分方程式为

$$T\frac{dy(t)}{dt} + y(t) = Kx(t) \quad (2-44)$$

在幅度为 x_0 的阶跃扰动作用下，式（2-44）可写成

$$\frac{dy(t)}{dt} = \frac{y(\infty) - y(t)}{T}$$

$$T\frac{dy(t)}{dt} + y(t) = Kx_0 = y(\infty)$$

因为 $dy(t)/dt$ 在几何上表示曲线 $y = y(t)$ 的切点处的切线斜率，所以

$$\frac{dy(t)}{dt} = \tan\alpha = \frac{y(\infty) - y(t)}{T}$$

$$T = \frac{y(\infty) - y(t)}{\tan\alpha} \quad (2-45)$$

2. 由阶跃响应曲线确定一阶惯性带纯滞后对象的特征参数

有些对象，在受到输入作用后，被控变量却不能随着马上发生变化，这种现象称为滞后现象。根据滞后性质的不同，可分为两类，即传递滞后和容量滞后。

传递滞后又叫纯滞后，一般用 τ_0 表示。τ_0 的产生一般是由于介质的输送需要一段时间而引起的，例如图 2-37（a）所示的溶解槽，料斗中的固体用皮带输送机送至加料口。在料斗加大送料量后，固体溶质需等输送机将其送到加料口并落入槽中后，才会影响溶液浓度。图 2-37（b）为对象的阶跃响应曲线，可见，具有纯滞后的对象，当输入发生变化时，输出不能立刻反应输入的变化，而要经过一定的纯滞后时间 τ_0 后，才开始等量地反应原无滞后时的输出变化。

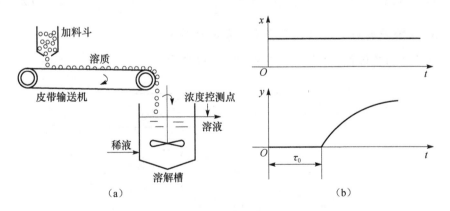

图 2-37 溶解槽纯滞后对象

另外，从测量方面来说，由于测量点选探不当、测量元件安装不合适等原因

也会造成传递滞后。

有些对象在受到阶跃输入作用后,被控变量开始变化很慢,后来才逐渐加快,最后又变慢直至逐渐接近稳定值,这种现象叫容量滞后或过渡滞后,容量滞后一般是由于物料或能量的传递需要通过一定阻力而引起的。

如果被测对象的阶跃响应曲线是一条如图 2-38 所示的 S 形单调曲线,可以选用有纯滞后的一阶惯性环节近似该过程的传递函数。一阶滞后环节包含 3 个参数,即 K、T、τ,它们的求取方法如下。

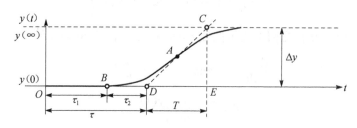

图 2-38 一阶惯性带纯滞后对象的阶跃响应曲线

测得对象的响应曲线,B 点为对象开始响应的起点。在 S 形反应曲线的拐点 A 处(曲线斜率的转折点)作一切线,该切线与时间轴交于 D 点,与 $y(t)$ 的稳态值 $y(\infty)$ 交于 C 点,C 点在时间轴上的投影为 E 点,DE 即为被控过程的时间常数 T,原点到 D 点的距离为对象的滞后时间 τ,$\tau = \tau_1 + \tau_2$。τ_1 是系统的纯滞后时间,τ_2 是容量滞后时间。即

纯滞后时间为 $\qquad \tau_1 = OB \qquad$ (2-46)

时间常数 $\qquad T = DE \qquad$ (2-47)

放大系数 $\qquad K = \dfrac{\Delta y(\infty)}{\Delta x} \qquad$ (2-48)

3. 由阶跃响应曲线确定无自衡对象的特征参数

对于无自衡过程,其阶跃响应如图 2-39 所示。

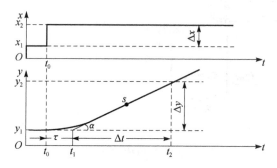

图 2-39 无自衡对象阶跃响应曲线

其传递函数可用积分环节 $G(s) = \dfrac{1}{T_i s}$ 或带纯滞后的积分环节 $G(s) = \dfrac{1}{T_i s}\mathrm{e}^{-\tau s}$ 来近似。为了从曲线确定时间常数 T，在图 2-39 中作阶跃响应曲线的渐近线，即稳态部分的切线与时间轴交于 t_1，与时间轴的夹角为 α，如图 2-39 所示。可得

$$\tau = t_1 - t_0 \tag{2-49}$$

$$y'(\infty) = \tan\alpha = \frac{\Delta y(t)}{\Delta t}$$

对于积分环节的微分方程式为

$$T_i \frac{\mathrm{d}y(t)}{\mathrm{d}t} = x(t) \tag{2-50}$$

$$T_i \frac{\mathrm{d}y(\infty)}{\mathrm{d}t} = T_i y'(\infty) = x(\infty) = \Delta x$$

$$T_i = \frac{\Delta x}{y'(\infty)} \tag{2-51}$$

例 2-5 测定某物料干燥筒的特性。加阶跃输入，物料出口温度记录仪得到的阶跃响应曲线如图 2-40 所示。写出描述物料干燥筒特性的微分方程（输出变量为物料出口温度，加热蒸汽量为输入变量）。

解：由阶跃响应曲线可知

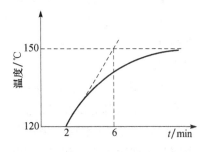

图 2-40 干燥筒的阶跃响应曲线

放大系数为 $K = \dfrac{(150-120)}{(28-25)} = 10\ \text{℃}/(\text{m}^3/\text{h})$

时间常数为 $T = 6 - 2 = 4$（min）

纯滞后时间 $\tau = 2$ min

所以物料干燥筒特性的微分方程为

$$G(s) = \frac{K}{Ts+1}\mathrm{e}^{-\tau s} = \frac{10}{4s+1}\mathrm{e}^{-2s}$$

本 章 小 结

1. 主要内容

① 描述系统（或环节）性能的数学表达式，叫作系统（或环节）的数学模型。数学模型有多种形式：

- 时域中有微（差）分方程、状态方程；

- 复数域中有方块图、传递函数；
- 频域中有频率特性。

常系数线性微分方程是线性系统数学模型的基本形式。

② 建立控制系统的数学模型，关键是建立系统（或环节）的微分方程式，其步骤如下：

- 根据被控对象（或环节）的内在机理，列写基本的物理基本学定律作为原始动态方程式；
- 根据被控对象（或环节）的结构及工艺生产要求进行具体分析，确定被控对象（或环节）的输入量和输出量；
- 消去原始方程式的中间变量，最后得到只包含输入量和输出量的方程式，即被控对象（或环节）的输入输出微分方程式；
- 若得到的微分方程式是非线性的，则需要进行线性化。

③ 传递函数是一种常用的数学模型。传递函数的定义为：在零初始条件下，系统（或环节）输出变量的拉氏变换 $Y(s)$ 与输入变量的拉氏变换 $X(s)$ 之比，记作 $G(s)$。

④ 方块图是系统（或环节）数学模型的图形表示形式。它们是将系统（或环节）各组成部分的传递函数，依据它们之间的信号传递关系而连接起来的系统（或环节）结构示意图。采用方块图作为系统（或环节）的数学模型，能对系统内部各物理量的变换和信号传递关系有较清晰的反映，而且能通过等效变换和化简求得系统（或环节）的传递函数，运用很方便。

⑤ 过程控制系统是由基本的典型环节所组成的，基本环节一般分为6种：一阶环节（又称惯性环节）、二阶环节（又称振荡环节）、比例环节（又称无惯性或放大环节）、积分环节、微分环节、纯滞后环节（又称延迟环节）。

⑥ 过程控制系统根据输出量与输入量的不同有不同形式的传递函数。经常用的有：前向通道传递函数、开环传递函数、闭环传递函数。闭环传递函数又分为定值系统传递函数、定值系统偏差传递函数、随动系统传递函数、随动系统偏差传递函数。

⑦ 实际控制系统数学模型的建立，涉及多学科知识，既是复杂的又是非常重要的，属于自动控制理论的基础工作问题。因此，采用实验方法测试出被控对象或环节的数学模型，对工程来说是十分有效的手段。常用的实验测试方法是阶跃扰动法。

2. 基本要求

① 掌握建立简单的被控对象或环节数学模型的基本方法和步骤，对工作原理和内部机理简单的被控对象，能写出其微分方程式。

② 掌握传递函数的定义；掌握6种典型环节的数学模型。

③ 掌握环节串联、并联、反馈3种基本组合方式的传递函数；掌握方块图等效变换求取系统的传递函数的方法。

④ 了解实验测试被控对象的方法，能够用阶跃扰动法的数据处理（反应曲线）获得简单被控对象的工程数学模型。

习题与思考题

1. 什么是被控过程的数学模型？
2. 建立被控过程数学模型的目的是什么？过程控制对数学模型有什么要求？
3. 建立被控对象数学模型的方法有哪些？各有什么特点？
4. 何为试验建模法？
5. 什么是过程的滞后特性？滞后有哪几种？产生的原因是什么？
6. 什么是对象控制通道的增量方程式？为什么要建立增量方程式？
7. 什么是对象的放大系数、时间常数？为什么称放大系数为对象的静特性，时间常数为对象的动特性？
8. 如何求系统的传递函数？什么是开环传递函数？什么是闭环传递函数？
9. 某过程在阶跃扰动量 $\Delta u = 20\%$ 的输入下，其液位过程阶跃响应数据见表2-3：

表2-3 液位过程阶跃响应数据

t/s	0	10	20	40	60	80	100	140	180	260	300	400	500
h/cm	0	0	0.2	0.8	2.0	3.6	5.4	8.8	11.8	14.4	16.6	18.4	19.2

（1）画出液位 h 的阶跃响应曲线；

（2）用带纯滞后的一阶惯性环节近似描述该过程的动态特性，求液位过程的数学模型。

第 3 章

过程控制系统的动态性能

对过程控制系统动态过程的分析与设计的方法很多,本章只介绍微分方程分析法。

微分方程分析法的步骤是:首先根据系统的运行机理建立过程控制系统的微分方程式(或传递函数),然后在阶跃输入的作用下,对过程控制系统求解,从而得到系统过渡过程的表达式并绘制出过渡过程曲线,最后通过对过渡过程曲线进行质量指标计算,得出关于过程控制系统控制质量好坏的结论。

3.1 过程控制系统的动态响应

3.1.1 一阶过程控制系统的动态响应

1. 一阶系统的数学模型

一阶系统的微分方程式为

$$T\frac{dy(t)}{dt} + y(t) = Kx(t)$$

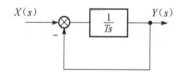

图 3-1 一阶系统的方块图

方块图如图 3-1 所示。
传递函数为

$$G(s) = \frac{K}{Ts + 1}$$

传递函数的分母等于零就是系统的特征方程,所以一阶系统的特征方程为 $Ts + 1 = 0$。

2. 一阶系统的单位阶跃响应

在零初始条件下(以后分析如没有特别指明,均理解为初始条件为零),控制系统在单位阶跃输入信号 $x(t)$ 作用下的输出 $y(t)$,称为系统的单位阶跃响应(如图 3-2 所示)。

阶跃输入为 $X(s) = \dfrac{1}{s}$，系统输出 $y(t)$ 的时域表达式为

$$y(t) = \mathscr{L}^{-1}[Y(s)] = \mathscr{L}^{-1}[G(s)X(s)]$$
$$= \mathscr{L}^{-1}\left[\dfrac{K}{Ts+1} \times \dfrac{1}{s}\right] = K(1 - e^{-t/T})$$

图 3-2 是一条指数上升曲线，其变化平稳而不作周期波动，故一阶系统的过渡过程为"非周期"过渡过程。一阶系统有两个特征参数：放大系数 K 和时间常数 T。

（1）放大系数 K

放大系数表示输出变量 $y(t)$ 的稳态值 $y(\infty)$ 与输入变量 $x(t)$ 的稳态值 $x(\infty)$ 之比。

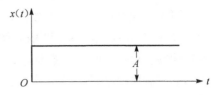
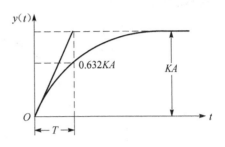

图 3-2 一阶系统的过渡过程

$$K = \dfrac{y(\infty)}{x(\infty)} \tag{3-1}$$

因为 K 表明了稳态时输出对输入的放大倍数，不反映系统的过渡过程状态，所以 K 是系统的静态参数。

例 3-1 一夹套式蒸汽加热器，原来的加热蒸汽量为 10 t/h，夹套温度稳定为 500 ℃。现蒸汽量变化为 10.1 t/h，经过一段时间最后夹套温度稳定在 520 ℃，求放大倍数 K。

解： 对象的输入变量 $x(t)$ 为加热蒸汽（变化）量，$x(\infty) = 10.1 - 10 = 0.1$ t/h，对象的输出变量 $y(t)$ 为夹套温度（变化量），$y(\infty) = 520 - 500 = 20$ ℃，则

$$K = \dfrac{520 - 500}{10.1 - 10} = 200 \ ℃/(t/h)$$

（2）时间常数 T

时间常数是表示在输入变量的作用下，被控变量完成其变化过程所需的时间，是描述对象特性的一个重要参数。在阶跃输入信号作用下，系统的输出变量 $y(t)$ 开始上升，当 $y(t)$ 到达最终稳态值的 63.2% 所需要的时间，即定义为系统的时间常数 T；或对象受到阶跃输入后，输出若一直保持初始速度变化，最终到达新的稳态值所需时间就是时间常数，用 T 来表示，如图 3-2 所示。即

$$y(t)\Big|_{t=T} = K(1 - e^{-\frac{t}{T}})\Big|_{t=T} = K(1 - e^{-1}) = 0.632 K \tag{3-2}$$

可见 T 是系统的动态参数，T 越小，$y(t)$ 达到稳态值的时间即过渡过程越短。图 3-3 是在相同的阶跃输入作用下，$K=1$ 时，不同时间常数下被控对象的响应曲线。可见，时间常数越小，系统的响应速度越快，过渡过程的时间越短，系统的控制质量越好。但是时间常数 T 也不宜太小，否则会引起振荡，造成系统的不稳定。

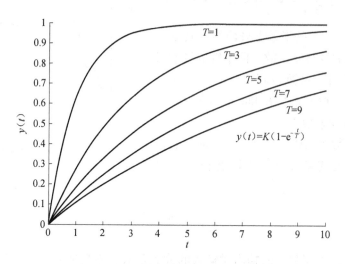

图 3-3 不同时间常数下的响应曲线

一阶系统的特点可归纳如下。
① 一阶系统的单位阶跃响应是单调上升的，不存在超调量。
② 为了提高一阶系统的快速响应和跟踪能力，应该减少系统的时间常数 T。
③ 一阶系统的稳态参数为 K，稳态值与 T 无关。

3. 一阶系统的稳定性分析

我们知道，在过程控制系统的分析中，最重要的问题是稳定性问题，所以对一个过程控制系统的要求首先必须是稳定的。

一阶系统的特征方程为 $Ts+1=0$，特征方程的特征根为

$$s = -\frac{1}{T}$$

由特征根可知，一阶系统稳定的基本条件如下。
① 特征根为负。
② 微分方程的系数都大于零。

3.1.2 二阶过程控制系统的动态响应

能够由二阶微分方程描述的系统称为二阶系统。在控制系统中，二阶系统非

常普遍，如电动机、小功率随动系统、机械动力系统和 RLC 电路等都是二阶系统。

1. 二阶系统的数学模型

设二阶系统数学模型的标准形式为

$$\frac{d^2 y(t)}{dt^2} + 2\xi\omega_n \frac{dy(t)}{dt} + \omega_n^2 y(t) = \omega_n^2 x(t) \qquad (3-3)$$

式中 ξ——阻尼比；

ω_n——无阻尼振荡角频率或自然频率。

方块图如图 3-4 所示。

开环传递函数为

$$G(s) = \frac{\omega_n^2}{s^2 + 2\xi\omega_n s}$$

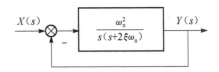

闭环传递函数为

图 3-4 二阶系统的方块图

$$\Phi(s) = \frac{G(s)}{1 + G(s)} = \frac{\omega_n^2}{s^2 + 2\xi\omega_n s + \omega_n^2} \qquad (3-4)$$

2. 二阶系统的单位阶跃响应

输入

$$X(s) = \frac{1}{s}$$

输出

$$Y(s) = \frac{1}{s} \cdot \frac{\omega_n^2}{s^2 + 2\xi\omega_n s + \omega_n^2}$$

闭环特征方程为

$$s^2 + 2\xi\omega_n s + \omega_n^2 = 0 \qquad (3-5)$$

特征根为

$$s_{1,2} = -\xi\omega_n \pm \omega_n\sqrt{\xi^2 - 1} \qquad (3-6)$$

ξ 的取值不同，求得的特征根也不同，下面分别讨论。

(1) $0 < \xi < 1$（欠阻尼），有一对共轭复根

$$s_{1,2} = -\xi\omega_n \pm j\omega_n\sqrt{1 - \xi^2}$$

欠阻尼状态下的单位阶跃响应为（推导过程略）

$$y(t) = \mathscr{L}^{-1}[Y(s)] = \mathscr{L}^{-1}\left[\frac{1}{s} \cdot \frac{\omega_n^2}{s^2 + 2\xi\omega_n s + \omega_n^2}\right] = 1 - \frac{e^{-\xi\omega_n t}}{\sqrt{1-\xi^2}}\sin(\omega_d t + \phi)$$

式中 $\omega_d = \omega_n\sqrt{1-\xi^2}$；

$$\phi = \arctan \frac{\sqrt{1-\xi^2}}{\xi}$$

(2) $\xi = 1$（临界阻尼），有两相等负实根

$$s_{1,2} = -\xi\omega_n$$

临界阻尼状态下的单位阶跃响应为

$$y(t) = \mathscr{L}^{-1}[Y(s)] = \mathscr{L}^{-1}\left[\frac{1}{s} \cdot \frac{\omega_n^2}{s^2 + 2\xi\omega_n s + \omega_n^2}\right] = 1 - (1 + \omega_n t)e^{-\omega_n t}$$

(3) $\xi > 1$（过阻尼），有两不等负实根

$$s_{1,2} = -\xi\omega_n \pm \omega_n\sqrt{\xi^2 - 1}$$

过阻尼状态下的单位阶跃响应为

$$y(t) = \mathscr{L}^{-1}[Y(s)] = \mathscr{L}^{-1}\left[\frac{1}{s} \cdot \frac{\omega_n^2}{s^2 + 2\xi\omega_n s + \omega_n^2}\right]$$

$$= 1 - \frac{1}{2\sqrt{\xi^2-1}}\left(\frac{e^{-(\xi-\sqrt{\xi^2-1})\omega_n t}}{\xi - \sqrt{\xi^2-1}} - \frac{e^{-(\xi+\sqrt{\xi^2-1})\omega_n t}}{\xi + \sqrt{\xi^2-1}}\right)$$

8

(4) $\xi = 0$（无阻尼），有一对纯虚根

$$s_{1,2} = \pm j\omega_n$$

阻尼状态下的单位阶跃响应为

$$y(t) = \mathscr{L}^{-1}[Y(s)] = \mathscr{L}^{-1}\left[\frac{1}{s} \cdot \frac{\omega_n^2}{s^2 + 2\xi\omega_n s + \omega_n^2}\right] = 1 - \cos\omega_n t$$

(5) $-1 < \xi < 0$（负阻尼），有两不等正实根

$$s_{1,2} = -\xi\omega_n \pm \omega_n\sqrt{\xi^2 - 1}$$

负阻尼状态下的单位阶跃响应同欠阻尼情况。

因为自然频率 ω_n 取正值有意义，所以二阶系统的阻尼比 ξ 与稳定性的关系可归纳如表 3-1 所示。

表 3-1 阻尼比 ξ 与系统稳定性的关系

闭环根分布		过渡过程 $y(t)$	稳定性
$\zeta > 1$	两个负实根 $s_{1,2} = -\zeta\omega_0 \pm \sqrt{\zeta^2-1}$	非周期过程	稳定

续表

闭环根分布		过渡过程 $y(t)$		稳定性
$\zeta = 1$	一对相等的负实根 $s_{1,2} = -\zeta\omega_0$	$\zeta=1$ 根平面图	$y(t)$ 曲线图,处于开始振荡的边缘	稳定
$0 < \zeta < 1$	一对负实部的共轭复数 $s_{1,2} = -\zeta\omega_0 \pm j\omega_0\sqrt{1-\zeta^2}$	$0<\zeta<1$ 根平面图	$y(t)$ 曲线图,衰减振荡振荡随着 ζ 减小而加剧	稳定
$\zeta = 0$	一对虚根 $s_{1,2} = \pm j\omega_0$	$\zeta=0$ 根平面图	$y(t)$ 曲线图,等幅振荡	临界边缘
$-1 < \zeta < 0$	一对正实部的共轭复根 $s_{1,2} = -\zeta\omega_0 \pm j\omega_0\sqrt{1-\zeta^2}$	$-1<\zeta<0$ 根平面图	$y(t)$ 曲线图,扩散振荡	不稳定
$\zeta < -1$	两个正实根 $s_{1,2} = -\zeta\omega_0 \pm \omega_0\sqrt{\zeta^2-1}$	$\zeta<-1$ 根平面图	$y(t)$ 曲线图,非周期离开初始值后向无穷大发散	不稳定

3. 二阶系统的稳定性分析

从上面的分析可以看出，二阶系统的稳定性主要取决于阻尼比 ξ。

① $\xi < 0$ 时，阶跃响应发散振荡，系统不稳定。

② $\xi \geqslant 1$ 时，无振荡、无超调，过渡过程长，系统稳定。

③ $0 < \xi < 1$ 时，衰减振荡，ξ 愈小，振荡愈严重，但响应愈快，系统稳定。

④ $\xi = 0$ 时，出现等幅振荡，系统处于临界边缘。

所以，二阶系统的稳定的基本条件如下。

① 特征根实数部分为负。

② 微分方程系数均需大于零。

③ 阻尼比 $\xi > 0$。

从根平面（特征根用复平面上的点来表示）来看系统稳定的基本条件是：系统的全部特征根落在根平面的左半平面。如果有特征根落在右半平面或虚轴上，则系统将都是不稳定的，虚轴为稳定边界。系统的稳定区域如图 3-5 所示。

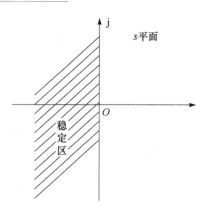

图 3-5 根平面上的稳定区域

3.2 常规控制规律对系统过渡过程的影响

控制器是过程控制系统中一个重要的组成部分,它把来自检测仪表的信号与设定值进行综合,按预定的规律去控制控制阀的动作,使生产过程中的各种被控参数,如温度、压力、流量、液位、成分等符合生产工艺的要求。

在过程控制系统中,由于扰动作用使被控变量偏离设定值,从而产生偏差,控制器将偏差信号按一定的数学关系,转换为控制作用,作为输出作用于被控对象,以校正扰动作用对被控变量造成的影响。被控变量能否回到给定值上,以及以怎样的途径、经过多长时间回到给定值上来,即控制过程的品质如何,不仅与被控对象的特性有关,而且也与控制器的特性,即控制器的控制规律有关。

控制器的控制规律,是指控制器的输出信号与输入信号之间随时间变化的规律,也称为控制器的特性。研究控制器的控制规律时是把控制器和系统断开,单独研究控制器本身的特性。方法通常是在控制器的输入端加一个阶跃信号,研究输出信号随阶跃信号的变化规律。

所谓常规控制器是指区分于智能控制器来说的,它是最基本的控制器,工程中常用的控制规律有比例 P、比例积分 PI 和比例积分微分 PID 控制规律等。

3.2.1 常规控制器的控制规律

1. 比例(P)控制器

(1) 比例控制规律

在比例控制规律中,控制器的输出信号 $y(t)$ 与输入偏差信号 $e(t)$ 之间的

关系为

$$y(t) = K_p e(t) \quad (3-7)$$

或

$$K_p = \frac{y(t)}{e(t)}$$

传递函数为

$$G(s) = \frac{Y(s)}{E(s)} = K_p \quad (3-8)$$

式中 K_p——比例控制器的放大倍数。

所以比例控制器实际上是一个可变增益的放大器。在相同的输入偏差 $e(t)$ 下，K_p 越大，输出 $y(t)$ 越大，所以 K_p 是衡量比例控制作用强弱的参数。

图 3-6 是阶跃偏差作用下，比例控制器的输出特性。

在过程控制仪表中，常用比例度 δ 表示控制作用的强弱。定义为

$$\delta = \frac{e/(e_{max}-e_{min})}{y/(y_{max}-y_{min})} \times 100\% \quad (3-9)$$

式中 $e_{max}-e_{min}$——控制器输入信号的变化范围即控制器的量程；

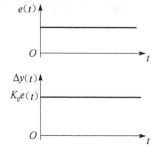

图 3-6 比例控制器的输出特性

$y_{max}-y_{min}$——控制器的输出信号变化范围。因为在 DDZ—Ⅲ型仪表中，控制器的输入信号和输出信号都是统一的 4~20 mA DC 标准信号，即 $e_{max}-e_{min}=y_{max}-y_{min}=20-4=16(mA)$，所以可以把式（3-9）改写为

$$\delta = \frac{(y_{max}-y_{min})}{(e_{max}-e_{min})} \times \frac{e}{y} \times 100\% = \frac{e}{y} \times 100\% = \frac{1}{K_p} \times 100\% \quad (3-10)$$

由式（3-10）可知，δ 是一个无因次的值，且与放大倍数 K_p 成反比关系。所以控制器的比例度 δ 越小，K_p 越大，比例控制作用就越强。比例控制器是最基本、最主要且应用最普遍的控制规律。

例 3-2 某气动比例温度控制器的输入范围为 500 ℃ ~ 1 000 ℃，输出范围为 20 ~ 100 kPa，当控制器输入变化 200 ℃ 时，其输出信号变化 40 kPa，则该控制器的比例度为多少？

解：

$$\delta = \frac{e/|e_{max}-e_{min}|}{y/|y_{max}-y_{min}|}$$

$$= \frac{200/(1\,000 - 500)}{40/(100 - 20)} \times 100\%$$
$$= 80\%$$

比例控制最大的优点是反应快,控制作用及时,但由于比例控制器的输出信号与输入偏差信号之间始终存在比例关系,为了维持控制器的输出信号,必须有偏差存在,所以采用比例控制作用的控制器构成的控制系统,被控变量存在余差。

当工艺对控制质量有更高要求,不允许被控变量存在余差时,就需要在比例控制的基础上,再加上能消除余差的积分控制作用。

(2) 比例度对过渡过程的影响

图3-7为不同比例度对系统过渡过程的影响。

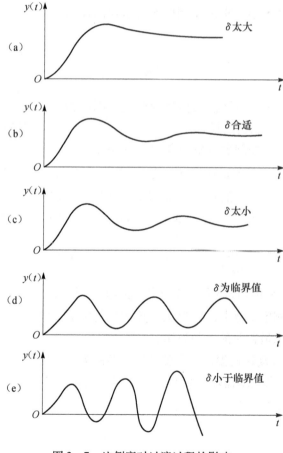

图3-7 比例度对过渡过程的影响

由图 3-7 可知，比例度对系统过渡过程的影响为：

① δ 太大时，非周期振荡，系统较稳定，余差较大，控制时间长。

② δ 减小为适当值时，被控变量来回波动，衰减振荡，系统稳定，余差减小。

③ δ 进一步减小，被控变量振荡加剧。

④ δ 为临界值时，等幅振荡，系统处于临界稳定状态。

⑤ δ 小于临界值，发散振荡，系统不稳定。

可见比例度越大，比例控制作用越弱，过渡过程曲线越平稳，余差也越大；比例度越小，比例控制作用越强，过渡过程曲线振荡越厉害；当比例度 δ 减小到某一数值时，系统会出现等幅振荡，此时的比例度称为临界比例度，如果比例度继续减小，过渡过程就变为发散振荡过程，系统最终不能回到稳定状态。

2. 积分（I）控制器

（1）积分控制规律

控制器的输出信号 $y(t)$ 与输入（偏差）信号 $e(t)$ 对时间的积分成比例关系的控制规律称为积分控制规律。表达式为

$$y(t) = \frac{1}{T_i}\int_0^t e(t)\mathrm{d}t \qquad (3-11)$$

式中　T_i——积分时间。

传递函数为

$$G(s) = \frac{Y(s)}{E(s)} = \frac{1}{T_i s} \qquad (3-12)$$

图 3-8 是阶跃偏差作用下，积分控制器的输出特性。

从图 3-8 可以看出，只要有偏差存在，控制器的输出就随时间不断变化，只有当偏差等于零时，输出信号才停止变化，稳定在某一个值上。

积分控制作用的特点可总结为以下几点。

① 输出信号的大小，不仅与偏差信号的大小有关，而且还取决于偏差存在的时间。偏差存在的时间越长，输出信号的变化量越大。

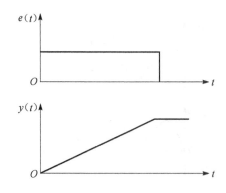

图 3-8　积分控制器的输出特性

② 输出信号变化的快慢和积分时间 T_i 成反比，积分时间越大，输出信号变化越慢。

③ 积分作用可以消除余差。

④ 控制作用总是滞后于偏差的存在，不能及时有效地克服干扰的影响，难以使系统稳定下来，易产生振荡。所以一般在工业中，很少单独使用 I 调节，而基本采用 PI 调节代替纯 I 调节。

（2）积分时间 T_i 对过渡过程的影响

图 3-9 为不同的积分时间时，系统的过渡过程曲线。可见，积分时间 T_i 太小时，系统振荡剧烈，随着 T_i 的变大，积分作用变弱，系统稳定性增加，可消除余差，当 T_i 大到一定值时，积分作用不明显，无法消除余差。

3. 比例积分控制器

（1）比例积分控制规律

在比例控制规律的基础上加上积分控制规律，就构成了比例积分控制规律，其表达式为

$$y(t) = K_p e(t) + \frac{K_p}{T_i}\int_0^t e(t)\,dt \qquad (3-13)$$

传递函数为

$$G(s) = \frac{Y(s)}{E(s)} = K_p\left(1 + \frac{1}{T_i s}\right) \qquad (3-14)$$

图 3-10 是阶跃偏差作用下，比例积分控制器的输出特性。

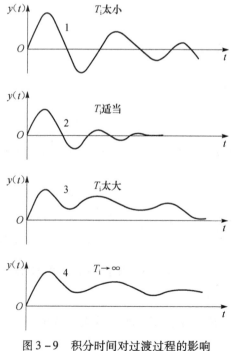

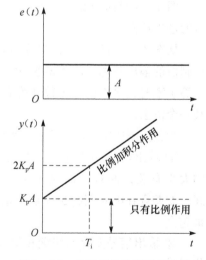

图 3-9　积分时间对过渡过程的影响　　图 3-10　比例积分控制器的特性

由式（3-13）及图3-10可知，比例积分控制器是比例控制作用和积分控制作用的组合。当出现一个幅值为 A 的阶跃干扰时，利用比例作用的快速性，控制器输出幅值为 $K_p A$ 控制信号，然后积分控制作用开始随着时间线性增长。比例积分控制器的特性曲线就是一条截距为 $K_p A$，斜率为 $K_p A/T_i$ 的直线。在 K_p 和 T_i 确定的条件下，直线的斜率取决于积分时间 T_i 的大小。积分时间 T_i 越大，直线越平缓，积分控制作用越弱；反之，积分时间 T_i 越小，直线越陡峭，积分控制作用越强，积分时间 T_i 是表示积分控制作用强弱的参数。

在阶跃偏差作用下，控制器输出达到两倍比例输出时所经历的时间就是积分时间 T_i，如图3-10所示。

（2）比例积分控制对过渡过程的影响

在一个纯比例控制的闭环系统中引入积分作用，虽然可以消除余差，却降低了原有系统的稳定性。假设比例度不变，从图3-9可知，减小积分时间 T_i，将使控制系统稳定性降低、振荡加剧、振荡频率升高。为了使稳定性基本保持不变，可以加大比例度，但超调量和振荡周期都相应增大，过渡时间变长，控制品质变坏。

4. 微分控制器

（1）微分控制规律

理想微分控制规律是输出信号 $y(t)$ 与输入偏差信号 $e(t)$ 对时间的导数成正比，数学表达式为

$$y(t) = T_d \frac{de(t)}{dt} \tag{3-15}$$

传递函数为

$$G(s) = \frac{Y(s)}{E(s)} = T_d \tag{3-16}$$

式中　T_d——微分时间。

图3-11是阶跃偏差作用下，微分控制器的输出特性。

由图3-11可见，调节器在 $t = t_0$ 时刻，输入阶跃偏差 $e(t)$ 偏差的变化速度为 $\frac{de(t)}{dt} = \infty$，之后，偏差的变化速度为零，则控制器的输出立即回到零，理想的微分调节特性曲线为一垂直直线。由于微分控制器的输出只与偏差变化的速度有关，而与偏差的存在与否无关，即偏

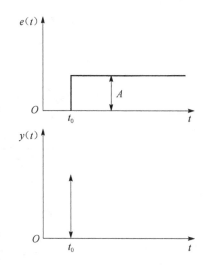

图3-11　理想微分控制器的特性

差固定不变时，无论其数值多大，微分器都无输出，所以微分控制具有超前控制的作用，主要用于克服有较大传递滞后和容量滞后的被控对象。微分控制规律也不能消除余差。

由于实际控制器的输出是有限的，最大值无非是仪表的上限，无法做到如图 3-11 所示的输出为无穷大，且因为微分控制规律的特点，在实际应用中是无法单独使用的，要与比例控制或比例积分控制结合使用，构成比例微分或比例积分微分控制器。

注意：微分控制对纯滞后没有作用，因为从 $0 \sim \tau$ 这段纯滞后时间内，输出没有变化，所以对纯滞后无能为力。

（2）微分时间 T_d 对过渡过程的影响

因为微分控制规律无法单独使用，图 3-12 给出了 PD 控制器当比例度一定时，不同微分时间 T_d 下，系统的不同过渡过程。

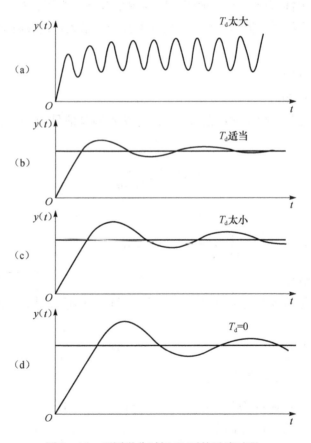

图 3-12　不同微分时间 T_d 下的过渡过程

由图3-12可见，当微分时间T_d很小时，微分控制作用很弱，过渡过程控制品质提高不大；随着微分时间T_d的逐渐增大，微分控制作用增强，使系统过渡过程的振荡程度降低，提高了系统的稳定性，当T_d合适时，系统的最大偏差A减小，余差C减小，振荡周期缩短，使过渡过程的品质指标全部提高。所以引入微分控制规律是有好处的。但微分作用也不能加得太大，如果微分时间T_d太长，超前控制作用就太强，会引起被控变量大幅度振荡，以至于无法回到稳态，因此要尽量避免。

5. 比例积分微分（PID）控制器

（1）比例积分微分控制规律

比例控制规律和积分控制规律，都是根据被控变量与给定值的偏差而进行动作。但对于惯性较大的对象，为了使控制作用及时，常常希望能根据被控变量变化的快慢来进行控制。而微分控制规律就是根据偏差的变化速度而引入的超前控制作用，只要偏差的变化一露头，就立即动作，较好地克服了被控对象的容量滞后，但微分作用对纯滞后没有作用，因为在纯滞后期间，系统振荡较为剧烈。

在工业生产中，常将比例、积分、微分3种作用规律结合起来，可以得到较为满意的控制质量，包括这3种控制规律的控制器称为比例积分微分控制器，习惯上称为PID控制规律。理想PID控制规律的微分方程为

$$y(t) = K_p \left[e(t) + \frac{1}{T_i} \int_0^t e(t)\mathrm{d}t + T_d \frac{\mathrm{d}e(t)}{\mathrm{d}t} \right] \tag{3-17}$$

传递函数为

$$G(s) = \frac{Y(s)}{E(s)} = K_p \left(1 + \frac{1}{T_i s} + T_d s \right) \tag{3-18}$$

前面提到，理想的微分控制规律受控制器输出上限的限制，实际上是无法实现的，所以实际PID控制器的运算规律的传递函数常用下式表示。

$$G(s) = \frac{Y(s)}{E(s)} = K_p \left(1 + \frac{1}{T_i s} + \frac{1 + T_d s}{1 + T_d/K_d s} \right) \tag{3-19}$$

式中　K_d——微分增益。

微分增益的定义为，在阶跃信号作用下，实际控制器输出变化的初始值与最终值的比值。

$$K_d = \frac{y(0)}{y(\infty)}$$

K_d越大，微分作用越趋近理想，一般取$K_d = 5 \sim 10$。

在实际 PID 调节器中，K_d 是定值，微分作用的强弱是靠调整微分时间 T_d 来确定的，微分时间越长，微分作用越强，反之亦然。

图 3-13 是阶跃偏差作用下，PID 控制器的输出特性。

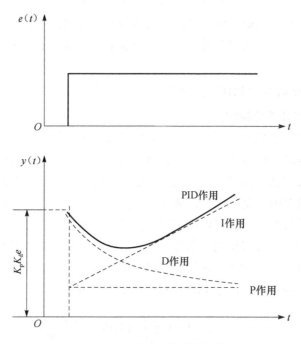

图 3-13　实际 PID 控制器的特性

比例积分微分调节器的工作过程：当有阶跃偏差作用时，微分作用超前动作，使调节器输出突然发生大幅度变化以抑制偏差，比例作用也同时动作，减小偏差，然后输出值就慢慢下降，按照积分作用动作，随着时间增加，积分作用越来越起主导作用，最后慢慢把静差完全克服掉。所以，三作用控制器的参数（δ、T_i、T_d）如选择得当，可以充分发挥 3 种控制规律的优点，而得到较满意的控制质量。

图 3-14 是同一被控对象在各种控制规律下的阶跃响应。

（2）PID 控制对过渡过程的影响

① 比例作用 P 是基本控制作用，输出与输入无相位差。K_p 越大控制作用越强，随着 K_p 的增加（比例度 δ 减小），余差 C 下降、最大偏差 A 减小，但稳定性变差。

② 比例作用 P 引入积分作用 I 后，可以消除余差。最大偏差 A 变大、振荡加剧、控制作用滞后、稳定性下降，为保持同样的稳定性，K_p 应减少 10% ～20%

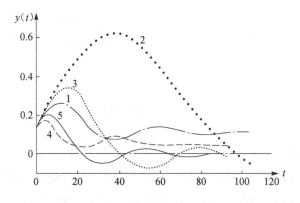

图 3-14 各种控制规律下的阶跃响应
1—比例控制；2—积分控制；3—PI 控制；4—PD 控制；5—PID 控制

（比例度 δ 应增加 10% ~ 20%）。积分时间 T_i 越短，积分作用越强，T_i 趋向无穷大时无积分作用。

③ 比例作用 P 引入适当微分作用 D 后，最大偏差 A 减小、控制作用超前、稳定性提高，为保持同样稳定性，K_p 应增加 10% ~ 20%（比例度 δ 应减少 10% ~ 20%）。微分作用 D 可以克服容量滞后，但对纯滞后毫无作用。微分时间 T_d 越大，微分作用越强，$T_d = 0$ 无微分作用。

（3）控制器控制规律的选择原则

选择调节器动作规律时应根据对象特性、负荷变化、主要扰动和系统控制要求等具体情况，同时还应考虑系统的经济性以及系统投入方便等。

① 广义对象控制通道时间常数较大或容积迟延较大时，应引入微分动作。如工艺容许有余差，可选用比例微分动作；如工艺要求无余差则选用比例积分微分动作。如温度、成分、pH 值等控制过程。

② 当广义对象控制通道时间常数较小，负荷变化不大，而工艺要求无余差时，可选择比例积分控制规律。如管道的压力和流量控制。

③ 广义对象控制通道时间常数较小，负荷变化较小，工艺要求不高时，可选比例控制规律，如液位控制。

④ 当广义对象控制通道时间常数或容积迟延很大，负荷变化也很大时，简单控制系统已不能满足要求，应设计复杂控制系统。

⑤ 如果被控对象传递函数为 $G_P(s) = \dfrac{Ke^{-\tau s}}{Ts + 1}$，即为一阶纯滞后对象，则可根据对象的可控比 τ/T（T 为被控对象的时间常数，τ 为对象纯滞后时间）选择调节器的控制规律。

Ⅰ．$\tau/T < 0.2$：选择比例或比例积分规律；

Ⅱ. $0.2 < \tau/T \leqslant 1.0$：选择比例微分或比例积分微分控制规律；

Ⅲ. $\tau/T > 1.0$：采用简单控制系统不能满足控制要求，应选用复杂控制系统。

本章小结

1. 主要内容

利用微分方程求取控制系统输出（被控变量）的过渡过程或时间相应以分析系统性能的方法称为系统的微分方程分析法（又称时域分析法）。

① 微分方程分析法的步骤如下。
- 建立过程控制系统的微分方程和传递函数。
- 求解系统在阶跃信号作用下的过渡过程曲线。
- 根据曲线评定系统过渡过程的各项品质指标。

② 任何过程控制系统必须具备的基本条件是稳定性。在时域分析法中，系统稳定的充分必要条件是：系统闭环传递函数的所有极点均具有负实部；或系统微分方程式的所有特征根都分布在根平面的左半平面上；且对于二阶系统还需要阻尼系数 $\xi > 0$，系统才能稳定。

③ 控制器的输出信号称为控制器的控制作用，作用于控制器。控制器的输出信号与输入信号之间随时间变化的规律，称为控制器的控制规律，或控制器的特性。工程上常用的控制规律有比例 P、比例积分 PI 和比例积分微分 PID。

- 比例（P）控制规律。P 控制器的输出 $y(t)$ 与输入偏差信号 $e(t)$ 成比例关系，即 $y(t) = K_p e(t)$，K_p 越大，比例控制作用越强。在工程上，常用比例度 δ 表示控制作用的强弱，在单元组合仪表中，δ 与 K_p 成倒数关系，即 $\delta = 1/K_p \times 100\%$，比例度是一个无量纲的数。因此，比例度越大，比例控制作用越弱。比例作用的特点是响应快、无滞后，但不能消除余差。比例控制规律是基本控制作用。

- 比例积分（PI）控制规律。PI 控制器的输出 $y(t)$ 是比例作用和积分作用的代数和。其中积分作用的输出与偏差随时间的积分成正比；积分时间 T_i 越短，积分作用越强，如果积分时间 $T_i \to \infty$，则积分不起作用。积分控制作用最大的优点是可以消除余差，这对提高系统的控制精度是非常有利的。但积分作用会使系统的稳定性下降，过渡过程变长，响应滞后，即除可消除余差外，对系统其他品质指标都是不利的。因此，为了保证稳定指标，积分时间 T_i 不宜太短，比例度要比纯比例控制时放得大些。

- 比例积分微分（PID）控制规律。PID 控制器的输出是比例、积分和微分作用三项共同作用的结果。微分作用的输出与输入偏差的变化率成正比；微分时间 T_d 越长，微分控制作用越强，具有超前控制特性，有利于提高系统的稳定性、快速性和准确性。但微分作用也不能加得太大，如果微分时间 T_d 太长，超前控制作用就太强，会引起被控变量大幅度振荡，以至于无法回到稳态，要尽量避免。

PID 控制器在工程上应用极为广泛，3 个控制参数比例度 δ、积分时间 T_i、微分时间 T_d 可根据不同的被控对象和工艺要求进行选取，以满足系统品质指标的要求。

2. 知识要求

① 熟悉过程控制系统的微分方程分析法，包括建立系统模型、求取时间响应、曲线绘制和质量指标的计算评估。

② 掌握一阶系统时间常数 T 和放大系数 K 的意义和求解方法；掌握一阶系统的特点和稳定条件。

③ 熟悉二阶系统不同阻尼比下系统的稳定性；二阶系统的稳定条件。

④ 熟练掌握控制器的比例 P、比例积分 PI、比例积分微分 PID 控制规律；掌握比例度 δ、积分时间 T_i、微分时间 T_d 对系统过渡过程的品质指标的影响。

习题与思考题

1. 用微分方程分析法，求解过渡过程及其分析质量指标的步骤是什么？
2. 比例控制为什么会产生余差？
3. 什么是积分控制规律？积分控制规律可以单独使用吗？为什么？
4. 试写出积分控制规律的数学表达式。为什么积分控制能消除余差？
5. 积分时间如何求取？试述积分时间对控制过程的影响。
6. 某比例积分控制器输入、输出范围均为 4～20 mA，若将比例度设为 100%、积分时间设为 2 min、稳态时输出调为 5 mA，某时刻输入阶跃增加 0.2 mA，试问经过 5 min 后，输出将由 5 mA 变化为多少？
7. 比例控制器的比例度对控制过程有什么影响？调整比例度时要注意什么问题？
8. 什么是微分控制规律？控制系统在什么情况下选它？对于具有较大纯滞后的系统，能否选用微分控制规律来提高系统质量？
9. 试述比例控制、比例积分控制、比例微分控制和比例积分微分控制的特点及使用场合？
10. 试写出比例、积分、微分（PID）三作用控制规律的数学表达式。

11. PID 调节器中，比例度 K_p、积分时间 T_i、微分时间 T_d 分别具有什么含义？在调节器动作过程中分别产生什么影响？若将 T_i 取 ∞、T_d 取 0，代表调节器处于什么状态？

12. 什么是被控对象的静态特性？什么是被控对象的动态特性？二者之间有什么关系？

第 4 章

单回路控制系统

所谓单回路控制系统,就是由一个测量变送器、一个控制器、一个控制阀和一个被控对象组成的单闭环控制系统,如图 4-1 所示。单回路控制系统也称为简单控制系统。由于单回路控制系统具有结构简单、所需要的自动化装置数量少、投运及操作维护方便等优点,一般可以满足控制质量的要求。因此,单回路控制系统在工业生产过程中得到了广泛的应用,占过程控制系统总数的 80% 左右。在本章中,将介绍单回路控制系统的基本概念以及设计、运行中的有关问题。

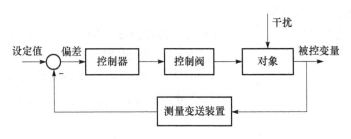

图 4-1　简单控制系统方块图

4.1　被控变量与操纵变量的选择

4.1.1　被控变量的选择

生产过程中希望借助自动控制保持恒定值(或按一定规律变化)的变量称为被控变量。在构成一个过程控制系统时,被控变量的确定是关键的第一步,它关系到系统能否达到稳定操作、增加产量、提高质量、改善劳动条件、保证安全等目的,关系到控制方案的成败。如果被控变量选择不当,不管组成什么形式的控制系统,也不管配备多么精密先进的工业自动化装置,都不能达到预期的控制效果。

被控变量的选择与生产工艺密切相关,而且影响一个生产过程正常操作的因素是很多的,但并非所有影响因素都要加以自动控制。所以,必须深入实际,调查研究,分析工艺,找出影响生产的关键变量作为被控变量。所谓"关键"变量,是指这样一些变量:它们对产品的产量、质量以及安全具有决定性的作用,而人工操作又难以满足要求的;或者人工操作虽然可以满足要求,但是,这种操作是既紧张又频繁的。

根据被控变量与生产过程的关系,可分为两种类型的控制形式:直接指标控制与间接指标控制。如果被控变量本身就是需要控制的工艺指标(温度、压力、流量、液位、成分等),则称为直接指标控制;如果工艺是按质量指标进行操作的,照理应以产品质量作为被控变量进行控制,但有时缺乏各种合适的获取质量信号的检测手段,或虽能检测,但信号很微弱或滞后很大,这时可选取与直接质量指标有单值对应关系而反应又快的另一变量,如温度、压力等作为间接控制指标,进行间接指标控制。

被控变量的选择,有时是一件十分复杂的工作,除了前面所说的要找出关键变量外,还要考虑许多其他因素,下面先举一个例子来简略说明,然后再归纳出选择被控变量的一般原则。

精馏工艺是利用被分离物中各组分的挥发温度不同,将混合物中的各组分进行分离,图4-2是将苯-甲苯混合物分离的精馏过程示意图。

该精馏塔的工艺是要使塔顶(或塔底)馏出物达到规定的纯度,那么塔顶(或塔底)馏出物的纯度应作为被控变量,因为它就是工艺上的质量指标。

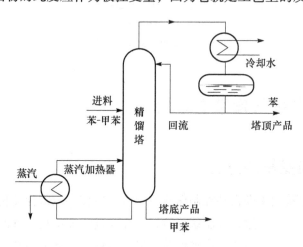

图4-2 精馏过程示意图

但是,由于工业用在线分析仪表测量信号滞后严重,且仪表的可靠性也差等原因,所以很难直接以纯度作为被控变量进行直接指标控制。这时就只好在与纯度有单值关系的工艺参数中找出合适的变量作为被控变量,进行间接指标控制。

工艺分析发现,塔内压力和塔内温度都对馏出物纯度有影响。因此需要对二者进行比较试验,选出一个合适的变量。经过试验得出,当塔内压力恒定时,馏出物纯度和塔内温度之间存在单值对应的关系。图4-3所示为苯、甲苯二元系统中易挥发组分苯的百分浓度与温度之间的关系。易挥发组分的浓度越高,对应的温度越低;相反,易挥发组分的浓度越低,对应的温度越高。

当塔内温度恒定时,组分的纯度和塔内压力之间也存在着单值对应关系,如图4-4所示。易挥发组分浓度越高,对应的压力也越高;反之,易挥发组分的浓度越低,对应的压力也越低。由此可见,在组分纯度、温度、压力3个变量中,只要固定温度或压力中的一个,另一个变量就可以代替纯度作为被控变量。在温度和压力中,究竟应选哪一个参数作为被控变量呢?

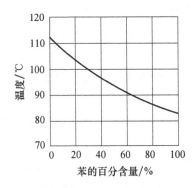
图4-3 苯-甲苯溶液的
温度-纯度关系曲线

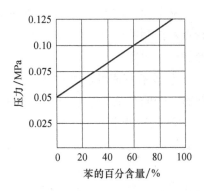
图4-4 苯-甲苯溶液的
压力-纯度关系曲线

从工艺合理性考虑,常常选择温度作为被控变量。这是因为:第一,在精馏塔操作中,压力往往需要固定。因为只有将精馏塔操作在规定的压力之下,才能保证产品的分离纯度,保证精馏塔的效率和经济性。如塔压波动,就会破坏原来的汽液平衡,影响相对挥发度,使塔处于不良工况。同时,随着塔压的变化,往往还会引起与之相关的其他物料量的变化,影响塔的物料平衡,引起负荷的波动。第二,在塔压固定的情况下,精馏塔各层塔板上的压力基本上是不变的,这样各层塔板上的温度与组分之间就有一定的单值对应关系。由此可见,固定压力,选择温度作为被控变量是可能的,也是合理的。

在选择被控变量时,还必须使所选变量有足够的灵敏度。在上例中,当组分纯度变化时,塔内温度的变化必须灵敏,有足够大的变化,容易被测量元件所感受,且采用的测量仪表要比较简单、便宜。

此外，还要考虑简单控制系统被控变量间的独立性。假如在精馏操作中，塔顶和塔底的产品纯度都需要控制在规定的数值，据以上分析，可在固定塔压的情况下，塔顶与塔底分别设置温度控制系统。但这样一来，由于精馏塔各塔板上物料温度相互之间有一定联系，塔底温度提高，上升蒸汽温度升高，塔顶温度相应亦会提高；同样，塔顶温度提高，回流液温度升高，会使塔底温度相应提高，也就是说，塔顶的温度与塔底的温度之间存在关联问题。因此，以两个简单控制系统分别控制塔顶温度与塔底温度，势必造成相互干扰。使两个系统都不能正常工作。所以采用简单控制系统时，通常只能保证塔顶或塔底一端的产品质量。如果工艺要求保证塔顶产品质量，则选塔顶温度为被控变量；若工艺要求保证塔底产品质量，则选塔底温度为被控变量；如果工艺要求塔顶和塔底产品纯度都要保证，则通常需要组成复杂控制系统，增加解耦装置，解决相互关联问题。

从上面举例中可以看出，要正确地选择被控变量，必须了解工艺过程和工艺特点对控制的要求，仔细分析各变量之间的相互关系。选择被控变量时，一般要遵循以下原则。

① 要有代表性。被控变量应能代表一定的工艺操作指标或能反映工艺操作状态，一般都是工艺过程中比较重要的变量。

② 被控变量在工艺操作过程中经常要受到一些干扰影响而变化。为维持被控变量的恒定，需要较频繁的调节。

③ 滞后要小。尽量采用直接指标作为被控变量。当无法获得直接指标信号，或其测量和变送信号滞后很大时，可选择与直接指标有单值对应关系的间接指标作为被控变量。

④ 灵敏度要高。被控变量应能被测量出来，并具有足够大的灵敏度。

⑤ 成本要低。选择被控变量时，必须考虑工艺合理性和国内仪表产品现状。

⑥ 应该独立可控。简单控制系统的被控变量应避免和其他控制系统的被控变量有关联（耦合）关系。

4.1.2 操纵变量的选择

一个具体的生产过程中往往存在着多个输入变量，有些是可以控制的，有些则不能控制。当选择其中的一个作为操纵变量，而其余未被选中的输入变量便是系统的扰动。显然，操纵变量是用来克服扰动变量对被控变量影响的，所以它必须是可控的。当过程中存在两个或多个可控输入变量时，需要合理选择操纵变量，使控制通道和干扰通道的特性合理匹配，以便获得较好的性能指标。

干扰变量从干扰通道施加到被控对象上,起着破坏作用,使被控变量偏离设定值。操纵变量由控制通道施加到被控对象上,使被控变量回到设定值上去,起着校正作用。这是一对相互矛盾的变量,它们对被控变量的影响与被控对象的特性有着密切的关系。因此,在选择操纵变量时,要认真分析对象特性,方能提高控制系统的控制质量。下面举一实例加以说明。

图 4-5 是炼油和化工厂中常见的精馏设备。如果根据工艺要求,选择提馏段某块塔板(一般为温度变化最灵敏的板,称为灵敏板)的温度作为被控变量。那么,控制系统的任务就是通过维持灵敏板上温度恒定,来保证塔底产品的成分满足工艺要求。

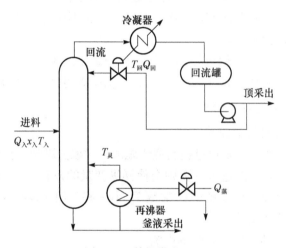

图 4-5 精馏塔流程图

从工艺分析可知,影响提馏段灵敏板温度 $T_灵$ 的主要因素有:进料的流量 $Q_入$、成分 $x_入$、温度 $T_入$、回流量 $Q_回$、回流液温度 $T_回$、加热蒸汽流量 $Q_蒸$、冷凝器冷却温度及塔压等。这些因素都会影响被控变量 $T_灵$ 变化,如图 4-6 所示。那么选择哪一个变量作为操纵变量呢?先将这些影响因素分为两大类,即可控的和不可控的。从工艺角度看,本例中只有回流量和蒸汽流量为可控因素,其他一般为不可控因素。当然,在不可控因素中,有些也是可以调节的,例如 $Q_入$、塔压等,只是工艺上一般不允许用这些变量去控制塔的温度(因为 $Q_入$ 的波动意味着生产负荷的波动;塔压的波动意味着塔的工况不稳定,并会破坏温度与成分的单值对应关系,这些都是不允许的。因此,将这些影响因素也看成是不可控

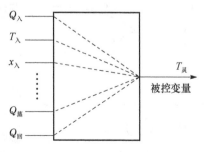

图 4-6 诸因素对提馏段
温度影响示意图

因素)。在两个可控因素中,蒸汽流量对提馏段温度影响比起回流量对提馏段温度影响来说更及时、更显著。同时,从节能角度来讲,控制蒸汽流量比控制回流量消耗的能量要小,所以通常应选择蒸汽流量作为操纵变量。

1. 对象静态特性的影响

由于操纵变量是通过控制通道施加其对被控变量的控制作用,所以在选择操纵变量时,自然希望控制通道的放大系数 K_0 越大越好。这是因为 K_0 越大,表示控制作用对被控变量影响越显著,控制作用越有效。当然,K_0 也不宜过大,K_0 太大会导致控制通道过于灵敏,使控制系统不稳定。

同理,干扰通道的放大系数 K_f 越小越好。对于同一个干扰量,通过干扰通道影响被控变量时,K_f 越小则对被控变量的影响越不显著,过渡过程的超调量就越小,系统的可控性越好。

所以在选择操纵变量构成控制系统,从静态角度考虑,在工艺合理的条件下,控制通道的放大系数 K_0 要适当大些,干扰通道的放大系数 K_f 越小越好。

2. 控制通道动态特性的影响

(1) 控制通道时间常数的影响

控制器的控制作用,是通过控制通道施加于对象去影响被控变量的,所以控制通道的时间常数就不能过大,否则会使操纵变量的校正作用滞后、超调量大、过渡时间长。要求控制通道的时间常数 T_0 小一些,使之反应灵敏,控制及时,从而获得良好的控制质量。

(2) 控制通道纯滞后时间 τ_0 的影响

控制通道的物料输送或能量传递都是需要一定的时间的,这种滞后就是纯滞后。因此控制通道就存在纯滞后时间 τ_0 对控制质量的影响。图 4-7 是纯滞后时间 τ_0 对控制质量影响的示意图。图中曲线 C 表示无控制作用时被控变量在干扰影响下的变化趋势;曲线 A 和 B 分别表示无纯滞后和有纯滞后时操纵变量对被控变量的校正作用;曲线 D 和 E 分别表示被控变量在干扰作用和校正作用共同作用下的变化趋势。

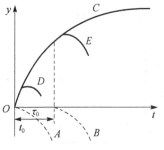

图 4-7 纯滞后时间 τ_0 对控制质量的影响

从图 4-7 中可以看出,当控制通道无纯滞后时,控制器在 t_0 时刻接收到正偏差而产生校正作用 A,使被控变量从 t_0 时刻起沿曲线 D 变化;对于有纯滞后的控制通道,控制器虽然在 t_0 时也发出了校正信号,但由于纯滞后的存在,使之对被控变量的影响推迟了 τ_0 时间,即实际的校正作用是沿曲线 B 变化的,被控变量相应沿曲线 E 变化。

比较曲线 E、D,可见纯滞后使被控变量的超调量增加,过渡时间变长,控制质量变坏。纯滞后越大,控制质量就越坏。所以在选择操纵变量构成控制回路时,应尽量避免控制通道纯滞后的存在,无法避免时应使之尽可能小。

3. 干扰通道动态特性的影响

(1) 干扰通道时间常数 T_f 的影响

干扰通道的时间常数越大,表示干扰对被控变量的影响越缓慢,有利于控制。所以,在确定控制方案时,应设法加大干扰通道的时间常数 T_f。

(2) 干扰通道纯滞后时间 τ_f 的影响

如果干扰通道存在纯滞后时间 τ_f,则说明干扰对被控变量的影响滞后了时间 τ_f,因而控制作用的产生也相应推迟时间 τ_f,使整个系统的过渡过程曲线推迟时间 τ_f,只要控制通道不存在纯滞后,则控制质量不会受到影响,如图 4-8 所示。

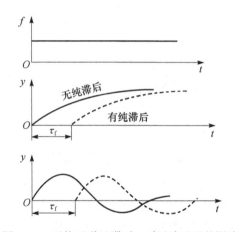

图 4-8 干扰通道纯滞后 τ_f 对过渡过程的影响

4. 操纵变量的选择原则

通过以上的分析,概括来说操纵变量的选择原则主要有以下几条。

① 操纵变量应是可控的,即工艺上允许调节的变量。

② 操纵变量一般应比其他干扰对被控变量的影响更加灵敏。为此,应通过合理选择操纵变量,使控制通道的放大系数适当大、时间常数适当小(但不宜过小,否则易引起振荡)、纯滞后时间尽量小。为使其他干扰对被控变量的影响减小,应使干扰通道的放大系数尽可能小、时间常数尽可能大。

③ 在选择操纵变量时,除了从自动化角度考虑外,还要考虑工艺的合理性与生产的经济性。一般说来,不宜选择生产负荷作为操纵变量,因为生产负荷直接关系到产品的产量,是不宜经常波动的。另外,从经济性考虑,应尽可能地降低物料与能量的消耗。

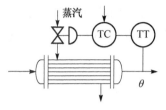

图 4-9 蒸汽换热器

图 4-9 中的换热器,选择蒸汽流量作为操纵变量。如果不调节蒸汽流量,而是调节冷流体的流量,理论上也可以使出口温度稳定。但冷流体流量是生产负荷,不宜进行调节。

图 4-10 是一个把乳化物制成干燥颗粒的干燥过程。高位槽中的乳化物是一种胶体物质,经过滤后喷进干燥筒,由加热后的干燥空气吹干胶体颗粒,成为产品。鼓风机的输出分两路,一路经蒸汽加热,另一路为旁路,二者混合后再去吹干胶粒。

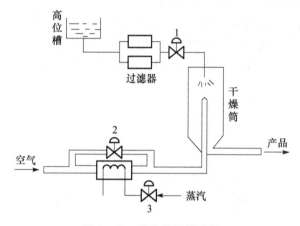

图 4-10 乳化物干燥过程

这里,被控变量是温度,影响干燥质量的是乳化物流量、蒸汽压力和鼓风机风量。可选择的操纵变量有 3 个:乳化物的流量、旁路空气量(可以改变热风温度)、蒸汽加热量(也是改变热风温度)。控制其中一个,都可以构成温度控制系统,图中用 3 个控制阀表示 3 个操纵变量下的 3 个控制系统。

如果用控制乳化物流量的方案,滞后最小,对于被控变量即温度的调整也灵敏,但乳化物流量本身是生产负荷,不允许有波动,应当保持稳定,所以,选它作为操纵变量不合理。

如果选蒸汽流量为操纵变量,理论上也是可以的,但蒸汽流量要经过换热器、风管,才到干燥器,控制通道长,时间常数和容量滞后大。

如果蒸汽流量不变化,选用旁路空气量来控制,旁路空气量与热空气混合后再进入干燥器,这个过程短,时间常数 T 小,灵敏度比第二种办法好。所以比较而言,第三种选择是最合理的。

4.2 控制阀的选择

控制阀作为控制系统中最终的执行元件,将控制器输出的控制信号转换为操纵变量去改变工艺生产过程的状态，以达到校正工艺参数的目的。由于控制阀和工艺介质直接接触，工作条件比较恶劣。控制阀选择的好坏，对系统能否很好地起控制作用关系甚大。

控制阀由执行机构和调节机构组成。工程上习惯将气动控制阀的调节机构称为调节阀。

控制阀接受控制器输出的控制信号，并将其转换为直线位移或角位移，操纵调节机构，自动改变操纵变量，从而实现对过程变量的自动控制。

根据执行机构所使用能源的不同，控制阀可以分为气动、电动、液动三大类。

气动控制阀由于具有结构简单、动作可靠、性能稳定、输出推力大、价格较低、防火防爆和安装维护方便的优点，被广泛应用于过程系统中。所以本教材中以气动控制阀作为示例来学习如何选择控制阀。

根据不同的使用场合需求，控制阀的种类繁多，工程中常用的种类有直通单座控制阀、直通双座控制阀、蝶阀、球阀、套筒阀、三通阀、高压阀、角形阀、隔膜阀等多种结构形式。常用控制阀的特点及适用场合见表4-1。

表4-1 常用控制阀的特点及适用场合

阀结构形式	特点及适用场合
直通单座阀	只有一个阀芯，阀前后压差小。适用于要求泄漏量小的场合，应用最为广泛
直通双座阀	有两个阀芯，阀前后压差大，且不平衡力大。适用于允许有较大泄漏量的场合
角阀	阀体呈直角，流路简单、阻力小。适用于高压差、高黏度、含悬浮物和颗粒状物质的场合。可以改变流体的流向，分为侧进底出和底进侧出两种结构形式
隔膜阀	启闭件是一块用软质材料制成的隔膜，把下部阀体内腔与上部阀盖内腔隔开，使位于隔膜上方的阀杆、阀瓣等零件不受介质腐蚀，且密封性好。适用于低压、温度相对不高、有腐蚀性介质的场合
蝶阀	启闭件是一个圆盘形的蝶板，角行程阀，又称翻板阀，"自洁"性好、体积小、重量轻。适用于大口径、大流量、低压差、允许大泄漏量、有悬浮物的场合
三通阀	阀体有三个接管口，有合流阀和分流阀两种类型。适用于有3个方向流体的管路、温度不高、分流或合流控制的场合
球阀	启闭件是球体，角行程阀。结构简单、体积小、阻力小、密封性好、维护简单。适用范围广、通径从小到几毫米，大到几米，从真空至高压力都可应用，也可用于带悬浮物固体颗粒的场合。在工业中应用较为广泛
高压阀	为适应高压差，阀芯头部采用硬质合金或渗金属合金。适用于高压控制的特殊场合
套筒阀	由于阀笼的存在，阀芯在阀笼内导向运动，可以起到保护阀芯、防气蚀、减小振动的作用。适用于大流量、压差较大、洁净流体介质的场合

4.2.1 控制阀的流量特性

控制阀的流量特性，是指介质流过阀门的相对流量与阀门相对开度之间的关系，其函数关系式为

$$\frac{Q}{Q_{\max}} = f\left(\frac{l}{L}\right) \qquad (4-1)$$

式中 $\dfrac{Q}{Q_{\max}}$ ——相对流量，控制阀在某一开度下的流量与最大流量的比值；

$\dfrac{l}{L}$ ——相对开度，即控制阀在某一开度下的行程与全行程之比。

从过程控制的角度看，流量特性是控制阀最重要的特性。改变控制阀的阀芯、阀座间的流通面积，便可实现对流量的控制。实际应用中由于各种因素的影响，如在节流面积改变的同时还会引起阀前后差压的变化，而差压的变化也会引起流量的变化，因此为了分析方便，假设阀前后差压是固定的，即 $\Delta p =$ 常数。

1. 控制阀的理想流量特性

当控制阀阀前后压差固定不变时，得到的流量特性就叫作理想流量特性，理想流量特性是阀的固有特性，取决于阀芯的形状，控制阀制造完成后，理想流量特性就确定了。典型的理想流量特性主要有直线、对数、抛物线和快开 4 种。图 4-11 和图 4-12 为 4 种阀芯的形状和相对应的理想流量特性。

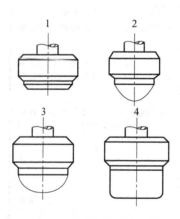

图 4-11 控制阀阀芯的形状

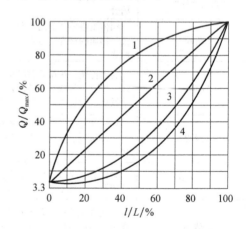

图 4-12 控制阀的 4 种理想流量特性曲线
1—快开流量特性；2—直线流量特性；3—抛物线流量特性；4—对数流量特性

直线流量特性和对数流量特性的控制阀是工业上最常用的两种流量特性，下

面重点介绍两种阀流量特性的特点。

(1) 直线流量特性

直线流量特性是指控制阀的相对流量与相对开度成直线关系，其数学表达式为

$$\frac{d(Q/Q_{max})}{d(l/L)} = K$$

K 为直线流量特性阀的放大系数。从流量特性上来看，直线阀的放大系数在任何一点都是相同的，但其对流量的控制力（即流量变化的相对值）在每点都不同。直线流量特性小开度时，流量相对变化量大，在大开度时，流量相对变化量小。这就说明，直线阀在小开度时，控制作用太强，易引起超调，产生振荡；大开度工作时，控制作用太弱，控制缓慢，不够及时。所以使用直线流量特性的控制阀时，要尽量避免控制阀工作在此区域。

(2) 对数流量特性

对数流量特性是指阀杆相对位移变化所引起的相对流量变化与该点的相对流量成正比。数学表达式为

$$\frac{d(Q/Q_{max})}{d(l/L)} = K\left(\frac{Q}{Q_{max}}\right)$$

对数特性也称为等百分比特性，从图 4-12 的曲线中可以看出，对数流量特性曲线的曲率随着流量的增大而增大，但是相对行程变化引起的流量相对变化值是相等的。控制阀在同样开度变化值下，小流量时流量的变化也小，控制作用缓和平稳；大流量时流量的变化也大，控制作用灵敏而有效。对数流量特性的阀门在全行程内阀门的控制精度不变。

(3) 快开流量特性

快开流量特性是指阀杆相对位移的变化所引起的相对流量变化与该点相对流量值的倒数成正比关系。数学表达式为

$$\frac{d(Q/Q_{max})}{d(l/L)} = K\left(\frac{Q}{Q_{max}}\right)^{-1}$$

这种特性的阀在开度很小时流量就已经较大，随着开度增加，流量很快达到最大值。阀芯的形状为平板型，阀门的有效行程只有阀座直径的 1/4，当超过 1/4 的行程时，再要求增大行程，阀门的流通面积不再增大，控制作用失效。

(4) 抛物线流量特性

抛物线流量特性是指阀杆相对位移变化所引起的相对流量变化与该点相对流量值的平方根成正比。数学表达式为

$$\frac{d(Q/Q_{max})}{d(l/L)} = K\left(\frac{Q}{Q_{max}}\right)^{1/2}$$

抛物线特性的控制阀的相对流量与相对开度的二次方根成正比。抛物线特性介于直线特性和对数特性之间，在加工上阀芯的形状只是比对数特性阀的阀芯曲面稍微尖锐一些，所以一般用对数特性来代替抛物线特性。

在工程应用中，选用最多的是对数流量特性的控制阀，对于压差变化小、可调范围小、开度变化小的场合，也可以选用直线流量特性的控制阀，V形球阀一般选用抛物线流量特性。

2. 控制阀的工作流量特性

在实际应用中，控制阀安装在管道中，同其他阀门、管道、泵、设备等串联或并联在一起使用，都是阻力元件。管路中其他元件或设备流量或压力的变化势必会造成控制阀两端的压差发生变化，控制阀的理想流量特性会发生变化。此时，控制阀的相对开度和相对流量之间的关系，称为工作流量特性。下面分别讨论串联管道和并联管道情况下控制阀的工作流量特性。

（1）串联管道的工作流量特性

控制阀与其他设备串联工作的管路示意图如图4-13所示。

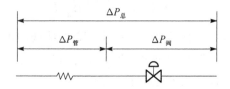

图4-13 控制阀与管路串联

图4-13中，控制阀两端的压差$\Delta P_{阀}$是管路总压差$\Delta P_{总}$的一部分，$\Delta P_{管}$是系统中其他设备的压差，包括管道阻力、其他阀门、泵等设备上的压差总和。随着阀门开度的增大，控制阀前后的压差$\Delta P_{阀}$将逐渐减小。

当管路系统总压差$\Delta P_{总}$一定时，控制阀开度增加，流过的流量增加，设备及管道上的压差$\Delta P_{管}$将随流量的平方倍增长，即控制阀上的压差$\Delta P_{阀}$将减小，使得在同样阀杆位移情况下，流过控制阀的流量要比控制阀压差不变时的理想流量小，控制阀的可调范围变小。

定义阀阻比为控制阀全开时阀两端压差$\Delta P_{阀全开}$与系统总压差$\Delta P_{总}$的比值，它是表示串联管系中配管状况的一个重要参数。S可用如下公式表示：

$$S = \frac{\Delta P_{阀全开}}{\Delta P_{总}} = \frac{\Delta P_{阀全开}}{\Delta P_{管} + \Delta P_{阀全开}}$$

第4章 单回路控制系统 77

图4-14给出了3种理想流量特性的控制阀在不同阀阻比 S 值下的工作流量特性。

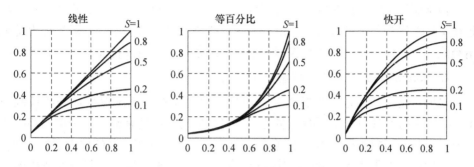

图4-14 不同 S 值时控制阀的工作流量特性

当 $S=1$ 时,管路压降为零,控制阀两端压差 $\Delta P_{阀}$ 就等于系统总压差,此时的工作流量特性就是理想流量特性。从图4-14中可以看出,S 越小,控制阀的理想流量特性畸变越严重,直线特性畸变为快开特性,对数特性畸变为直线特性,对数特性的曲率越来越小,控制质量变差。在实际应用中,一般以 S 值不低于 0.3~0.5 为宜。

(2) 并联管道的工作流量特性

在实际应用中,控制阀一般都装有旁路阀,以备手动操作和维护控制阀之需。当需要改变生产负荷或其他原因使管路中介质流量不能满足生产要求时,可以调节旁路阀的开度,这样就形成了并联管道的情况。如图4-15所示。

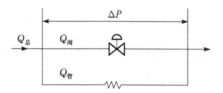

图4-15 控制阀与管路并联

并联管路的总流量 $Q_{总}$ 等于流过控制阀的流量 $Q_{阀}$ 与旁路流量 $Q_{管}$ 之和,即

$$Q_{总} = Q_{阀} + Q_{管}$$

令 S' 为并联管路系统中控制阀全开时流量 $Q_{阀全开}$ 与总管最大流量 $Q_{总max}$ 之比,称为阀全开流量比。表达式为

$$S' = \frac{Q_{阀全开}}{Q_{总max}} = \frac{Q_{阀全开}}{Q_{管} + Q_{阀全开}}$$

由于旁路阀流量的存在,使得在并联管路总管流量不变的情况下,如果打开或开大旁路阀,通过控制阀的流量变小,控制阀的可调范围同样也变小,理想流量特性畸变为工作流量特性,当旁路阀全关时,$S'=1$,工作流量特性就是理想流量特性。为保证控制阀的控制质量,正常工作时,旁路阀要关死。

4.2.2 控制阀流量特性的选择

控制阀流量特性的选择方法有两种,一种是通过数学计算的分析法,另一种是在实际工程中总结的经验法。由于分析法既复杂又费时,所以一般工程上都采用经验法。具体来说,应该从控制质量、工况条件、负荷及特性几个方面考虑。

1. 根据过程控制系统的控制质量考虑

根据自动控制原理中的特性补偿原理,为了使控制系统保持良好的控制质量,希望系统开环总放大系数与各环节放大系数之积保持常数。一个单回路控制系统是由被控对象、变送器、控制器和控制阀组成。设变送器的放大系数为 K_1,控制器的放大系数为 K_2,控制阀执行机构的放大系数为 K_3,控制阀调节机构的放大系数为 K_4,被控对象的放大系数为 K_5。很明显,系统的总放大系数 K 为:$K = K_1 \times K_2 \times K_3 \times K_4 \times K_5$,在负荷变动的情况下,为使控制系统仍能保持预定的品质指标,则希望总的放大系数 K 在控制系统的整个操作范围内保持不变。通常,变送器、控制器(已整定好)和执行机构的放大系数是一个常数,但被控对象的放大系数 K_5 却总是随着操作条件变化而变化,所以对象的特性往往是非线性的。因此,适当选择调节机构的特性,即控制阀的流量特性,以阀的放大系数的变化来补偿被控对象放大系数的变化,而使系统的总放大系数保持不变或近似不变,从而提高调节系统的质量。因此,控制阀流量特性的选择应符合:$K_4 \times K_5 =$ 常数。若被控对象为线性时,选用直线工作流量特性的阀;对于放大系数随负荷的加大而变小的对象,选用放大系数随负荷加大而变大的对数特性的控制阀,便能使两者相互抵消,合成的结果,使总放大系数保持不变,近似于线性。

2. 根据管道系统压降变化情况考虑

上面选出的是控制阀的工作流量特性,但实际拿到的控制阀的流量特性是理想流量特性。这就需要结合控制阀所处的不同管路系统情况,选取控制阀的理想流量特性。表 4-2 列出了串联管路时控制阀流量特性与阀阻比 S 的关系。

表 4-2 控制阀流量特性与阀阻比 S 的关系

配管状况	阀工作流量特性	阀理想流量特性
$S = 1 \sim 0.6$	直线、等百分比	直线、等百分比
$S = 0.6 \sim 0.3$	直线、等百分比	等百分比
$S < 0.3$	不适宜控制	不适宜控制

当 S 值的范围为 $0.6 \sim 1$ 时,可以认为理想特性与工作特性的曲线形状相近,此时工作流量特性选什么类型,理想流量特性就选相同的类型。当 S 值小于 0.6 时,控制阀流量特性的畸变不可忽视,因此,当选择的工作特性为线性时,理想特性应采用对数型;当选择的工作特性为快开型时,理想特性应采用线性型;当

选择的工作特性为对数型时,由于受现有产品的限制,理想特性仍用对数型。还可以考虑采用阀门定位器进一步加以补偿。

3. 根据负荷变化考虑

直线阀在小开度时流量变化大、调节过于灵敏、易振荡,在大开度时,调节作用又显得微弱、造成调节不及时、不灵敏,因此在阀阻比 S 较小、负荷变化大的场合不宜采用直线阀;等百分比阀在接近关闭时工作缓和平稳,而接近全开状态时,放大系数大、工作灵敏有效,因此它适用于负荷变化幅度大的场合;快开特性阀在行程较小时,流量就较大,随着行程的增大,流量很快达到最大,它一般用于双位调节和程序控制的场合。

4. 根据被控对象的特性考虑

一般有自平衡能力的被控对象都可选择等百分比流量特性的调节阀,不具有自平衡能力的调节对象则选择直线流量特性的调节阀。

5. 节能等其他情况的考虑

S 值越大,阀的工作流量特性畸变越小,对控制有利,但 S 越大说明控制阀的压差损失越大,造成不必要的动力消耗,因此要权衡利弊,适当折中,选取合适的流量特性;如果控制阀长期工作在小开度,应选用对数流量特性;若介质中含有固体颗粒或悬浮物,易造成对阀芯、阀座的冲击和磨损而导致流量特性变坏甚至影响阀的使用寿命,则宜选用直线流量特性的阀,这是因为直线流量特性的控制阀阀芯曲面较平、不易磨损。

经过实践使用中的经验总结,在选择控制阀的理想流量特性时,可以直接依据被控变量相关因素选择控制阀的流量特性,可参考表 4-3 所列情况。

表 4-3 控制阀流量特性选择建议

控制系统及控变量	波动量	所选流量特性
流量控制系统F	压力 p_1 或 p_2	等百分比
	给定值 F	直线
压力控制系统P_1	压力 p_2	等百分比
	压力 p_3	直线
	给定值 p_1	直线
液位控制系统L	流入量 F_i	直线
	给定值 L_s	等百分比

续表

控制系统及控变量	波动量	所选流量特性
温度控制系统T₂（物料θ₁，θ₂，蒸汽θ₃）	蒸汽温度 θ_3	等百分比
	进料温度 θ_1	直线
	给定值 θ_2	直线

4.2.3 控制阀气开、气关形式的选择

气动控制阀有气开和气关两种工作方式。气开阀是指输入气压信号 $p > 0.02$ MPa 时，控制阀开始打开，也就是说"有气"时阀打开。当输入气压信号 $p = 0.1$ MPa 时，控制阀全开。当气压信号消失或等于 0.02 MPa 时，控制阀处于全关闭状态。

气关阀是指输入气压信号 $p > 0.02$ MPa 时，控制阀开始关闭，也就是说"有气"时阀关闭。当 $p = 0.1$ MPa 时，控制阀全关。当气压信号消失或等于 0.02 MPa 时，控制阀处于全开状态。

由于执行机构有正、反两种作用形式，调节机构有正装和反装两种形式。因此，可以实现控制阀气开、气关的4种组合方式，如图4-16所示。

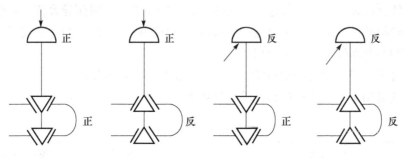

图4-16 气开、气关组合方式

对于一个具体的控制系统来说，究竟选气开阀还是气关阀，即在阀的气源信号发生故障或控制系统某环节失灵时，阀处于全开的位置安全，还是处于全关的位置安全，要由具体的生产工艺来决定，经常根据以下几条原则进行选择。

① 首先要从生产安全出发，即当气源供气中断，或控制器发生故障而无输出，或控制阀膜片破裂而漏气等而使控制阀无法正常工作以致阀芯回复到无能源的初始状态（气开阀回复到全关，气关阀回复到全开），应能确保生产工艺设备的安全，不致发生事故。如生产蒸汽的锅炉水位控制系统中的给水控制阀，为了保证发生上述情况时不致把锅炉烧坏，控制阀应选气关式。

② 从保证产品质量出发，当发生控制阀处于无能源状态而回复到初始位置时，不应降低产品的质量，如精馏塔回流量控制阀常采用气关式，一旦发生事故，控制阀全开，使生产处于全回流状态，防止不合格产品送出，从而保证塔顶产品的质量。

③ 从降低原料、成品、动力消耗来考虑。如控制精馏塔进料的控制阀就常采用气开式，一旦控制阀失去能源即处于全关状态，不再给塔进料，以免造成浪费。

④ 从介质的特点考虑。精馏塔塔釜加热蒸汽控制阀一般选气开式，以保证在控制阀失去能源时能处于全关状态避免蒸汽的浪费，但是如果釜液是易凝、易结晶、易聚合的物料时，控制阀则应选气关式以防控制阀失去能源时阀门关闭，停止蒸汽进入而导致釜内液体的结晶和凝聚。

4.2.4 阀门定位器的应用

阀门定位器与气动控制阀配套使用。它接受控制器的输出信号，然后以它的输出信号去控制气动控制阀，当控制阀动作后，阀杆的位移又通过机械装置反馈到阀门定位器，阀位状况通过电信号远传给上位系统。

阀门定位器分为气动阀门定位器和电气阀门定位器两种。气动阀门定位器接受气动控制器或经电/气转换器转换的控制器的输出信号，用以控制气动控制阀。电气阀门定位器将来自控制器或其他单元的 4~20 mA DC 直流电流信号转换为气压信号区驱动执行机构。一个电气阀门定位器具有电/气转换器和气动阀门定位器的双重作用。

图 4-17 为电气阀门定位器的作用示意图。

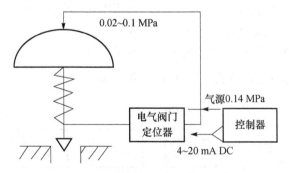

图 4-17 电气阀门定位器作用示意图

1. 电气阀门定位器的工作原理

电气阀门定位器是控制阀的主要附件。它将阀杆位移信号作为输入的反馈测量信号，以控制器输出信号作为设定信号，进行比较，当两者有偏差时，改变其到执行机构的输出信号，使执行机构动作，建立了阀杆位移与控制器输出信号之间的一一对应关系。即电气阀门定位器组成以阀杆位移为测量信号，以控制器输出为设定信号的阀位负反馈闭环系统。

2. 电气阀门定位器的主要作用

① 用于对控制质量要求高的重要控制系统，以提高控制阀的定位精确性及可靠性。

② 用于阀门两端压差较大的场合。通过提高气源压力增大执行机构的输出力，以克服流体对阀芯产生的不平衡力，减小行程误差。

③ 当被调介质为高温、高压、低温、有毒、易燃、易爆时，为了防止对外泄漏，往往将填料压得很紧，因此阀杆与填料间的摩擦力较大，此时用定位器可克服控制阀动作的迟缓和时滞。

④ 被调介质为黏性流体或含有固体悬浮物时，用定位器可以克服介质对阀杆移动的阻力。

⑤ 用于大口径（$D_g > 100$ mm）的控制阀，以增大执行机构的输出推力。

⑥ 当控制器与控制阀距离在 60 m 以上时，用定位器可克服控制信号的传递滞后，改善阀门的动作反应速度。

⑦ 用来改善控制阀的流量特性。

⑧ 一个控制器控制两个控制阀实行分程控制时，可用两个定位器，分别接受低输入信号和高输入信号，一个控制阀低程动作，另一个高程动作，即构成了分程调节。关于分程控制系统，下一章将详细介绍工作原理。

控制阀除了电气阀门定位器这个重要的辅助装置之外，还有手轮机构和空气过滤减压器等。手轮机构一般用于控制系统的故障状态，如停电、气源中断、控制器无输出或执行机构失灵等情况，此时可用手轮机构直接操作控制阀，维持生产正常进行。空气过滤减压器安装在供气管路上，它既可过滤空气，又可调节气源压力的大小，使控制阀得到所需要的气源压力值。

3. 智能电气阀门定位器（如图 4 – 18 所示）

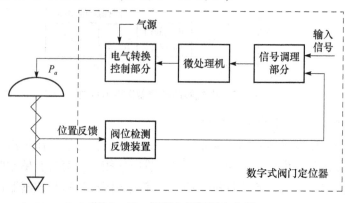

图 4 – 18　智能电气阀门定位器

随着智能仪表技术的发展，微电子技术广泛应用在传统仪表中，大大提高了仪表的功能与性能。其在电气阀门定位器中的应用使定位器的性能和功能有了一个大的飞跃。

虽然智能电气阀门定位器与传统定位器从控制规律上基本相同，都是将输入信号与位置反馈进行比较后对输出压力信号进行调节。但在执行元件上智能定位器和传统定位器完全不同，也就是工作方式上二者完全不同。智能定位器以微处理器为核心，利用了新型的压电阀代替传统定位器中的喷嘴、挡板调压系统来实现对输出压力的调节。

其具体工作原理如下：由阀杆位置传感器反馈阀门的实际开度信号，通过 A/D 转换变为数字编码信号，与定位器的输入（设定）信号的数字编码在 CPU 中进行对比，计算二者偏差值。如偏差值超出定位精度，则 CPU 输出指令使相应的开/关压电阀动作，调节输出气源压力的大小使输入信号与阀位达到新的平衡。

智能电气阀门定位器以 CPU 为核心，具有许多模拟式阀门定位器无法比拟的优点。

① 定位精度和可靠性高。智能电气阀门定位器机械可动部件少，输入信号、反馈信号的比较是数字比较，不易受环境影响，工作稳定性好，不存在机械误差造成的死区影响，因此具有更高的精度和可靠性。

② 流量特性修改方便。智能电气阀门定位器一般都包含有常用的直线、等百分比和快开特性功能模块，可以通过按钮或上位机、手持式数据设定器直接设定流量特性。

③ 零点、量程调整简单。零点调整与量程调整互不影响，因此调整过程简单快捷。许多品种的智能式阀门定位器不但可以自动进行零点与量程的调整，而且能自动识别所配装的执行机构规格，如气室容积、作用形式等，自动进行调整，从而使调节阀处于最佳工作状态。

④ 具有诊断和监测功能。除一般的自诊断功能之外，智能电气阀门定位器能输出与控制阀实际动作相对应的反馈信号，可用于远距离监控调节阀的工作状态。

⑤ 接受数字信号的智能电气阀门定位器，具有双向的通信能力，可以就地或远距离地利用上位机或手持式操作器进行阀门定位器的组态、调试、诊断。

⑥ 定位器的耗气量极小。传统定位器的喷嘴、挡板系统是连续耗气型元件。由于智能定位器采用脉冲压电阀替代了传统定位器的喷嘴、挡板系统，而且五步脉冲压电阀控制方式可实现阀门的快速、精确定位。智能电气定位器只有在减小输出压力时，才向外排气，因此在大部分时间内处于非耗气状态，其总耗气量为

20 L/h，相对于传统定位器来说可以忽略不计。

⑦ 定位器与阀门可以采用分离式安装方式。因为智能电气定位器的位置反馈元件是电位器，即阀位信息是用电信号传递的，并且可以在 CPU 中对阀门的特征进行现场整定。因此采用行程位置检测装置外置的方法，将阀位反馈组件与定位器本身分离安装。将行程位置检测装置安装在执行机构上，定位器安装在离控制器一定距离的地方。

4.3 测量元件特性对控制品质的影响

测量变送装置将被控变量的值检测出来，转换为标准的电信号，就地显示和远传，以供远距离显示和控制之用。测量变送器是控制系统中获取信息的装置，也是系统进行控制的依据。所以，要求它能准确、及时地反映被控变量的状况。如果系统按照错误的测量信号进行控制，就会产生误控或失控，控制品质无法保证，严重时会造成事故。所以必须保证测量变送环节的准确、及时、有效。

在生产中，受各种因素的影响和条件的限制，使得测量信号与被测参数之间不可避免地存在一定的误差，从而影响控制系统的控制品质。本节就讨论测量变送环节常遇到的一些问题即解决方法。

通常测量变送环节可以等效为一阶加滞后环节，即

$$G_m(s) = \frac{K_m}{T_m + 1} e^{-\tau_m} \qquad (4-2)$$

式中 K_m——测量变送器的放大系数；

T_m——测量变送器的时间常数；

τ_m——测量变送器的纯滞后时间。

4.3.1 测量变送环节的测量误差影响

测量误差主要包括以下几个方面。

1. 仪表的精确度

原则上说测量仪表的精确度选择越高，测量误差越小，测量越精确。但实际应用中，由于其他误差的存在，单纯提高仪表本身的精确度并不会提高控制系统的控制品质，反而会增加生产成本，所以仪表的精确度等级应作恰当的选择。工业上一般取 0.5~1 级就基本可以满足控制要求，物性及成分仪表可再放宽些。

2. 仪表量程的影响

测量仪表的放大系数 K_m 与仪表的量程有关，对于同一精度的仪表，量程选

择越大,仪表的放大系数 K_m 越小,仪表的绝对误差越大。例如一个 0.5 级的差压变送器,当量程选为 0~1 000 kPa 时,仪表最大绝对误差为 ±5 kPa,若选 0~500 kPa 的量程,仪表的绝对误差不会超过 ±2.5 kPa。因此,在满足工艺测量要求的情况下,测量变送器的放大系数 K_m 应尽量大些,即量程应尽量选得窄一些。

3. 环境条件引起的误差

测量变送器所处的环境对仪表的测量误差也有一定程度的影响。例如,热电偶的冷端温度补偿得不理想,热电阻连接导线的电阻值有较大变动,或是孔板安装得不完全合乎规格等,有时会引起相当大的误差。流量测量时介质温度和压力变化都会影响流量的测量,产生测量误差。另外,电源电压波动、仪表和设备间的电磁干扰会使有些仪表产生误差。

4.3.2 测量变送环节时间常数 T_m 的影响

测量元件,特别是测温元件,由于存在热阻和热容,它本身具有一定的时间常数,因而会造成测量滞后。

测量元件时间常数 T_m 对测量的影响,如图 4-19 所示。若被控变量 y 作阶跃变化时,测量值 z 慢慢靠近 y,如图 4-19(a)所示,显然,前一段两者差距很大;若 y 作递增变化,而 z 则一直跟不上去,总存在着偏差,如图 4-19(b)所示;若 y 作周期性变化,z 的振荡幅值将比 y 减小,而且落后一个相位,如图 4-19(c)所示。

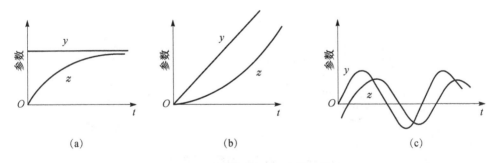

图 4-19 测量元件时间常数的影响

测量元件的时间常数 T_m 越大,以上现象愈加显著。假如将一个时间常数大的测量元件用于控制系统,那么,当被控变量变化的时候,由于测量值不等于被控变量的真实值,所以控制器接收到的是一个失真信号,它不能发挥正确的校正作用,控制质量无法达到要求。因此,控制系统中的测量元件时间常数 T_m 不能太大,最好选用惰性小的快速测量元件,例如用快速热电偶代替工业用普通热电偶或温包。必要时也可以在测量元件之后引入微分作用，利用它的超前作用来补偿测量元件引起的动态误差。

当测量元件的时间常数 T_m 小于对象时间常数的 1/10 时，对系统的控制质量影响不大。这时就没有必要盲目追求小时间常数的测量元件。

有时，测量元件安装是否正确，维护是否得当，也会影响测量与控制。特别是流量测量元件和温度测量元件，例如工业用的孔板、热电偶和热电阻元件等。如安装不正确，往往会影响测量精度，不能正确地反映被控变量的变化情况，这种测量失真的情况当然会影响控制质量。同时，在使用过程中要经常注意维护、检查，特别是在使用条件比较恶劣的情况（如介质腐蚀性强、易结晶、易结焦等）下，更应该经常检查，必要时进行清理、维修或更换。例如当用热电偶测量温度时，有时会因使用一段时间后，热电偶表面结晶或结焦，使时间常数 T_m 大大增加，以致严重地影响控制质量。

4.3.3 测量变送环节纯滞后的影响

当测量存在纯滞后时，也和对象控制通道存在纯滞后一样，会严重地影响控制质量。

测量的纯滞后有时是由于测量元件安装位置引起的。例如图 4-20 中的 pH 值控制系统。

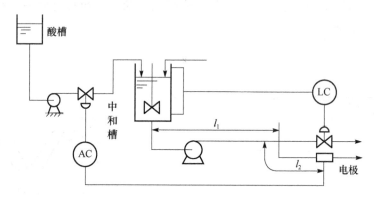

图 4-20 pH 值控制系统示意图

如果被控变量是中和槽内出口溶液的 pH 值，但作为测量元件的测量电极却安装在远离中和槽的出口管道处，并且将电极安装在流量较小、流速很慢的副管道（取样管道）上。这样一来，电极所测得的信号与中和槽内溶液的 pH 值在时间上就延迟了一段时间 τ_m，其大小为

$$\tau_m = \frac{l_1}{v_1} + \frac{l_2}{v_2} \qquad (4-3)$$

式中　l_1，l_2——分别为电极距离中和槽的主、副管道的长度；
　　　v_1，v_2——分别为主、副管道内流体的流速。

测量变送器的纯滞后时间τ_m使测量信号不能及时反映中和槽内溶液pH值的变化，因而降低了控制质量。目前，以物性作为被控变量时往往都有类似问题，微分作用对纯滞后无能为力，加得不好，反而会导致系统产生振荡。所以在测量元件的安装上，一定要注意尽量减小纯滞后。对于大纯滞后的系统，简单控制系统往往是无法满足控制要求的，须采用复杂控制系统。

4.3.4　信号传送滞后的影响

信号传送滞后通常包括测量信号传送滞后和控制信号传送滞后两部分。

测量信号传送滞后是指由现场测量变送装置的信号传送到控制室的控制器所引起的滞后。对于电信号来说，可以忽略不计，但对于气信号来说，由于气动信号管线具有一定的容量，所以会存在一定的传送滞后。

控制信号传送滞后是指由控制室内控制器的输出控制信号传送到现场控制器所引起的滞后。对于气动薄膜控制阀来说，由于膜头空间具有较大的容量，所以控制器的输出变化到引起控制阀开度变化，往往具有较大的容量滞后，这样就会使得控制不及时，控制效果变差。

信号的传送滞后对控制系统的影响基本上与对象控制通道的滞后相同，应尽量减小。所以，一般气压信号管路不能超过300 m，直径不能小于6 mm，或者用阀门定位器、气动继动器增大输出功率，以减小传送滞后。在可能的情况下，现场与控制室之间的信号尽量采用电信号传递，必要时可用气-电转换器将气信号转换为电信号，以减小传送滞后。

4.3.5　克服测量变送环节对控制质量影响的方法

通过以上分析，我们知道有测量变送环节有哪些因素会影响系统的控制品质，使系统的控制效果变差，针对这些原因，通过采取以下一些具体措施，可以减小或克服测量变送环节的影响，得到较为理想的系统控制质量。

1. 克服测量误差的方法

① 合理选择精确度等级的仪表，能满足工艺测量精度要求即可。定期对仪表进行校验和维护是减少测量误差的有效措施。

② 合理选择仪表的量程范围，在满足工艺对被测变量上下限要求的条件下，尽可能选用量程范围窄的仪表，减少测量的绝对值误差。

③ 尽量选择对环境适应性强的仪表。在使用中可以采取一定措施减少环境影响。例如对环境影响敏感的气体流量测量，可加装温压补偿环节；供电加装稳

压装置；采用电磁隔离设备；强电信号线和仪表信号线分开布线等措施均可克服或减小测量误差。

2. 克服测量滞后的方法

（1）测量变送环节存在纯滞后
① 合理选择取样点的位置。
② 选择纯滞后较小的测量变送仪表。
③ 采用具有纯滞后补偿的补偿仪表。

（2）测量变送器时间常数 T_m 带来的影响
① 选择惯性小的测量元件。一般可选择时间常数 T_m 是控制通道时间常数 1/10 的测量元件较为合适。
② 合理选择测量变送器的安装位置。要避免安装在死角、容易挂料、结焦、拐弯的地方，最好选择在直管段、对被控变量反应灵敏的位置，温度测量仪表安装要迎向介质的流向。
③ 引入微分环节。把微分环节串联在测量变送器之前，利用微分环节的超前作用克服时间常数带来的滞后，可以得到较好的控制效果。

3. 克服传送滞后的方法

传送滞后主要是气动信号传送过程中引起的，可以采取如下措施克服。
① 尽量缩短气动信号传输管线的长度。
② 使用阀门定位器。
③ 在较长的气路传输距离间安装气动继动器，提高气动信号的传输功率，减少传输时间。

4.4 控制器控制规律的选择及正反作用的确定

4.4.1 控制器控制规律的确定

简单控制系统是由被控对象、控制器、控制阀和测量变送装置 4 个基本部分组成。在现场控制系统安装完毕或控制系统投运前，往往被控对象、测量变送装置和控制阀这三部分的特性就完全确定了，不能任意改变。这时可将被控对象、测量变送装置和控制阀合在一起，称为广义对象。于是控制系统可看成由控制器与广义对象两部分组成，如图 4-21 所示。在广义对象特性已经确定的情况下，如何通过控制器控制规律的选择与控制器参数的工程整定，来提高控制系统的稳定性和控制质量，就是本节要讨论的主要问题。

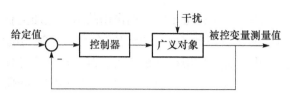

图 4-21 简单控制系统简化方块图

目前工业上常用的控制器主要有 3 种控制规律：比例控制规律（P）、比例积分控制规律（PI）和比例积分微分控制规律（PID）。

选择哪种控制规律主要是根据广义对象的特性和工艺的要求来决定的。下面分别分析各种控制规律的特点及应用场合。

1. 比例控制器（P）

比例控制器是具有比例控制规律的控制器，它的输出 p 与输入偏差 e（实际上是指它们的变化量）之间的关系为

$$p = K_p e$$

比例控制器的可调整参数是比例放大系数 K_p，或比例度 δ，对于单元组合仪表来说，它们的关系为

$$\delta = \frac{1}{K_p} \times 100\%$$

比例控制器的特点是：控制器的输出与偏差成比例，即控制阀门位置与偏差之间具有一一对应关系。当负荷变化时，比例控制器克服干扰能力强、控制及时、过渡时间短。在常用控制规律中，比例作用是最基本的控制规律，不加比例作用的控制规律是很少采用的。但是，纯比例控制系统在过渡过程终了时存在余差。负荷变化越大，余差就越大。

比例控制器适用于控制通道滞后较小、负荷变化不大、工艺上没有提出无差要求的系统，例如中间贮槽的液位、精馏塔塔釜液位以及不太重要的蒸汽压力控制系统等。

2. 比例积分控制器（PI）

比例积分控制器是具有比例积分控制规律的控制器。它的输出 p 与输入偏差 e 的关系为

$$p = K_p \left(e + \frac{1}{T_i} \int e dt \right)$$

比例积分控制器的可调整参数是比例放大系数 K_p（或比例度 δ）和积分时间 T_i。

比例积分控制器的特点是：由于在比例作用的基础上加上积分作用，而积分作用的输出是与偏差的积分成比例，只要偏差存在，控制器的输出就会不断变化，直至消除偏差为止。所以采用比例积分控制器，在过渡过程结束时是无余差的，这是它的显著优点。但是，加上积分作用，会使稳定性降低，虽然在加积分作用的同时，可以通过加大比例度，使稳定性基本保持不变，但超调量和振荡周期都相应增大，过渡过程的时间也加长。

比例积分控制器是使用最普遍的控制器。它适用于控制通道滞后较小、负荷变化不大、工艺参数不允许有余差的系统。例如流量、压力和要求严格的液位控制系统，常采用比例积分控制器。

3. 比例积分微分控制器（PID）

比例积分微分控制器是具有比例积分微分控制规律的控制器，常称为三作用（PID）控制器。理想的三作用控制器，其输出 p 与输入偏差 e 之间具有下列关系。

$$p = K_p \left(e + \frac{1}{T_i} \int e dt + T_d \frac{de}{dt} \right)$$

比例积分微分控制器的可调整参数有3个，即比例放大系数 K_p（或比例度 δ）、积分时间 T_i 和微分时间 T_d。

比例积分微分控制器的特点是：微分作用使控制器的输出与输入偏差的变化速度成比例，它对克服对象的滞后有显著的效果。在比例的基础上加上微分作用能提高稳定性，再加上积分作用可以消除余差。所以，适当调整 δ、T_i、T_d 三个参数，可以使控制系统获得较高的控制质量。

比例积分微分控制器适用于容量滞后较大、负荷变化大、控制质量要求较高的系统，应用最普遍的是温度控制系统与成分控制系统。对于滞后很小或噪声严重的系统，应避免引入微分作用，否则会由于被控变量的快速变化引起控制作用的大幅度变化，严重时会导致控制系统不稳定。

值得提出的是，目前生产的模拟式控制器一般都同时具有比例、积分、微分三种作用。只要将其中的微分时间 T_d 置于0，就成了比例积分控制器，如果同时将积分时间 T_i 置于无穷大，便成了比例控制器。

4.4.2 控制器正、反作用的确定

过程控制系统是具有被控变量负反馈的闭环系统。也就是说，如果被控变量值偏高，则控制作用应使之降低；相反，如果被控变量值偏低，则控制作用应使之升高。控制作用对被控变量的影响应与干扰作用对被控变量的影响相反，才能使被控变量值回复到给定值。这里，就有一个作用方向的问题。控制器的正、反

作用是关系到控制系统能否正常运行与安全操作的重要问题。

在控制系统中，不仅是控制器，而且被控对象、测量元件及变送器和控制器都有各自的作用方向。它们如果组合不当，使总的作用方向构成正反馈，则控制系统不但不能起控制作用，反而破坏了生产过程的稳定。所以，在系统投运前必须注意检查各环节的作用方向，其目的是通过改变控制器的正、反作用，以保证整个控制系统是一个具有负反馈的闭环系统。

所谓作用方向，就是指输入变化后，输出的变化方向。当某个环节的输入增加时，其输出也增加（或输入减少时，其输出也减少），则称该环节为"正作用"方向；反之，当环节的输入增加时，输出减少的称"反作用"方向。

对于测量元件及变送器，其作用方向一般都是"正"的，因为当被控变量增加时，其输出量一般也是增加的，所以在考虑整个控制系统的作用方向时，可不考虑测量元件及变送器的作用方向（因为它总是"正"的），只需要考虑控制器、控制阀和被控对象三个环节的作用方向，使它们组合后能起到负反馈的作用。

对于控制阀，它的作用方向取决于是气开阀还是气关阀（注意不要与执行机构和调节机构的"正作用"及"反作用"混淆）。气开阀在没有控制信号输入时，阀门处于关闭状态；当控制器输出信号（即控制阀的输入信号）增加时，气开阀的开度增加，因而流过阀的流体流量也增加，故气开阀是"正"方向。反之，气关阀在没有控制信号输入时，阀门处于全开状态；当气关阀接收的控制信号增加时，气关阀的开度减小，流过阀的流体流量反而减少，所以是"反"方向。

对于被控对象的作用方向，则随具体对象的不同而各不相同。当操纵变量增加时，被控变量也增加的对象属于"正作用"的。反之，被控变量随操纵变量的增加而降低的对象属于"反作用"的。

由于控制器的输出决定于被控变量的测量值与给定值之差，所以被控变量的测量值与给定值变化时，对输出的作用方向是相反的。对于控制器的作用方向是这样规定的：当给定值不变，被控变量测量值增加时，控制器的输出也增加，称为"正作用"方向，或者当测量值不变，给定值减小时，控制器的输出增加的称为"正作用"方向。反之，如果测量值增加（或给定值减小）时，控制器的输出减小的称为"反作用"方向。

在一个安装好的控制系统中，对象的作用方向由工艺机理可以确定，控制阀的作用方向由工艺安全条件确定，而控制器的作用方向要根据对象及控制阀的作用方向来确定，以使整个控制系统构成负反馈的闭环系统。下面举两个例子加以说明，如图 4-22、图 4-23 所示。

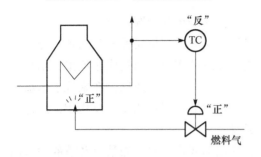

图4-22 加热炉出口温度控制

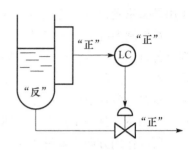

图4-23 储罐液位控制

图4-22是一个加热炉出口温度的简单控制系统。在这个系统中，加热炉是被控对象，燃料气流量是操纵变量，被加热的原料油出口温度是被控变量。由此可知，当操纵变量燃料气流量增加时，被控变量是增加的，故对象是"正"作用方向。如果从工艺安全条件出发选定控制器是气开阀（停气时关闭），以免当气源突然断气时，控制阀大开而烧坏炉子。那么这时控制阀便是"正"作用方向。为了保证由对象、控制阀与控制器所组成的系统是负反馈的，控制器就应该选为"反"作用，构成闭环负反馈系统。当炉温升高时，控制器TC的输出减小，因而关小燃料气的阀门（因为是气开阀，当输入信号减小时，阀门是关小的），使炉温降下来。

图4-23是一个储罐液位的简单控制系统。控制阀采用气开阀，在一旦停止供气时，阀门自动关闭，避免储罐抽空，故控制阀是"正"方向。当控制阀开度增加时，液位是下降的，所以对象的作用方向是"反"的。这时控制器的作用方向必须为"正"，才能使当液位升高时，LC输出增加，从而开大出口阀，使液位降下来。

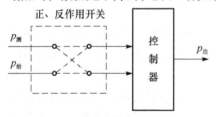

图4-24 控制器正、反作用开关示意图

控制器的正、反作用可以通过改变控制器上的正、反作用开关自行选择，一台正作用的控制器，只要将其测量值与给定值的输入线互换一下，就成了反作用的控制器，其原理如图4-24所示。

4.5 简单控制系统的方案实施

4.5.1 简单控制系统基本要求

① 控制系统设计人员要掌握较为全面的自动化专业知识，同时尽可能多地熟悉所要控制的工艺装置对象。

② 要求自动化专业技术人员与工艺专业技术人员进行必要的交流，共同讨

论确定自动化方案。

③ 自动化技术人员不能盲目追求控制系统的先进性和所用仪表及装置的先进性。工艺人员要注意倾听自动化专业技术人员的建议，特别是一些复杂对象和大系统的综合自动化。

④ 设计一定要遵守有关的标准、行规，按科学合理的程序进行。

1. 基本内容

(1) 确定控制方案

首先要确定整个系统的自动化水平，然后才能进行各个具体控制系统方案的讨论确定。对于比较大的控制系统工程，更要从实际情况出发，反复多方论证，以避免大的失误。控制系统的方案设计是整个设计的核心，是关键的第一步。要通过广泛的调研和反复的论证来确定控制方案，它包括被控变量的选择与确认、操纵变量的选择与确认、检测点的初步选择、绘制出带控制点的工艺流程图和编写初步控制方案设计说明书等。

(2) 仪表及装置的选型

根据已经确定的控制方案进行选型，要考虑到供货方的信誉、产品的质量、价格、可靠性、精度、供货方便程度、技术支持、维护等因素，并绘制相关的图表。

(3) 相关工程内容的设计

包括控制室设计、供电和供气系统设计、仪表配管和配线设计和连锁保护系统设计等，提供相关的图表。

2. 基本步骤

(1) 初步设计

初步设计的主要目的是上报审批，并为订货做准备。

(2) 施工图设计

在项目和方案获批后，为工程施工提供有关内容详细的设计资料。

(3) 设计文件和责任签字

包括设计、校核、审核、审定、各相关专业负责人员的会签等，以严格把关，明确责任，保持协调。

(4) 参与施工和试车

设计代表应该到现场配合施工，并参加试车和考核。

(5) 设计回访

在生产装置正常运行一段时间后，应去现场了解情况，听取意见，总结经验。

4.5.2 简单控制系统的方案实施

方案实施，主要有仪表选型，即确定并选择全部的仪表（包括辅助性质的仪表）；以选择的仪表为基础，设计控制系统接线图并实施。

例 4-1 图 4-25 为管式加热炉的温度控制系统。管式加热炉是炼油、化工生产中的重要装置之一，它的任务是把原料油加热到一定温度，以保证下道工序的顺利进行。因此，常选原料油出口温度 $\theta_1(t)$ 为被控参数、燃料流量为控制变量，构成如图 4-25（a）所示的温度控制系统，控制系统框图如图 4-25（b）所示。影响原料油出口温度 $\theta_1(t)$ 的干扰有原料油流量 $f_1(t)$、原料油入口温度 $f_2(t)$、燃料压力 $f_3(t)$、燃料压力 $f_4(t)$ 等。该系统根据原料油出口温度 $\theta_1(t)$ 变化来控制燃料阀门开度，通过改变燃料流量将原油出口温度控制在规定的数值上，是一个简单控制系统。

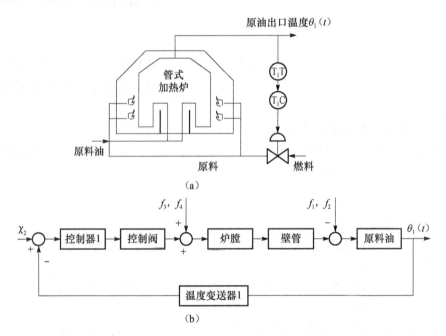

图 4-25 管式加热炉的温度控制系统
(a) 管式加热炉温度控制系统原理图；(b) 管式加热炉温度控制系统框图

当控制方案确定以后，紧接着的设计工作称为仪表选型，也就是根据工艺条件和工艺数据，选择合适的仪表组成控制系统。以上海自动化仪表集团产品为例，做如下选择。

① 测温一次元件的选择，依据控制温度为 350 ℃，宜采用铂热电阻 Pt100 测温。

② 温度变送器为 DBW—4230，测温范围为 0 ℃ ~ 500 ℃（和测温一次元件相配套）。

③ 单笔记录仪型号为 DXJ—1010S，输入 1 ~ 5V DC，表盘标尺 0 ℃ ~ 500 ℃；应注意和一次仪表、变送器相配套。

④ 电气阀门定位器 ZPD—2000。

⑤ 电动指示控制器，型号为 DTZ—2100S，PID 控制规律。

⑥ 检测端安全栅 DFA—3100，操作端安全栅 DFA—3300。

⑦ 报警给定仪 DGJ—1100（用于上限报警设定）。

⑧ 闪光报警仪 XXS—03。

⑨ 气动薄膜控制阀，如 ZMAP—DNXX。

⑩ 若现场仪表采用压力变送器、差压变送器组成压力自动控制系统、流量自动控制系统，其仪表选型原则基本同上，仅作适当修改即可。

上述安全火花型的系统若使用在非本质安全防爆的场合，即工程中降低防爆等级时，只取消输入端和输出端的安全栅即可，当系统没有为Ⅲ型仪表提供24 V电源，单独使用电源箱。特别强调的是现场的安全火花仪表经过防爆审核机关检验和批准确认方可使用，但只能与本厂生产的安全栅配套使用，不同仪表制造厂制造的安全火花型仪表和安全栅不能互用和混用，这是因为未经防爆试验的缘故。

人们在总结仪表使用经验的基础上，不断推出结构更简单、使用更方便的各种类型的仪器内，因此选表，如温度变送器，安全栅部分用一块电路构成，并附在温度变送器内，选择此种仪表时，控制室内不用安全栅，直接可用配电器来供电。

4.6 简单控制系统的投运和控制器参数整定

一个过程控制系统的各个组成部分根据工艺要求设计完成后，经过仪表的选型、安装和调校后，就可以把系统投入生产运行。控制系统的投运就是将系统从手动工作状态切换到自动工作状态。

4.6.1 系统的投运

简单控制系统安装完毕或是经过停车检修之后，要（重新）投入运行。在投运控制系统前要进行全面细致的检查和准备工作。

1. 投运前的准备工作

① 熟悉工艺过程和控制系统。了解主要工艺流程和对控制指标的要求，以及各种工艺参数之间的关系。熟悉控制方案，检查所有仪表的安装位置和连接管

线的走向,确保投运时能进行正确的操作,故障能及时查找到位。

② 现场校验所有的仪表,保证仪表能正常的使用。

③ 根据经验或估算,设置 K_p、T_i 和 T_d,或者先将控制器设置为纯比例作用,比例度放较大的位置。

④ 确认控制阀的气开、气关作用。

⑤ 确认控制器的正、反作用。

⑥ 根据前述所有选择,假设被控变量受干扰有一个增加,看控制系统能否克服干扰的影响。

例如,在变送器的输入端施加信号,观测显示仪表和控制器是否正常工作,再观察控制阀是否正确动作。采用计算机控制时,情况与采用常规控制器时相似。

检查测量元件安装是否符合要求,所测信号是否正确反映工况,以及测量元件引出线的防干扰措施和对地绝缘情况。对控制器着重于检查手动输出、自动跟踪情况、正方向调节作用、手动-自动的无扰动切换。对操作器、遥控板着重于检查手操控制器的动作方向和手动-自动无扰动切换。对控制阀着重于检查其开关方向和动作方向、阀门开度与控制器输出的线性关系、位置反馈。对仪表连接线路的检查着重查绝缘情况和接触情况。同时还要检查安全仪表系统等安全措施。

配合工艺开车的过程,控制系统各组成部分的投运次序一般如下:

测量变送系统投入运行→手动遥控阀门→控制器投运。

2. 控制系统调试

即检查整个系统是否正常运转。调试步骤如下:

① 将操作器切换到手动位置,给全部仪表供电,接入各被测信号,开始工作。

② 用手动操作器工作,维持工况正常。

③ 断开控制回路,使控制系统处于开环状态。

④ 将操作器开关无扰动切换到自动位置。

⑤ 改变设定值或施加一些扰动信号。

⑥ 检查系统各环节间信号传递的极性,检查记录、指示、报警灯仪器是否正常工作。各系统环节工作正常,则可闭合控制回路,进行控制器参数整定。

4.6.2 控制器参数的工程整定

一个过程控制系统的过渡过程或者控制质量的好坏,与被控对象、干扰形式、干扰量的大小、控制方案的确定及控制器参数整定有着密切的关系。在控制方案、广义对象的特性、控制规律都已确定的情况下,控制质量主要就取决于控制器参数的整定。所谓控制器参数的整定,就是按照既定的控制方案,通过控制器各项参数的调整,使得控制系统过渡过程达到最为满意的质量品质要求。具体来说,就是确定控制器最合适的比例度 δ、积分时间 T_i 和微分时间 T_d。当然,这里所谓最好的控制质量不是绝对的,是根据工艺生产的要求而提出的所期望的控制质量。例如,对于简单控制系统,一般希望过渡过程呈 4:1(或 10:1)的衰减振荡过程,如图 4-26 所示。

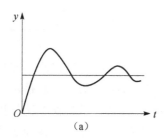 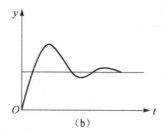

图 4-26 理想的衰减振荡过渡过程
(a) 4:1 衰减比;(b) 10:1 衰减比

控制器参数整定的方法很多,主要有两大类:一类是理论计算的方法,另一类是工程整定法。

理论计算的方法是根据已知的广义对象特性及控制质量的要求,通过理论计算出控制器的最佳参数。这种方法由于比较烦琐、工作量大,且一旦生产状况或负荷发生变化时,利用计算得到的控制器参数在实际控制中很难得到理想的控制质量,故在工程实践中长期没有得到推广和应用。

工程整定法是在已经投运的实际控制系统中,通过试验或探索,来确定控制器的最佳参数。这种方法是工艺技术人员在现场经常遇到的。下面介绍其中的几种常用工程整定法。

1. 临界比例度法

这是目前使用较多的一种方法。它是先通过试验得到临界比例度 δ_k 和临界振荡周期 T_k,然后根据经验总结出来的关系求出控制器各参数值,具体做法如下。

在闭环控制系统中,先将控制器置为纯比例作用,即将 T_i 放在"∞"位置上,T_d 放在"0"位置上,在干扰作用下,从大到小地逐渐改变控制器的比例度,直至系统产生等幅振荡(即临界振荡),如图 4-27 所示。这时的比例度叫临界比例度 δ_k,周期为临界振荡周期 T_k。记下 δ_k 和 T_k,然后按表 4-4 中的经验公式计算出控制器的各参数整定数值。

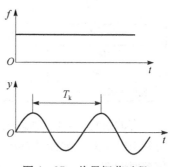

图 4-27 临界振荡过程

表4-4 临界比例度法参数计算公式表

控制作用	比例度 $\delta/\%$	积分时间 $T_i/\min$	微分时间 $T_d/\min$
比例	$2\delta_k$		
比例+积分	$2.2\delta_k$	$0.85T_k$	
比例+积分	$1.8\delta_k$		$0.1T_k$
比例+积分+微分	$1.7\delta_k$	$0.5T_k$	$0.125T_k$

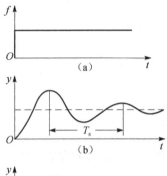

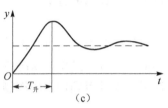

图4-28 4:1和10:1衰减振荡过程
(a) 阶跃干扰; (b) 4:1衰减振荡; (c) 10:1衰减振荡

临界比例度法比较简单方便，容易掌握和判断，适用于一般的控制系统。但是对于临界比例度很小的系统不适用。因为临界比例度很小，则控制器输出的变化一定很大，被调参数容易超出允许范围，影响生产的正常运行。

临界比例度法是要使系统达到等幅振荡后，才能找出 δ_k 与 T_k，对于工艺上不允许产生等幅振荡的系统本方法亦不适用。

2. 衰减曲线法

衰减曲线法是通过使系统产生衰减振荡来整定控制器的参数值的，具体做法如下。

在闭环的控制系统中，先将控制器变为纯比例作用，并将比例度预置在较大的数值上。在达到稳定后，用改变给定值的办法加入阶跃干扰，观察被控变量记录曲线的衰减比，然后从大到小改变比例度，直至出现4:1衰减比为止，如图4-28（a）所示，记下此时的比例度 δ_s（叫4:1衰减比例度），从曲线上得到衰减周期 T_s。然后根据表4-5中的经验公式，求出控制器的参数整定值。

表4-5 4:1衰减曲线法控制器参数计算表

控制作用	比例度 $\delta/\%$	积分时间 $T_i/\min$	微分时间 $T_d/\min$
比例	δ_s		
比例+积分	$1.2\delta_s$	$0.5T_s$	
比例+积分+微分	$0.8\delta_s$	$0.3T_s$	$0.1T_s$

有的过程，4:1衰减仍嫌振荡过强，可采用10:1衰减曲线法。方法同上，得到10:1衰减曲线［如图4-28（b）所示］后，记下此时的比例度 δ'_s 和最大偏差时间 $T_升$（又称上升时间），然后根据表4-6中的经验公式，求出相应的 δ、T_i、T_d 值。

表 4-6 10∶1 衰减曲线法控制器参数计算表

控制作用	比例度 $\delta/\%$	积分时间 $T_i/\min$	微分时间 $T_d/\min$
比例	δ'_s		
比例 + 积分	$1.2\delta'_s$	$2T_升$	
比例 + 积分 + 微分	$0.8\delta'_s$	$1.2T_升$	$0.4T_升$

采用衰减曲线法必须注意以下几点。

① 加的干扰幅值不能太大,要根据生产操作要求来定,一般为额定值的 5% 左右,也有例外的情况。

② 必须在工艺参数稳定情况下才能施加干扰,否则得不到正确的 δ_s、T_s 或 δ'_s 和 $T_升$ 值。

③ 对于反应快的系统,如流量、管道压力和小容量的液位控制等,要在记录曲线上严格得到 4∶1 衰减曲线比较困难。一般以被控变量来回波动两次达到稳定,就可以近似地认为达到 4∶1 衰减过程了。

衰减曲线法比较简便,适用于一般情况下的各种参数的控制系统。但对于干扰频繁,记录曲线不规则、不断有小摆动的情况,由于不易得到准确的衰减比例度 δ_s 和衰减周期 T_s,使得这种方法难于应用。

3. 经验凑试法

经验凑试法是在长期的生产实践中总结出来的一种整定方法。它是根据经验先将控制器参数放在一个数值上,直接在闭环的控制系统中,通过改变给定值施加干扰,在记录仪上观察过渡过程曲线,运用 δ、T_i、T_d 对过渡过程的影响为指导,按照规定顺序,对比例度 δ、积分时间 T_i 和微分时间 T_d 逐个整定,直到获得满意的过渡过程为止。

各类控制系统中控制器参数的经验数据,列于表 4-7 中,供整定时参考选择。

表 4-7 控制器参数的经验数据表

控制对象	对象特性	$\delta/\%$	$T_i/\min$	$T_d/\min$
流量	对象时间常数小,参数有波动,δ 要大;T_i 要短;不用微分	40~100	0.3~1	
温度	对象容量滞后较大 δ 应小;T_i 要长;应加微分	20~60	3~10	0.5~3
压力	对象容量滞后一般不算大,不需加微分	30~70	0.4~3	
液位	对象时间常数范围较大。要求不高时,δ 可在一定范围内选取,一般不用微分	20~80		

表 4-7 中给出的只是一个大体范围,有时变动较大。例如,流量控制系统的 δ 值有时需在 200% 以上;有的温度控制系统,由于容量滞后大,T_i 往往要在

15 min 以上。另外，选取 δ 值时应注意测量部分的量程和控制阀的尺寸，如果量程小（相当于测量变送器的放大系数 K_m 大）或控制阀的尺寸选大了（相当于控制阀的放大系数 K_v 大）时，δ 应适当选大一些，即 K_c 小一些，这样可以适当补偿 K_m 大或 K_v 大带来的影响，使整个回路的放大系数保持在一定范围内。

整定的步骤有以下两种。

① 先用纯比例作用进行凑试，待过渡过程已基本稳定并符合要求后，再加积分作用消除余差，最后加入微分作用以提高控制质量。按此顺序观察过渡过程曲线进行整定工作。具体做法如下。

根据经验并参考表 4-7 的数据，选定一个合适的 δ 值作为起始值，把积分时间放在"∞"，微分时间置于"0"，将系统投入自动。改变给定值，观察被控变量记录曲线形状。如曲线不是 4∶1 衰减（这里假定要求过渡过程是 4∶1 衰减振荡的），例如衰减比大于 4∶1，说明选的 δ 偏大，适当减小 δ 值再看记录曲线，直到呈 4∶1 衰减为止。注意，当把控制器比例度改变以后，如无干扰就看不出衰减振荡曲线，一般都要稳定以后再改变一下给定值才能看到。若工艺上不允许反复改变给定值，那只好等候工艺本身出现较大干扰时再看记录曲线。δ 值调整好后，如要求消除余差，则要引入积分作用。一般积分时间可先取为衰减周期的一半值，并在积分作用引入的同时，将比例度增加 10%~20%，看记录曲线的衰减比和消除余差的情况，如不符合要求，再适当改变 δ 和 T_i 值，直到记录曲线满足要求。如果是三作用控制器，则在已调整好 δ 和 T_i 的基础上再引入微分作用，而在引入微分作用后，允许把 δ 值缩小一点，把 T_i 值也再缩小一点。微分时间 T_d 也要在表 4-7 给出的范围内凑试，以使过渡过程时间短，超调量小，控制质量满足生产要求。

经验凑试法的关键是"看曲线，调参数"。因此，必须弄清楚控制器参数变化对过渡过程曲线的影响关系。一般来说，在整定中，观察到曲线振荡很频繁，须把比例度增大以减少振荡；当曲线最大偏差大且趋于非周期过程时，须把比例度减小。当曲线波动较大时，应增大积分时间；而在曲线偏离给定值后，长时间回不来，则须减小积分时间，以加快消除余差的过程。如果曲线振荡得厉害，须把微分时间减到最小，或者暂时不加微分作用，以免更加剧振荡；在曲线最大偏差大而衰减缓慢时，须增加微分时间。经过反复凑试，一直调到过渡过程振荡两个周期后基本达到稳定，品质指标达到工艺要求为止。

在一般情况下，比例度过小、积分时间过小或微分时间过大，都会产生周期性的激烈振荡。但是，积分时间过小引起的振荡，周期较长；比例度过小引起的振荡，周期较短；微分时间过大引起的振荡周期最短，如图 4-29 所示，曲线 a 的振荡是积分时间过小引起的，曲线 b 的振荡是比例度过小引起的，曲线 c 的振荡则是由于微分时间过大引起的。

比例度过小、积分时间过小和微分时间过大引起的振荡，还可以这样进行判别：从给定值指针动作之后，一直到测量指针发生动作，如果这段时间短，应把比例度增加；如果这段时间长，应把积分时间增大；如果时间最短，应把微分时间减小。

如果比例度过大或积分时间过大，都会使过渡过程变化缓慢，如何判别这两种情况呢？一般地说，比例度过大，曲线波动较剧烈、不规则地、较大地偏离给定值，而且，形状像波浪般的起伏变化，如图 4-30 曲线 a 所示。如果曲线通过非周期的不正常路径，慢慢地回复到给定值，这说明积分时间过大，如图 4-30 曲线 b 所示。应当注意，积分时间过大或微分时间过大，超出允许的范围时，不管如何改变比例度，都是无法补救的。

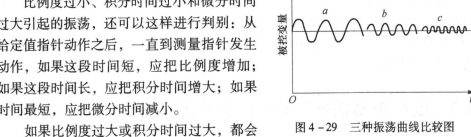

图 4-29　三种振荡曲线比较图

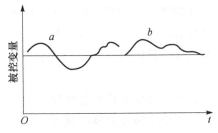

图 4-30　比例度和积分时间过大时两种曲线比较图

② 经验凑试法还可以按下列步骤进行：先按表 4-7 中给出的范围把 T_i 定下来，如要引入微分作用，可取 $T_d = (1/3 \sim 1/4) T_i$，然后对 δ 进行凑试，凑试步骤与前一种方法相同。

一般来说，这样凑试可较快地找到合适的参数值。但是，如果开始 T_i 和 T_d 设置得不合适，则可能得不到所要求的记录曲线。这时应将 T_d 和 T_i 作适当调整，重新凑试，直至记录曲线合乎要求为止。

经验凑试法的特点是方法简单，适用于各种控制系统，因此应用非常广泛。特别是外界干扰作用频繁，记录曲线不规则的控制系统，采用此法最为合适。但是此法主要是靠经验，在缺乏实际经验或过渡过程本身较慢时，往往较为费时。为了缩短整定时间，可以运用优选法，使每次参数改变的大小和方向都有一定的目的性。值得注意的是，对于同一个系统，不同的人采用经验凑试法整定，可能得出不同的参数值，这是由于对每一条曲线的看法，有时会因人而异，没有一个很明确的判断标准，而且不同的参数匹配有时会使所得过渡过程衰减情况极为相近。例如某初馏塔塔顶温度控制系统，如采用以下两组参数时：

$$\delta = 15\% \quad T_i = 7.5 \text{ min}$$

$$\delta = 35\% \quad T_i = 3 \text{ min}$$

系统都得到 10∶1 的衰减曲线，超调量和过渡时间基本相同。

最后必须指出,在一个自动控制系统投运时,控制器的参数必须整定,才能获得满意的控制质量。同时,在生产进行的过程中,如果工艺操作条件改变,或负荷有很大变化,被控对象的特性就要改变,因此,控制器的参数必须重新整定。由此可见,整定控制器参数是经常要做的工作,对工艺人员与仪表人员来说,都是需要掌握的。

4.7 过程控制系统故障的产生及排除方法

过程控制系统在线运行时,不能满足质量指标的要求,或者记录仪表上所显示的记录曲线明显偏离质量指标的要求,这说明方案设计合理的控制系统存在故障,需要及时处理,排除故障。一般来说,开工初期或停车阶段,由于工艺生产过程不正常、不稳定,各类故障较多。当然,这种故障不一定都来自过程控制系统和仪表本身,也可能来自工艺部分。过程控制系统的故障是一个较为复杂的问题,涉及面也较广,大致可以归纳如下。

① 工艺过程设计不合理或者工艺本身不稳定,从而在客观上造成控制系统扰动频繁、扰动幅度变化很大,自控系统在调整过程中不断受到新的扰动,使控制系统的工作复杂化,从而反映在记录曲线上的控制质量不够理想,这时需要工艺和仪表,同心协力、共同分析,才能排除故障。

② 过程控制系统的故障也可能是控制系统中个别仪表造成的。

③ 过程控制系统的故障与控制器参数的整定是否恰当有关。

④ 控制系统的故障还和仪表的安装、过程控制系统的设计有关。

4.7.1 一般性故障的诊断及故障分析法

1. 故障的种类

从系统的结构分类:传感器故障、控制器故障、控制阀故障、被控对象故障;

从故障性质或程度分类:缓变故障、突变故障、间歇故障、完全失效故障;

从故障间的相互关系分类:单故障、多故障,独立故障、关联故障,整体故障、局部故障等。

2. 故障诊断的研究内容

故障的特征描述与提取——通过测量和一定的信息处理技术获取反映系统故障特征描述的过程和方法;

故障的分离与估计——根据检测的故障特征确定系统是否出现故障(Detection)以及故障的部位(Isolation)和故障程度的过程和技术;

故障的评价与决策——根据故障分离与估计的结论，对故障的危害及严重程度做出评价，进而做出是否停止任务进程及是否需要维修更换的决策。

3. 控制系统故障诊断方法

（1）依赖于模型的方法

① 基于状态估计的方法。

② 基于参数估计的方法。

③ 基于特殊模型的诊断法。

（2）不依赖于数学模型的方法

① 基于直接可测信号的故障诊断方法（可测值或其变化趋势检查法、可测信号分析处理诊断法）。

② 基于经验知识的故障诊断方法（专家系统、故障树、模式识别等）。

在分析和检查故障前，应首先向当班操作工了解情况，包括处理量、操作条件、原料等是否改变，结合记录曲线进行分析，以确定故障产生的原因，尽快排除故障。

本 章 小 结

1. 主要内容

① 分析了被控变量的选择原则。

• 选择对产品的产量和质量、安全生产、经济运行和环境保护具有决定性作用的、可直接测量的工艺参数为被控变量。

• 当不能用直接参数作为被控变量时，可选择一个与直接参数有单值函数关系并满足如下条件的间接参数作为被控变量。

a. 满足工艺的合理性。

b. 具有尽可能大的灵敏度且线性好。

c. 测量变送装置的滞后小。

② 分析了操纵变量的选择原则。

• 设计构成的控制系统，其控制通道特性应具有足够大的放大系数、比较小的时间常数及尽可能小的纯滞后时间。

• 系统主要扰动通道特性应具有尽可能大的时间常数和尽可能小的放大系数。

• 应考虑工艺上的合理性。如果生产负荷直接关系到产品的质量，那么就不宜选为操纵变量。

③ 详细讨论了控制阀结构、流量特性及气开、气关式在工程领域的选择方法及阀门定位器和智能阀门定位器的原理与特点。

④ 控制阀四种流量特性的选取原则。
- 根据对象特性选择控制阀的流量特性。
- 根据 S 值选择控制阀的流量特性。
- 特殊情况的考虑。

⑤ 控制器控制规律的选择原则及正、反作用方式在工程领域的确定方法。
- 首先要从生产安全出发。
- 从保证产品质量出发。
- 从降低原料、成品、动力消耗来考虑。
- 从介质的特点考虑。

⑥ 详细介绍了控制系统投运方法与控制器参数整定的方法及控制系统的实施。

⑦ 探讨了控制系统故障分析方法及应用实例。

2. 知识要求

① 掌握被控变量与操纵变量的选择原则。
② 正确地掌握控制阀四种流量特性及应用场合。
③ 学会气开、气关的选择方法及控制器控制规律及正、反作用的选择方法。
④ 熟悉阀门定位器的结构、特点及应用场合。
⑤ 根据本章学过的知识能够进行简单控制系统的接线（安装）、调试、投运、参数整定、故障分析与排除。

习题与思考题

1. 简单控制系统有什么特点？画出简单控制系统典型方框图。
2. 怎样选择被控变量？其选择原则是什么？
3. 在控制系统的设计中，操纵变量的选择应遵循哪些原则？
4. 在选择操纵变量时，控制通道的放大系数和时间常数对其有什么影响？
5. 选择被控参数应遵循哪些基本原则？什么是直接参数？什么是间接参数？两者有何关系？
6. 选择控制变量时，为什么要分析被控过程的特性？为什么希望控制通道放大系数 K_0 要大、时间常数 T_0 要小、纯滞后时间 τ_0 越小越好？而干扰通道的放大系数 K_f 尽可能小、时间常数 T_f 尽可能大？
7. 在系统的测量变送环节中会遇到什么问题？如何解决？
8. 什么是控制阀的理想流量特性和工作流量特性？系统设计时应如何选择控制阀的流量特性？
9. 试问控制阀的结构有哪些主要类型？各使用在什么场合？

10. 什么叫控制阀的可调范围？在串联管道中可调范围为什么会变化？

11. 什么是串联管道中的阀阻比 S？S 值的变化为什么会使理想流量特性发生畸变？

12. 为什么要选择阀的气开、气关形式？如何选择？

13. 控制阀上安装阀门定位器有什么用途？

14. 在蒸汽锅炉运行过程中，必须满足汽-水平衡关系，汽包水位是一个主要的指标。当液位过低时，汽包中的水易被烧干引发生产事故，甚至会发生爆炸，为此设计如图 4-31 所示的液位控制系统。试确定控制阀的气开、气关方式和控制阀 LC 正、反作用。

15. 为什么要整定控制器参数？有几种常用的整定方法？

16. 如图 4-32 所示为精馏塔塔釜液位控制系统示意图。若工艺上不允许塔釜液位被抽空，试确定控制阀的气开、气关形式和控制器的正反作用方式。

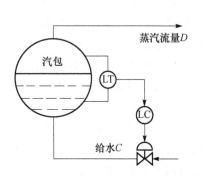

图 4-31　锅炉汽包液位控制系统

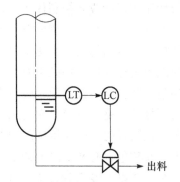

图 4-32　精馏塔塔釜液位控制系统

17. 简述控制方案设计的基本要求。

18. 简单归纳控制系统设计的主要内容。

19. 过程控制系统设计包括哪些步骤？

20. 简单控制系统的投运步骤有哪些？

21. 控制器参数整定的任务是什么？常用的参数整定方法有哪几种？各有什么特点？

第 5 章

串级控制系统

5.1 串级控制系统的基本原理和结构

简单控制系统是过程控制中最基本、应用最广泛的控制形式，大约占所有控制系统的80%，在一般场合下已能满足工艺生产要求，但是在某些被控对象的动态特性比较复杂或者控制任务比较特殊的应用场合，简单控制系统就显得力不从心。尤其是随着生产过程向着大型、连续和集成化方向发展，对操作条件要求更加严格，参数间的关系也更加复杂，对控制系统的精度和功能提出许多新的要求，对能源消耗和环境污染也有明确的限制。针对这些情况，采用简单控制系统无法满足工艺生产对控制质量的要求，则应该采用复杂控制系统。

所谓复杂，是相对简单而言的。一般来说，凡是结构上比单回路控制系统更为复杂或控制目的上较为特殊的控制系统都可以称为复杂控制系统。由于在这些系统中，通常包含有两个以上的变送器、控制器或者被控对象，构成的回路数也多于一个，所以，复杂控制系统又称为多回路控制系统。显然，这类系统的分析、设计、参数整定与投运比简单控制系统要复杂一些。常见的复杂控制系统有串级、前馈、比值、均匀、分程、选择性等控制系统。

生产过程中有很多容量滞后比较大（即时间常数 T 比较大）的对象，由于时间常数 T 比较大，操纵变量的变化要经过一个较长的时间才能对被控变量起作用，这就明显造成控制作用不及时，使系统控制变差。当对象的容量滞后较大、负荷或干扰变化比较剧烈、比较频繁，或是工艺对产品质量提出的要求很高的情形下，采用简单控制系统无法满足要求，可以考虑采用串级控制系统。

用一个控制器的输出来控制另一个控制器的设定值，这样连接起来的两个控制器称作是"串级"控制。两个控制器都有各自的测量输入，但只有主控制器具有自己独立的设定值，主控制器的输出值作为副控制器的设定值，副控制器的输出信号送给被控制过程的控制阀。这样组成的系统称为串级控制系统。

5.1.1 串级控制系统的组成

图 5-1 是连续反应釜温度控制的示意图。工艺要求：物料自底部连续进入

釜中，经反应后由顶部排出。反应产生的热量由夹套中的冷却水带走。为保证产品质量，对反应釜温度 T_1 要进行严格控制。影响的反应釜温度 T_1 的因素主要有冷却水流量、冷却水温度、阀前压力、环境温度、物料的组成成分和出料流量等。

如图 5-1 为反应釜温度控制系统，这是一个单回路控制系统，对其分析如下。

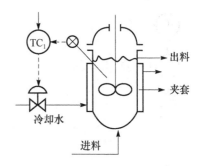

图 5-1 反应釜温度控制系统

控制系统组成：被控变量为反应釜温度 T_1；选择冷却水流量作为控制（操纵）变量；反应釜温度不允许太高，故障时冷却水进入反应釜冷却物料防止釜温过高，故控制阀采用气关阀；温度对象滞后较大，采用 PID 控制规律。系统组成的方块图如图 5-2 所示。

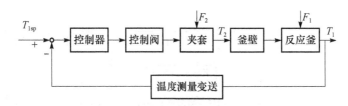

图 5-2 反应釜温度控制系统方块图

系统控制过程：假如由于扰动使反应釜温度 T_1 升高，经温度测量变送器与设定值比较得出偏差→控制器根据控制规律、偏差的大小和方向，输出控制信号→开大阀门→冷却水量增加→夹套内冷却水温度 T_2 降低→经对流传热，槽壁温度降低→反应釜温度 T_1 降低。

可见，该控制系统的特点是，所有对被控变量的扰动都包含在这个回路中，并都由温度控制器予以克服。但是，从干扰影响被控对象 T_1，到控制系统开始作用克服干扰、直至系统恢复稳态，滞后很大，过渡过程很长，即控制通道的时间常数和容量滞后较大，控制作用不及时，系统克服扰动的能力较差，不能满足工艺生产的要求。

对于冷却水方面的扰动，如冷却水的入口温度、阀前压力等扰动，夹套内冷却水温度 T_2 比反应釜温度 T_1 能更快地感受到。因而可设计夹套水温单回路控制系统以尽快地克服冷却水方面的扰动，如图 5-3 所示。

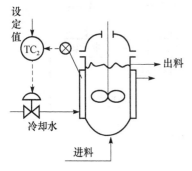

图 5-3 夹套水温控制系统

该系统的特点是能有效地克服来自冷却水

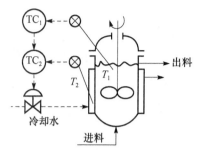

图 5-4 反应釜温度-夹套水温串级控制系统

方面的扰动，滞后小、控制及时，但对于来自环境温度、物料成分等变化带来的扰动却无法克服。综上分析，为了充分应用上述两种方案的优点，选取反应釜温度 T_1 为被控变量，夹套水温 T_2 为中间辅助变量，把反应釜温度控制器 TC_1 的输出作为夹套水温控制器 TC_2 的设定值，构成了图 5-4 所示的反应釜温度与夹套水温的串级控制系统。这样物料和环境温度等方面对反应釜温度 T_1 的影响主要由反应温度控制器 TC_1 构成的控制回路来克服，冷却水方面的扰动对反应釜温度 T_1 的影响由夹套水温控制器 TC_2 构成的控制回路来消除。图 5-5 为该串级控制系统的组成框图。

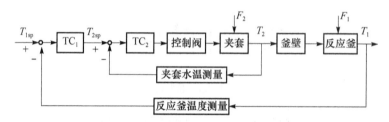

图 5-5　反应釜温度与夹套水温串级控制系统组成框图

1. 串级控制系统的构成原理

从图 5-5 可以知道，串级控制系统中，有两个负反馈闭环、两个被控对象、两个测量变送器、两个控制器、一个控制阀。其中一个控制器的输出信号作为另一个控制器的设定值，另一个控制器的输出信号作为操纵变量改变控制阀的开度，影响被控变量，从而克服干扰使被控变量回到设定值。

串级控制系统的结构图如图 5-6 所示。

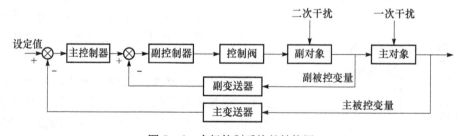

图 5-6　串级控制系统的结构图

2. 串联控制系统的名词术语

为了便于分析问题，下面先介绍串联控制系统常用的名词术语。

主被控变量——在串联控制系统中起主导作用的被控变量，也就是生产过程中要控制的那个参数，如图 5-5 中的 T_1。

副被控变量——串联控制系统中为了稳定主量而引入的中间辅助参数，如图 5-5 中的 T_2。

主对象——由主被控变量表征其特征的生产对象，其输入量为副被控变量。输出量为主被控变量，如图 5-5 中的反应釜。

副对象——由副被控变量为输出的生产过程，其输入量为操纵变量，如图 5-5 中的夹套。

主控制器——按主被控变量的测量值与设定值的偏差进行工作的控制器，其输出作为副控制器的设定值，如图 5-5 中的 TC_1。

副控制器——按副被控变量的测量值与主控制器输出的偏差进行工作的控制器，其输出直接控制控制阀的动作，如图 5-5 中的 TC_2。

主回路——由主副控制器、控制阀、主副对象、主测量变送器组成的闭合回路，也称主环。

副回路——由副控制器、副对象、控制阀和副测量变送器组成的闭合回路，也称副环。

一次干扰——不包括在副回路内的扰动，如上例中的环境温度、物料成分。

二次干扰——包括在副回路内的扰动，如上例中的冷却水流量、温度。

串级控制系统的方块图如图 5-7 所示。

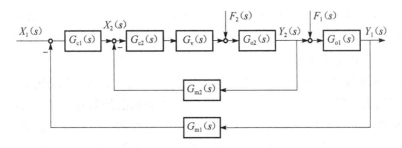

图 5-7 串级控制系统的方块图

图 5-7 中，$X_1(s)$——主回路的设定值；$X_2(s)$——副回路的设定值；$Y_1(s)$——主被控变量；$Y_2(s)$——副被控变量；$F_1(s)$——一次干扰；$F_2(s)$——二次干扰；$G_{c1}(s)$——主控制器的传递函数；$G_{c2}(s)$——副控制器的传递函数；$G_v(s)$——控制阀的传递函数；$G_{o1}(s)$——主对象的传递函数；$G_{o2}(s)$——副对象的传递函数；$G_{m1}(s)$——主测量变送器的传递函数；$G_{m2}(s)$——副测量变送器的传递函数。

串级控制系统的主回路是一个定值控制系统，主控制器的输出信号作为副控制器的设定值。由于主控制器要根据各种干扰对被控变量的影响和生产负荷的变化不断调整输出信号，所以副回路是一个设定值不断改变的随动控制系统。

5.1.2　串级控制系统的控制过程

现在就以反应釜温度－夹套水温串级控制系统为例，说明串级控制系统的控制过程。

从人身设备安全角度和生产要求出发，选控制阀为气关式，主副控制器均为反作用。当生产过程处在稳定工况时，冷却水的流量与温度不变、阀前压力不变、环境温度和物料成分不变，反应釜温度和夹套水温都不变，均处在相对平衡状态，控制阀保持一定的开度，此时反应釜温度稳定在设定值上。当干扰出现破坏了平衡工况时，串级控制系统便开始了其控制过程。根据不同干扰，分3种情况讨论。

① 二次干扰来自冷却水的流量、温度变化与阀前压力的变化。干扰先影响夹套水温，于是副控制器立即发出校正信号，改变控制阀的开度，从而改变冷却水量，克服上述干扰对夹套水温的影响。如果干扰量不大，经过副回路的及时控制一般不影响反应釜温度；如果扰动的幅值较大，虽然经过副回路的及时校正，还会影响反应釜温度，但经过冷却水流量的改变已经大大减少了对反应釜温度的影响，此时再由主回路的进一步调节，可以完全克服上述干扰，使反应釜温度调回到设定值上。

② 一次干扰来自环境温度和物料成分等的变化。干扰使反应釜温度变化时，主回路产生校正作用，克服对反应釜温度的影响。由于副回路的存在加快了校正作用，使干扰对反应釜温度的影响比单回路系统时要小。

③ 一次干扰和二次干扰同时存在。如果一、二次扰动的作用使主、副被控变量同时增大或同时减小时，主、副控制器对控制器的控制方向是一致的，控制信号叠加在一起大幅度关小或开大阀门，加强控制作用，使反应釜温度很快地调回到设定值上。如果一、二次扰动的作用使主、副被控变量一个增大（反应釜温度增加），另一个减小（夹套水温降低），副被控变量的变化方向有利于稳定主被控变量的变化，此时主、副控制器控制控制阀的方向是相反的，控制阀的开度只要作比较小的改变就可以满足控制要求。

综上分析可知，串级控制系统的副控制器具有"粗调"作用，主控制器具有"细调"的作用，从而使控制品质得到进一步提高。

5.1.3　串级控制的系统特点

串级控制系统从总体上而言，仍然是一个定值控制系统。因此，主变量在干扰作用下的过渡过程和单回路定值控制系统的过渡过程具有相同的品质指标。但由于串级控制系统从对象中引出一个中间变量构成了副回路，因此和单回路控制系统相比它具有自己的特点。串级控制系统由于其独特的系统结构而具有以下特点。

1. 具有较强的抗干扰能力

图 5-8 是在单回路控制情况下的方块图，进入回路的干扰为 $F_2(s)$，$G_{f2}(s)$ 是干扰通道的传递函数。图 5-9 是同一个系统在串级控制情况的方块图，图 5-10 是该串级控制系统的等效方块图。比较图 5-8 和图 5-10 的方块图，可见干扰通道的传递函数由原来的 $G_{f2}(s)$ 被缩小了 $1/(1 + G_{c2}G_vG_{o2}G_{m2})$ 倍，即当干扰作用于副环时，在它还没有影响到主被控变量之前，副控制器首先对扰动采取抑制措施，进行"粗调"，具有较强的抑制能力，如果主被控变量还会受到影响，那么再由主控制器进行消除余差的"细调"。

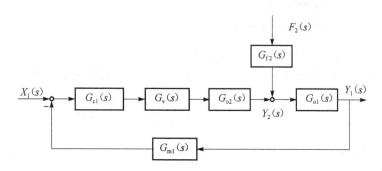

图 5-8 单回路控制系统的方块图

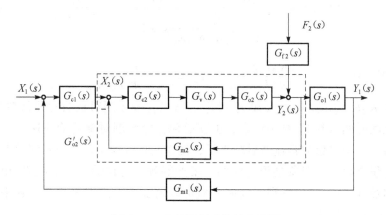

图 5-9 串级控制系统的方块图

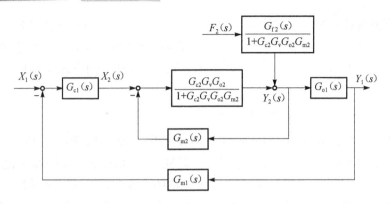

图 5-10 串级控制系统的等效方块图

根据生产实践中的统计，与单回路控制系统的质量比较，当干扰作用于副环时，串级控制系统的控制质量要提高 10~100 倍；当干扰作用于主环时，串级系统的控制质量也可提高 2~5 倍。

2. 能改善控制通道的动态特性，提高工作频率

（1）等效时间常数减小，响应速度加快

对图 5-9 的串级控制系统，虚线框中等效副回路的传递函数为

$$G'_{o2}(s) = \frac{Y_2(s)}{X_2(s)} = \frac{G_{c2}(s)G_v(s)G_{o2}(s)}{1 + G_{c2}(s)G_v(s)G_{o2}(s)G_{m2}(s)} \quad (5-1)$$

假设 $G_{o2}(s) = K_{o2}/(T_{o2}s + 1)$，$G_{c2}(s) = K_{c2}$，$G_v(s) = K_v$，$G_{m2}(s) = K_{m2}$，代入式（5-1），得到

$$G'_{o2}(s) = \frac{K_{c2}K_vK_{o2}/(1 + K_{c2}K_vK_{m2}K_{o2})}{\dfrac{T_{o2}}{1 + K_{c2}K_vK_{m2}K_{o2}}s + 1} = \frac{K'_{o2}}{T'_{o2}s + 1} \quad (5-2)$$

式（5-2）中，$K'_{o2} = \dfrac{K_{c2}K_vK_{o2}}{1 + K_{c2}K_vK_{m2}K_{o2}}$，$T'_{o2} = \dfrac{T_{o2}}{1 + K_{c2}K_vK_{m2}K_{o2}}$

由于 $K_{c2}K_vK_{m2}K_{o2} \gg 1$，可知 $T'_{o2} \ll T_{o2}$。所以，等效副对象的时间常数 T'_{o2} 比原来副对象的时间常数 T_{o2} 要小得多，也就是说，等效副对象的响应速度比原副对象要快得多，副对象的容量滞后减小了，使控制过程加快，所以串级控制系统对于克服容量滞后大的对象是很有效的。虽然等效副对象的放大倍数 K'_{o2} 也比原来的放大倍数 K_{o2} 减小了，不利于控制，但可以增加主控制器的放大倍数来补偿副对象放大倍数的减小。

（2）提高了系统的工作频率

图 5-9 所示串级控制系统的特征方程为

$$1 + G_{c1}(s)G'_{o2}(s)G_{o1}(s)G_{m1}(s) = 0 \qquad (5-3)$$

设 $G_{o1}(s) = K_{o1}/(T_{o1}s+1)$,将各环节的传递函数带入式(5-3)并化简得

$$s^2 + \frac{T_{o1} + T'_{o2}}{T_{o1}T'_{o2}}s + \frac{1 + K_{c1}K'_{c2}K_{o1}K_{m1}}{T_{m}T'_{o2}} = 0$$

因为特征方程的标准形式为

$$s^2 + 2\zeta\omega_0 s + \omega_0^2 = 0$$

则 $2\zeta\omega_0 = \dfrac{T_{o1} + T'_{o2}}{T_{o1}T'_{o2}}$,$\omega_0^2 = \dfrac{1 + K_{c1}K'_{o2}K_{o1}K_{m1}}{T_{o1}T'_{o2}}$

由于系统工作频率 ω_β 与自然频率 ω_0 的关系为 $\omega_\beta = \omega_0\sqrt{1-\zeta^2}$,于是得到串级控制系统的主环工作频率为

$$\omega_{串} = \omega_0\sqrt{1-\zeta^2} = \frac{T_{o1} + T'_{o2}}{T_{o1}T'_{o2}} \frac{\sqrt{1-\zeta^2}}{2\zeta} \qquad (5-4)$$

在图 5-8 所示单回路控制系统的方块图中,令 $G_{c1} = G_c(s)$,并设 $G_c(s) = K_c(s)$,得到其特征方程为

$$1 + G_c(s)G_v(s)G_{o2}(s)G_{o1}(s)G_{m1}(s) = 0 \qquad (5-5)$$

各环节的传递函数同串级控制系统,将各传递函数带入式(5-5)并化简得

$$s^2 + \frac{T_{o1} + T_{o2}}{T_{o1}T_{o2}}s + \frac{1 + K_cK_vK_{o2}K_{o1}K_{m1}}{T_{o1}T_{o2}} = 0$$

化为标准形式为 $s^2 + 2\zeta'\omega'_0 s + \omega'^2_0 = 0$

则 $2\zeta'\omega'_0 = \dfrac{T_{o1} + T_{o2}}{T_{o1}T_{o2}}$,$\omega'^2_0 = \dfrac{1 + K_cK_vK_{o1}K_{o2}K_{m1}}{T_{o1}T_{o2}}$

所以单回路控制系统的工作频率为

$$\omega_{单} = \omega'_0\sqrt{1-\zeta'^2} = \frac{T_{o1} + T_{o2}}{T_{o1}T_{o2}} \times \frac{\sqrt{1-\zeta'^2}}{2\zeta'} \qquad (5-6)$$

若使串级控制系统与单回路控制系统具有相同的阻尼系数,即设 $\zeta = \zeta'$,则

$$\frac{\omega_{串}}{\omega_{单}} = \frac{1 + T_{o1}/T'_{o2}}{1 + T_{o1}/T_{o2}} \qquad (5-7)$$

因为 $T'_{o2} \ll T_{o2}$,则 $T_{o1}/T'_{o2} \gg T_{o1}/T_{o2}$,得到 $\omega_{串} \gg \omega_{单}$。

所以,与单回路控制系统相比,在相同阻尼的系数下,整个串级控制系统的工作频率远高于单回路控制系统的工作频率,当主、副对象特征一定时,副控制器放大倍数越大,串级控制系统的工作频率提高得越明显。当副控制器放大倍数

K_{c2}不变时,随着T_{o1}/T_{o2}的增大,串级控制系统的工作频率也越高。即使扰动作用落在主对象,系统的工作频率仍然可以提高,操作周期就可以缩短,过渡过程的时间相对也将缩短,因而控制质量获得了改善。

3. 能适应负荷和操作条件的剧烈变化

在图 5-9 中,将副回路的传递函数等效为 $G'_{o2}(s)$,其表达式如式(5-2)所示,所以副回路的等效放大系数为

$$K'_{o2} = \frac{K_{c2}K_v K_{o2}}{1 + K_{c2}K_v K_{m2}K_{o2}}$$

如果副控制器的放大倍数 K_{c2} 足够大,那么 $K_{c2}K_v K_{o2}K_{m2} \gg 1$,则 $K'_{o2} \approx \frac{1}{K_{m2}}$。当 K_{o2} 或 K_v 随操作条件或负荷发生变化时,K'_{o2} 只与测量环节的放大倍数有关,而与副对象和控制阀的特性没有关系。副对象的非线性、时变特性和控制阀性能改变对控制系统的影响微乎其微。

5.2 串级控制系统的设计

只有正确合理的设计,才能使串级控制系统发挥其特点和优势。串级控制系统的设计包括主、副被控变量的选择,主、副控制器控制规律选型和正、反作用的确定。

5.2.1 主、副被控变量的选择

1. 主被控变量的选择

因为串级控制系统的主回路是一个定值控制系统,所以对于主变量的选择和主回路的设计,可以按照单回路控制系统的设计原则进行。

主被控变量的选择原则如下。

① 条件允许时选质量指标作为主被控变量。
② 其次考虑选择与质量有单值关系的参数作为主被控变量。
③ 所选主被控变量应有足够的灵敏度,且工艺合理、易实现。

2. 副被控变量的选择

副被控变量的选择必须保证它是操纵变量到主被控变量这个控制通道中的一个适当的中间变量。这是串级控制系统设计的关键问题。副被控变量可以按照以下几个原则进行选取。

(1) 副被控变量的选择应使副回路的时间常数小,控制通道短,反应灵敏

串级控制系统主要用于迟延较大的场合。简单控制系统中从扰动产生到控制器开始动作需要较长时间的滞后,引入副回路就是要使扰动发生后控制器能尽快做出调整,这就要求副回路的时间常数小,控制通道短,使控制器对扰动的反应灵敏。因此,设计中需要找到一个反应灵敏、时间常数小的副被控变量,大大减小等效对象的时间常数,提高系统的工作频率,加快反应速度,缩短控制时间,使得干扰在影响主被控变量之前就得到克服,副回路的这种超前控制作用,必然使控制质量有很大的提高。

(2) 使系统的主要干扰作用在副对象上

这样副回路能更快更好地克服扰动,副回路的作用才能得以发挥。如在反应釜温度 – 夹套水温控制系统中,夹套水温作为副被控变量,能较好地克服冷却水温度和流量等主要扰动的影响。但如果反应釜出口物料流量变化较大,即物料流量是主要干扰,则应采用出口物料流量作为副被控变量,可以更及时地克服扰动,如图 5 – 11 所示。这时副对象仅仅是一段管道,时间常数很小,控制作用很及时。

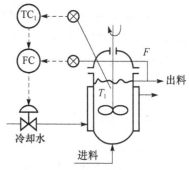

图 5 – 11 反应釜温度 – 流量串级控制系统

(3) 使副对象包含适当多的扰动

这实际上是副被控变量选择的问题。副被控变量越靠近主被控变量,它包含的扰动量越多,但同时通道变长,滞后增加;副被控变量越靠近操纵变量,它包含的扰动越少,通道越短。因此,要选择一个适当位置,使副对象在包含主要扰动的同时,能包含适当多的扰动,从而使副环的控制作用得以更好地发挥。

(4) 使主、副对象的时间常数适当匹配

① 当主对象时间常数 T_{o1} 与副对象时间常数 T_{o2} 之比 $T_{o1}/T_{o2} > 10$ 时,则 T_{o2} 很小,说明副回路包括的干扰很少,副回路克服干扰的作用未发挥。

② 如果 <3 时,说明 T_{o2} 过大,副回路的控制作用不及时。

③ 当 $T_{o1}/T_{o2} \approx 1$ 时,主、副回路易出现"共振效应"。这时主、副回路的动态联系十分紧密,当一个参数发生振荡时,另一个参数也发生振荡,使系统稳定性变差。

通常取 $T_{o1} = (3 \sim 10) T_{o2}$。究竟 T_{o2} 取多大为好,应按具体情况确定。若欲快速克服主干扰,则小一点为好;若欲克服对象的大滞后,T_{o2} 可取大点;若欲克服对象的非线性,则 T_{o1}/T_o 宜取大一些。

④ 设计的副回路需考虑到工艺上的经济性、可能性和合理性。

只有满足工艺上的要求,设计出来的串级控制系统才具有实用性。

5.2.2　主、副控制器控制规律的选择

在串级控制系统中,主、副控制器所起的作用是不同的。主控制器起定值控制作用;副控制器起随动控制作用,这是选择控制规律的基本出发点。

主被控变量是工艺操作的主要指标,要求比较严格,一般不允许有余差,因此,主控制器应选 PI 或 PID 控制规律。由于副回路是一个随动系统,它的设定值随主控制器输出的变化而变化,为能使副被控变量快速跟踪设定值的变化,副控制器最好不带积分作用,因为积分作用会使跟踪变得缓慢,延长控制过程,减弱副回路的快速作用。副控制器的微分作用一般也不需要,因当控制器有微分作用时,一旦主控制器的输出稍有变化,控制阀就将大幅度的变化,对控制不利。只有当副对象容量滞后很大时,才可适当加些微分作用。所以副控制器一般采用比例控制即可。

5.2.3　主、副控制器正、反作用方式的选择

为了满足生产工艺指标的要求,确保串级控制系统的正常运行,主、副控制器正、反作用方式必须正确选择。主、副控制器的选择顺序是"先副后主"。副控制器的正、反作用根据副回路的具体情况而定,与主回路无关。要使一个过程控制系统能正常工作,系统必须为负反馈。对于串级控制系统来说,主、副控制器中正、反作用方式的选择原则是使整个控制系统构成负反馈。

副回路的开环放大系数的极性必须为"负",即副环内所有各环节放大系数符号的乘积应为"负"。

主回路中包括副回路,由于副回路是一随动系统,当主控制器输出增加时,副被控变量也增加,所以副回路必为正作用,整个副回路可以视为一个放大系数为"正"的环节看待。这样,只要根据主对象与主变送器放大系数的符号及整个主环开环放大系数为"负"的要求,就可以确定主控制器的正、反作用。主、副变送器放大系数一般情况下都是"正"极性的,而副回路可以视为放大系数一直为"正"的环节。因此,主控制器的正、反作用实际上就只取决于主对象的放大系数符号。当主对象放大系数符号为"正"极性时,主控制器应选"负"作用,使得主环的开环放大系数极性为"负";反之,如果当主对象放大系数符号为"负"极性时,主控制器应选"正"作用。

具体的选择步骤是:首先根据工艺生产安全等原则选择控制阀的气开、气关形式;然后根据生产工艺条件和控制阀形式确定副对象正、负极性;再确定副控制器的正、反作用方式;再确定主对象正、负极性;最后决定主调节器的正、反

作用方式。

串级控制系统主、副控制器正、反作用方式确定是否正确，可用叙述控制过程的方法做如下检验。

以加热炉出口温度－炉膛温度串级控制系统为例，说明检验过程。该串级控制系统的示意图如图 5－12 所示。

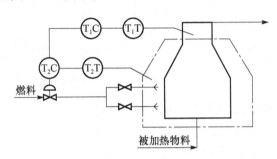

图 5－12　加热炉出口温度－炉膛温度串级控制系统

假设已知：燃料油阀为气开阀，副对象炉膛为"正"对象，副控制器为反作用；主对象也为"正"对象，主控制器为反作用。

① 副环。当干扰使炉膛温度升高时，副控制器设定值不变，副回路偏差＝测量值－设定值，即偏差变大，反作用的副控制器输出减小，使气开阀的开度关小，减少进入加热炉燃料的流量，从而使炉膛温度降低。控制过程合理。所以副控制器正、反作用选择正确。

② 主环。当扰动使炉出口温度升高时，主控制器的设定值不变，同样道理，主回路的偏差变大，反作用的主控制器的输出减小，又使得副控制器设定值减小，副回路的偏差变大，反作用的副控制器输出减小，关小气开阀阀门的开度，这样，进入加热炉的燃料量减小，从而降低炉出口温度。可见主控制器正、反作用方式是正确的。

5.3　串级控制系统的实施

现在就以如图 5－13 所示的精馏塔塔釜温度－流量串级控制系统为例，说明串级控制系统的实施过程。

精馏操作是炼油、化工生产过程中的一个十分重要的环节。精馏塔是一个多输入多输出的对象，它由多级塔板组成，内在机理复杂，对控制要求大多又较高。这些都给自动控制带来一定的困难。精馏塔的控制最终目标是：在保证产品质量的前提下，使回收率最高，能耗最小，或使总收益最大。在这种情况下，为了更好实现精馏的目标就有了提馏段温度控制系统的产生。

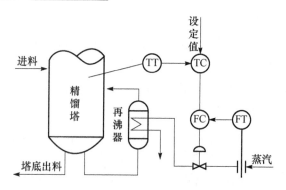

图 5-13 精馏塔温度-流量串级控制系统

在再沸器中，用蒸汽加热回流液，然后在塔釜中与下降物料进行传热传质。为了保证生产过程顺利进行，需要保持提馏段温度恒定，一般工艺上要求温度偏差 ≤ ±1.5 ℃。为此在蒸汽管路上装上一个控制阀，控制加热蒸汽流量，从而保持温度的恒定。从控制阀的动作到温度发生变化，需要相继通过很多热容积，容量滞后较大。实践证明，加热蒸汽压力的波动对提馏段温度的影响很大。此外，还有来自液相加料方面的各种干扰，包括它的流量、温度和组分等，它们通过提馏段的传质过程，以及再沸器中传热条件（塔釜温度、再沸器液面等），最后也影响到提馏段温度。很明显，当加热蒸汽压力波动较大时，采用单回路温度控制系统的调节品质一般不能满足生产要求。所以考虑采用串级控制系统。副调节器 FC 根据加热蒸汽流量信号控制控制阀，这样就可以在加热蒸汽压力波动的情况下，仍能保持蒸汽流量稳定。副调节器 FC 的给定值是主调节器 TC 的输出信号，后者根据提馏段温度改变蒸汽流量给定值 SP，从而保证在发生进料方面扰动的情况下，仍能保持温度满足要求。用这个方法可以非常有效地克服蒸汽压力波动对温度的影响，因为流量随动控制系统的动作很快，蒸汽压力变化所引起的流量波动在 2~3 s 就消除了，而这样短暂时间的蒸汽流量波动对于提馏段温度的影响是很微小的。

选择实施方案时，需特别注意以下几点。
① 所选用的仪表信号必须匹配。
② 实施方案应力求经济实用，少花钱多办事。
③ 实施方案应便于操作。

5.3.1　系统控制回路设计

该系统中，主变量是生产要控制的工艺指标提馏段温度，副被控变量是蒸汽流量。

首先确定控制阀气开气关形式，为了在气源中断时，停止供给蒸汽量，确保设备安全和保证塔底产品质量，控制阀应选用气开阀，符号为"正"；副对象是蒸汽管道，阀门开大时，压力上升，所以符号为"正"；副变送器符号为"正"；为了使副回路构成一个负反馈系统，副控制器应选"反"作用方向，副回路是一个随动系统，它的给定值随主控制器输出的变化而变化，为了能快速跟踪，不选用积分控制规律，又因为副被控变量是蒸汽流量，波动较频繁，为稳定控制，不选用微分控制规律，所以副控制器采用比例控制规律；主控制器的正反作用只取决于蒸汽流量（即副变量），输出信号为提馏段温度（即主变量），当蒸汽流量增大时，提供的热量增加，提馏段温度会上升，因此，主对象符号为"正"；主控制器取决于主对象的符号，应取主对象符号的反号，因此主控制器应选反作用，主被控变量是生产工艺的主要操作指标，直接关系到产品的质量或生产的安全，工艺上要求比较严格，主变量不允许有余差，保持主变量的稳定是首要任务，主控制器必须有积分作用，又因为主被控变量是温度，容量滞后较大，需选用微分控制规律起到超前调节的作用，综合考虑，主控制器采用 PID 控制规律。

5.3.2 仪表选型

1. 温度检测及变送器的选择

温度检测元件主要是热电偶或热电阻，工业用热电阻和热电偶的输出信号是标准化的电阻或毫伏信号，由温度变送器将电阻或毫伏信号转换成相应统一的标准信号，并传送到指示记录仪、控制器等，供显示、记录、运算、控制、报警之用。现在的智能温度变送器还具有现场总线功能，可直接发出指令控制控制阀的动作。

由于 PVC 提馏段温度正常操作温度为 30 ℃，并结合工艺生产条件，选用铠装薄膜铂热电阻作为温度检测元件，型号为 WZPK—473U，可直接精确测量生产过程中 -200 ℃ ~500 ℃ 的液体、蒸汽和气体介质以及固体表面温度。特点是热响应时间短，减小动态误差；直径小、长度不受限制；测量精确度高；进口薄膜电阻元件，性能可靠稳定。

配合 DBW—12□□热电阻温度变送器，是 DDZ—Ⅲ型电动单元组合仪表中的变送单元，它将随温度变化的热电阻的电阻变化值转换成与温度成比例的 1 ~ 5 V DC 和 4 ~ 20 mA DC 输出信号。测温范围为： -200 ℃ ~500 ℃。

2. 流量检测仪表的选择

选用经济实用的标准孔板，配合差压变送器使用，可以测量蒸汽的流量。
差压变送器选用 1151 型差压变送器，精度等级为 0.1%，差压测量范围为

1.5~6 895 kPa。

3. 主、副控制器的选择

根据工艺上对被控变量的控制精度要求和经济合理性，选用 YS—80 可编程调节器作为主、副控制器。YS—80 是数字式控制器，既可以作为高可靠性、高控制精度的常规控制器使用，又可以通过专用的接口挂接在集散控制系统的数据总线上，用作集散控制系统的基础控制装置，其主要技术指标如下。

模拟量输入信号：1~5V DC 共 5 路；

模拟量输出信号：1~5V DC 共 2 路模拟输出信号；

比例度 δ：6.399 99%；

积分时间 T_i：19 999 s；

微分时间 T_d：0~9 999 s；

控制功能：基本控制功能（标准 PID 控制）、串级控制功能、选择控制功能。

当使用串级控制功能时，有两个控制要素 CNT1 和 CNT2，两个控制要素的运算串接起来，相当于两台模拟控制器，以 CNT1 为主控制器，CNT2 为副控制器，CNT1 的输出 MV1 作为 CNT2 的设定值，执行串级控制。CNT2 也可以直接接受另一个设定新号 SV2，实现副回路单独控制。

在接线方式上，将主被控变量提馏段温度的测量信号 PV1 连接到 YS—80 的 CNT1 的输入端，将 CNT1 的输出信号 MV1 连接到 CNT2 的设定端，作为副回路的设定值 SV2，再将副被控变量蒸汽流量的测量值 PV2 连接到 CNT2 的输入端（注：由于 YS-80 模拟量输入通道有开平方功能，不用再单独配备开方器对差压与流量的关系进行线性化），将 CNT2 的输出 MV2 送到仪表的模拟输出通道，经过 D/A 转换变为标准的 4~20 mA DC 去控制控制器。

4. 控制阀的选择

控制阀包括控制机构和执行机构两部分。控制机构选用应用最广的气动薄膜式控制机构，执行机构选用直通单座调节阀。因为控制器的控制信号是标准的 4~20 mA DC 电流信号，所以要配合电气阀门定位器来使用。

5. 安全栅的选用

因为化工生产的特点就是易燃易爆，所以除了现场仪表要选用安全火花防爆仪表以外，还要选用安全栅，构成安全火花防爆系统。

目前应用最广的安全栅是隔离式安全栅，这种安全栅分为检测端安全栅和操作端安全栅，分别与现场的变送器和控制器连接，除了起到安全防爆的作用外，还可以给现场的仪表供电，不用再单独配备配电器给现场仪表供电。

与温度变送器连接的检测端安全栅选用 MTEXA—C2 型,将来自危险区的单/双通道热电阻信号,经隔离变送后输出单/双路标准电流或电压信号到安全区;

与流量变送器连接的检测端安全栅选用 MTEXA—C3 型,将来自危险区的单/双通道电流信号,经隔离变送后输出单/双路标准电流或电压信号到安全区;

与控制器连接的操作端安全栅选用 MTEXB—C3,将来自安全区的单/双通道电流信号,经安全栅隔离输出单/双路标准电流或电压信号到危险区,可控制危险区的如控制器(电/气阀门定位器)等仪表。

6. 显示记录仪的选择

选用 GY—X20 型温压补偿流量积算无纸记录仪。三通道万能输入,可显示温度、压力、流量,既可以对流量进行记录积算,又可以对流量进行温压补偿,提高流量测量的精度。

精馏塔提馏段温度-流量串级控制系统方案如图 5-14 所示。

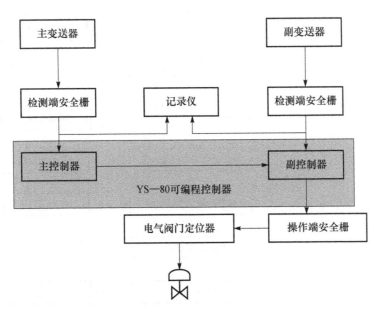

图 5-14 提馏段温度—流量串级控制系统设计方案

5.3.3 仪表的施工安装

根据串级控制系统的设计方案和选择好的仪表型号,设计仪表施工图纸,然后开始仪表的施工安装。具体步骤如图 5-15 所示。

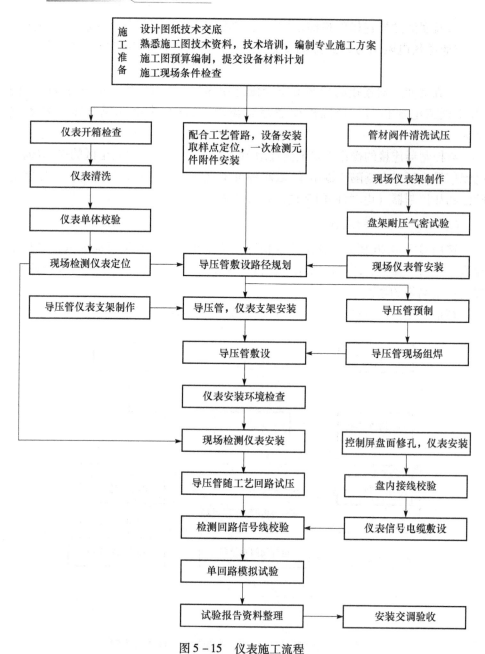

图 5-15 仪表施工流程

5.3.4 串级控制系统的投运

仪表安装完毕，经过仪表单体校验和回路联校后，选用不同类型的仪表组成的串级系统，投运方法也有所不同，但是遵循的原则基本上都是相同的。其一是投运顺序，一般都采用"先投副环，后投主环"的投运顺序；其二是投运过程必须保证无扰动切换，这一点可以由控制器自动完成。

具体投运步骤如下。

① 根据设计方案，在控制器侧面板上将主、副控制器的正、反作用方式拨至正确位置。

② 在控制器面板上将主控制器置于"内给定"方式，副控制器置于"外给定方式"。

③ 主、副控制器都打手动，先由主控制器手动调整输出，直至接近或等于副被控变量的测量值，此时副控制器切换到自动状态。

④ 主控制器手动调整设定值，直至接近或等于主被控变量的测量值，此时主控制器切换到自动状态。

5.3.5 串级控制系统的控制器参数整定

串级控制系统的方案正确设计后，为使系统运行在最佳状态，根据自动控制理论，系统必须进行校正，这在过程控制中称为参数整定。其实质是通过改变控制器的 PID 参数，来改善系统的静态和动态特性，以获得最佳的控制质量。

在整定串级控制系统控制器参数时，首先必须明确主、副回路的作用，以及主、副变量的控制要求，然后通过控制器参数整定，才能使系统运行在最佳状态。从整体上来看，串级控制系统主回路是一个定值控制系统，要求主变量有较高的控制精度，其品质指标与单回路定值控制系统一样。但副回路是一个随动系统，只要求副变量能快速准确地跟随主控制器的输出变化即可。

常用的整定方法有逐步逼近法、两步整定法和一步整定法。

1. 逐步逼近法

逐步逼近法的整定步骤如下。

① 断开主回路，视副回路为单回路控制系统，求取副控制器的整定参数，记 $[\delta, T_i, T_d]_2^1$。

② 把副控制器的参数设置为 $[\delta, T_i, T_d]_2^1$，闭合主回路，把副回路视为一个等效环节，按单回路控制系统的方法求取主控制器整定值，记为 $[\delta, T_i, T_d]_1^1$。

③ 把主控制器设置为整定值 $[\delta, T_i, T_d]_1^1$，再求取副控制器的整定值 $[\delta, T_i, T_d]_2^2$，完成一次逼近循环，若控制质量达标，结束整定。

④ 若控制质量不达标，保持副控制器的整定值 $[\delta, T_i, T_d]_2^2$，按上述方法求取主控制器的整定值 $[\delta, T_i, T_d]_1^2$，如此循环，逐步逼近，直至达标。

2. 两步整定法

所谓两步整定法，就是第一步整定副控制器参数，第二步整定主控制器参数。

这种方法整定的依据是：设计合理的串级控制系统，一般 $T_{o1}/T_{o2} = 3 \sim 10$，主、副回路的工作频率和工作周期差别较大，主回路工作周期远大于副回路，主、副回路的动态联系很小，可以忽略。这样，副回路整定好后，可以看作是主回路的一个环节，不再考虑它对主回路的影响，只整定主回路即可；主环控制要求高，副环要求低，副环的设置目的是为提高主环的控制质量，只要主被控变量满足要求，副被控变量的控制质量差一些是允许的。

具体整定步骤如下。

① 在工况稳定、主回路闭合，主、副控制器都在纯比例作用的条件下，主控制器的比例度置于100%，用单回路控制系统的衰减（如4:1）曲线法整定，求取副控制器的比例度 δ_{2s} 和操作周期 T_{2s}。

② 将副控制器的比例度置于所求的数值 δ_{2s} 上，副控制器的积分时间把副回路作为主回路中的一个环节，用同样方法整定主回路，求取主控制器的比例度 δ_{1s} 和操作周期 T_{1s}。

③ 根据求得的 δ_{1s}、T_{1s}、δ_{2s}、T_{2s} 数值，按单回路系统衰减曲线法整定公式计算主副控制器的比例度 δ、积分时间 T_i 和微分时间 T_d 的数值。

④ 按先副后主、先比例后积分最后微分的程序，设置主、副控制器的参数，再观察过渡过程曲线，必要时进行适当调整，直到系统质量到达最佳为止。

3. 一步整定法

两步整定法虽然应用很广，但是，采用两步整定法寻求两个4:1的衰减过程时，往往很花时间。经过大量实践，对两步整定法进行了简化，提出了一步整定法。实践证明，这种方法是可行的，尤其是对主变量要求高，而对副变量要求不严的串级控制系统，更为有效。

所谓一步整定法，就是根据经验先确定副控制器的参数，然后按单回路反馈控制系统的整定方法整定主控制器的参数。

一步整定法的理论根据是：串级控制系统可以等效为单回路反馈控制系统，其等效控制器总的放大系数 K_c 为主控制器的放大系数 K_{c1} 与副控制器放大系数 K_{c2} 的乘积，即 $K_c = K_{c1}K_{c2} = K_s$，当满足4:1衰减过程时，主、副控制器的放大系数 K_{c1} 和 K_{c2} 是可以变化的，只要保证 K_s 为常数即可。

整定步骤如下。

① 在生产稳定，系统为纯比例作用的情况下，由副对象的 K_{o2} 确定副控制器的比例度 δ_2，并将其设置在副控制器上。

② 按照单回路控制系统的整定方法，整定主控制器参数。

③ 观察控制过程，根据 K_{c1} 与 K_{c2} 互相匹配的原理，适当调整控制器参数，使主变量品质指标最佳。

④ 在控制器参数的整定过程中，若出现"共振"，只要加大主、副控制器中任何一个控制器的比例度，便可以消除"共振"。若"共振"剧烈，可以先切换至手动遥控，待生产稳定后，将控制器参数置于比产生"共振"时略大的数值上，重新整定控制器参数。

本 章 小 结

1. 主要内容

详细介绍了串级控制系统的构成原理、应用特点、设计实施、投运操作及参数整定的方法。

2. 基本要求

要求掌握工程应用中经常用到的基本分析方法和必备的操作技能；掌握串级控制系统的构成原理、适用场合；主、副控制器的控制规律及正、反作用的确定方法。掌握串级控制系统的投运和参数整定技能。

习题与思考题

1. 什么是串级控制系统？试画出其典型方框图。
2. 与单回路控制相比，串级控制系统具有哪些特点？
3. 串级控制系统的主回路与副回路各是什么控制系统？为什么？
4. 串级控制系统中的主被控变量和副被控变量的选择原则是什么？
5. 如何选择串级控制系统中主、副控制器的控制规律？
6. 串级控制系统主、副控制器正、反作用的选择顺序是什么？主控制器的正、反作用方式与副控制器的作用方式有关吗？为什么？
7. 在串级控制系统的设计中，副回路的设计应考虑哪几个原则？
8. 如图 5-16 所示的氨冷器，用液氨冷却铜液，要求出口铜液温度恒定。为保证氨冷器内有一定的汽化空间，避免液氨带入冰机造成事故，采用温度-液位串级控制。试解决下列问题。

① 此串级控制系统的主副被控变量各是什么？

② 试设计一个温度—液位串级控制系统，完成该控制方案的结构图（即将图示的氨冷器控制系统示意图补充完整）；

③ 试画出温度-液位串级控制系统控制框图；
④ 确定气动调节阀的气开气关形式，并说明原因；
⑤ 确定主副控制器的正反作用。

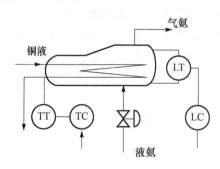

图 5-16 氨冷器

9. 图 5-17 所示为一个蒸汽加热器，生产上对物料的出口温度需要严格控制其波动，由于系统中加热蒸汽的压力波动较大，图示的温度控制系统中无法满足工艺要求。试设计一个合适的控制系统满足生产对物料出口温度恒定的要求，画出该控制系统的控制原理图及方块图。

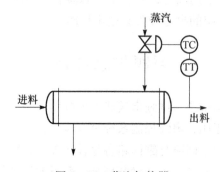

图 5-17 蒸汽加热器

第 6 章

其他复杂控制系统

6.1 前馈控制系统

包括单回路、串级控制系统在内的控制系统都是闭环反馈控制系统，反馈控制是根据被控变量出现的偏差大小来进行控制的。反馈控制的特点在于当被控对象受到扰动后，需等到被控变量出现偏差时，控制器才动作，以补偿扰动对被控参数的影响，是一种"事后"补偿。在扰动已发生，但被控变量还未发生变化的这段时间内，控制器不会有任何控制作用，因此，反馈控制作用总是落后于扰动作用，因此称之为"不及时控制"。

在过程控制系统中，由于被控对象通常存在一定的容量滞后和纯滞后，因而从干扰产生到被控变量偏离设定值需要一定的时间，从偏差产生到控制器产生控制作用以及操纵变量改变到被控变量克服干扰发生变化又要经过一定的时间。可见，这种反馈控制方案的本身决定了无法将干扰对被控变量的影响克服在被控量偏离设定值之前，从而限制了这类控制系统控制质量的进一步提高。

被控变量是因为有扰动才产生偏差，若能在扰动出现时就对其进行抑制，而不是等到产生偏差后再进行控制，也就是说，当干扰一出现控制器就直接根据检测到的干扰的大小和方向按一定规律去进行控制。由于干扰发生后被控变量还未显示出变化之前，控制器就产生了控制作用，理论上可以把偏差彻底消除。这样的控制方案势必能更有效地消除干扰对被控变量的影响。"前馈控制"正是基于这种思路而提出的。

前馈控制的基本原理就是根据进入系统扰动量（包括外界扰动和设定值变化）的大小和方向产生合适的控制作用去改变操纵变量，使被控变量维持在设定值上。前馈控制系统又称"扰动补偿"系统。

前馈控制是相对反馈控制而言的，它们是两类并列的控制方式，控制结构完全不同。为分析前馈控制的基本原理，下面以图 6-1（a）、(b) 所示的蒸汽换热器出口温度的控制来说明反馈控制和前馈控制两种不同的方案。

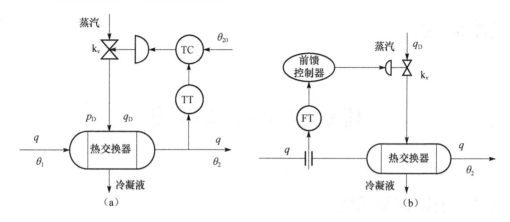

图 6-1 蒸汽换热器控制
(a) 换热器温度反馈控制系统；(b) 换热器温度前馈控制系统

图 6-1 是一个蒸汽换热器，物料被蒸汽加热后离开换热器，工艺上要求维持出口物料温度的恒定。

图 6-1 中，θ_1——物料入口温度；θ_2——物料出口温度；θ_{20}——物料出口温度设定值；q——物料流量；q_D——蒸汽流量；p_D——蒸汽压力；

6.1.1 前馈控制的基本原理和特点

1. 反馈控制系统的特点

图 6-1 (a) 所示的换热器温度反馈控制系统的控制过程为：当扰动（如被加热物料的流量 q、入口温度 θ_1 或蒸汽压力 p_D 等的变化）发生后，将引起热流体出口温度 θ_2 发生变化，使其偏离给定值 θ_{20}，随之温度控制器按照被控变量偏差值 ($e = \theta_{20} - \theta_2$) 的大小和方向产生控制作用，通过控制阀的动作改变加热用蒸汽的流量 q_D，从而补偿扰动对被控量 θ_2 的影响。

反馈控制的特点可归纳如下。

① 反馈控制的本质是"基于偏差来消除扰动"。没有偏差，则没有控制作用。

② 无论干扰发生在哪里，总要等被控变量产生偏差后，控制器才动作，故控制器的动作总是落后于扰动作用的发生，是一种"不及时"的控制。

③ 反馈控制系统是闭环控制，存在系统稳定性的问题。即使组成闭环系统的每一个环节都是稳定的，反馈控制系统也可能不稳定。

④ 引起被控变量产生偏差的一切干扰，均被包含在闭环内，故反馈控制可消除多种干扰对被控变量的影响。

⑤ 反馈控制系统中，控制器的控制规律通常是 P、PI、PD、PID 等典型规

律，控制精度较高，所以对被控对象的建模可以要求不是很精确。

2. 前馈控制系统的原理与特点

当图6-1（a）中换热器的入口物料流量是影响物料出口温度（被控变量）的主要干扰时，我们考虑，如果能将此主要干扰测量出来，并通过相应的补偿机制，使该扰动在影响被控变量前就被很好地克服，保证了被控变量的稳定。于是设计图6-1（b）所示的前馈控制系统，图6-2是前馈系统的方块图。

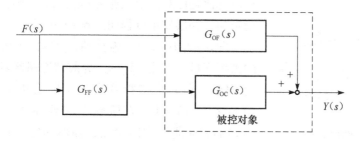

图6-2 前馈控制系统方块图

图6-2中，$F(s)$——干扰作用；$Y(s)$——被控变量；$G_{FF}(s)$——前馈控制器的传递函数；$G_{OF}(s)$——干扰通道的传递函数；$G_{OC}(s)$——控制通道的传递函数。

该前馈控制系统的原理是：在系统中通过建立另外一个通道——前馈控制通道，使同一个扰动经过两个通道对被控变量产生影响。只要合理选择前馈补偿器的传递函数，使两个通道的作用完全相反，就可以"补偿"干扰通过干扰通道对被控变量的影响。

控制过程可描述如下：假设被加热物料流量 q 是影响被控变量 θ_2 的主要干扰，此时变化频繁，波动幅度大，对 θ_2 影响最为显著。采用前馈控制方式，通过流量变送器测量扰动量 q，并将此信号送到前馈控制器中，前馈控制器根据输入信号的性质，按照一定的运算规律操作控制阀，从而改变加热用蒸汽流量 q_D，以补偿物料流量 q 对被控变量的影响。

由图6-2可知

$$Y(s) = G_{OF}(s)F(s) + G_{FF}(s)G_{OC}(s)F(s)$$

即

$$\frac{Y(s)}{F(s)} = G_{OF}(s) + G_{FF}(s)G_{OC}(s) \quad (6-1)$$

如果要使系统不受干扰影响，达到完全补偿的理想状态，则要求 $\frac{Y(s)}{F(s)} = 0$，由式（6-1）可知，只要使前馈控制器的传递函数等于式（6-2）即可。

$$G_{\text{FF}}(s) = -\frac{G_{\text{OF}}(s)}{G_{\text{OC}}(s)} \qquad (6-2)$$

式(6-2)表明，前馈控制器的控制规律等于对象干扰通道的传递函数与控制通道的传递函数之比，其中的负号表示控制作用的方向与干扰通道对被控变量的影响相反。此式还说明前馈控制器是一种"专用特殊"控制器，控制器的控制规律是由对象干扰通道和控制通道的传递函数来确定的。补偿校正过程如图6-3所示。

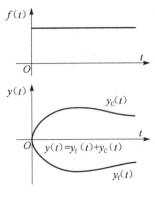

图6-3 前馈控制系统的全补偿过程

图6-3中，$f(t)$ 为扰动，$y_f(t)$ 为由扰动引起的被控变量的变化。$y_C(t)$ 为前馈控制器对被控变量的影响。$y(t)$ 为被控变量的实际变化量。$y(t) = y_f(t) + y_C(t) = 0$。在阶跃干扰作用下，$y_C(t)$ 和 $y_f(t)$ 的相应曲线方向相反，幅值相同，它们的叠加结果使 $y(t)$ 连续地维持在恒定的设定值上。

通过上面的分析，并与反馈控制系统相比较，可将前馈控制系统的特点归纳如下。

① 前馈控制器是直接根据干扰进行控制的，因此可及时消除干扰对被控变量的影响，对抑制被控变量由干扰引起的动、静态偏差比反馈控制要及时有效。

② 前馈控制属于开环控制，所以只要系统中各环节是稳定的，则控制系统必然稳定。但由于系统中没有被控变量的反馈信号，因而控制过程结束后不易得到静态偏差值，无法验证控制的结果是否达到预期的控制要求。

③ 前馈控制只能用于克服生产中主要的、可测不可控的扰动，无法克服不可测扰动。实际生产中干扰被控变量的因素是很多的，如果对每种扰动都设计一个独立的前馈控制，那么就会使控制系统变得非常复杂，增加了投资和工人的维护工作量。

④ 由于被控对象常含有非线性环节，在不同的运行工况下其动态特性参数会相应发生变化，当特性变化很明显时，原有前馈控制器的模型此时就不适应了，无法实现动态上对被控变量的完全补偿。

⑤ 前馈控制器的控制规律，取决于被控对象的特性，是一个专用控制器，对被控对象建模精度的要求比反馈控制的要高；而且往往控制规律比较复杂，有时工程上难以实现，需要借助计算机。

6.1.2 前馈控制系统的分类

目前实际使用的过程控制系统中，前馈控制有多种结构形式，下面介绍几种典型方案。

1. 静态前馈控制

静态前馈控制是最简单的前馈控制结构。所谓静态前馈，就是只保证干扰引起的偏差在稳态下有较好的补偿作用，不保证其动态偏差也得到补偿的一种前馈控制，即前馈控制器的输出 M_{ff} 仅仅是输入量的函数，而与时间因子 t 无关。

$$G_{FF}(0) = -\frac{G_{OF}(0)}{G_{OC}(0)} = -K_{ff} \qquad (6-3)$$

式中　$G_{OF}(0)$ ——干扰通道的传递函数 $G_{OF}(s)$ 在 $s \to 0$（即 t. EPS，JZ；P] 稳态）时的值，称为干扰通道的静态传递函数；

　　　$G_{OC}(0)$ ——控制通道的静态传递函数。

可见，这种情况下的前馈控制器是一个放大系数为 K_{ff} 的比例控制器，实施方便，成本不高，因而当生产过程对控制质量要求不高或扰动变化不大的情况下可以采用静态前馈控制结构形式。

2. 动态前馈控制

静态前馈控制系统虽然结构简单、实施方便，可以实现系统的静态完全补偿，在一定程度上改善了被控过程的控制质量，但在一般情况下，控制通道和干扰通道的动态特性是不可能完全相同的，对于扰动变化频繁、负荷波动较大和动态精度要求比较高的生产过程，静态前馈控制往往无法满足生产工艺的要求。

动态前馈控制系统可以实现控制系统动态过程的补偿控制。其系统框图如图 6-2 所示，其中前馈控制器的传递函数由式（6-2）决定。对比式（6-2）与式（6-3）可见，静态前馈控制是动态前馈控制的一种特殊情况。

由于动态前馈控制可以实现对被控对象的适时补偿控制，理论上讲可以完全补偿扰动对被控变量的影响，故能极大提高控制过程的动态品质，是改善控制系统品质的有效手段。但是动态前馈控制器的结构往往比较复杂，需要专门的控制装置，甚至需要使用计算机才能实现；而且系统的运行、参数整定等方面实施起来比较复杂，因此，一般情况下不采用动态前馈控制，只有当生产工艺对控制品质要求极高、其他控制方案难以满足时，使用动态前馈控制方案。

3. 前馈-反馈复合控制系统

结合反馈控制和前馈控制各自的优点，在工程实践中常把前馈、反馈二者结合起来设计成前馈-反馈复合控制系统。这样既发挥了前馈控制能及时克服主要干扰对被控变量影响的优点，又保持了反馈控制能克服多种扰动影响的特点，同时还可以降低系统对前馈控制器模型精度高的要求，使其在工程上更易实现。

具体实施时，在复合控制系统中选择其中最主要的，且反馈控制不能或难以克服的扰动,对其进行前馈控制。

结合图 6-1 (a)、(b) 所示的换热器出口温度反馈和前馈控制系统,构成如图 6-4 所示的出口温度前馈-反馈复合控制系统。

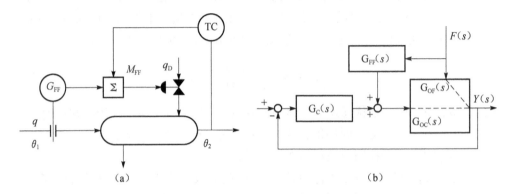

图 6-4 出口温度前馈-反馈复合控制系统
(a) 出口温度前馈-反馈复合控制系统结构图;(b) 出口温度前馈-反馈复合控制系统方框图

图 6-4 (b) 中 G_C 为常规控制器的传递函数。由图可知,若主要干扰换热器物料流量不变,则 $F=0$,此时系统实际为一温度反馈控制系统;若 $F \neq 0$,而其他扰动为零时,系统的状态可用如下数学式表示:

$$Y = F \cdot G_{OF} + F \cdot G_{FF} \cdot G_{OC} - Y \cdot G_C \cdot G_{OC} \tag{6-4}$$

式中 $F \cdot G_{OF}$——干扰对出口温度的影响;

$F \cdot G_{FF} \cdot G_{OC}$——干扰通过前馈控制器对出口温度产生的影响;

$Y \cdot G_C \cdot G_{ox}$——出口温度的变化经反馈控制后的反馈作用。

对式 (6-4) 简化得

$$\frac{Y}{F} = \frac{G_{OF} + G_{FF} \cdot G_{OC}}{1 + G_C \cdot G_{OC}} \tag{6-5}$$

理想的前馈控制效果可以使扰动 F 对物料出口温度不再产生影响,也就是 $Y=0$,于是有

$$G_{OF} + G_{FF} \cdot G_{OC} = 0 \tag{6-6}$$

即

$$G_{FF}(s) = -\frac{G_{OF}}{G_{OC}} \tag{6-7}$$

值得注意的是,将前馈控制与反馈控制结合时,前馈控制和反馈控制作用相加点的位置不能随意改变,否则前馈控制规律需做修改。

前馈控制一般适用于以下场合:

① 对象的纯滞后时间较大,时间常数特别大或特别小,采用反馈控制难以

奏效时采用。

② 干扰的幅度大，频率高，虽可以测出，但受工艺条件的限制，采用定值控制系统难以稳定时。例如工艺生产中的负荷或控制系统不能直接对其加以控制的其他变量，此时便可以采用前馈控制来改善系统的控制品质。

③ 某些分子量、黏度、组分等工艺变量，有时找不到合适的检测仪表来构成闭合反馈控制系统，此时只能采取对主要干扰加以前馈控制的方法，减少或消除干扰对系统的影响。

应用前馈控制的前提条件：
① 主要干扰可测。
② 控制阀与被测干扰之间没有因果关系。
③ 干扰通道的响应速度比控制通道慢，至少应接近。
④ 干扰通道与控制通道的动态特性变化不大。

6.2 比值控制系统

比值控制系统是用于实现两个或两个以上参数按一定比例关系进行关联控制的系统。比值控制是过程控制中广泛采用的一种控制方式，在石油、化工、制药等需要按原料配比进行控制的工业生产中得到大量的应用。如果配比发生了不期望的变动，往往会导致产品质量下降、能量和物料的浪费、环境污染等问题，甚至会导致设备或人身安全事故的发生。

例如以重油为原料生产合成氨时，氧气和重油应该保持一定的比例，若氧油比过高，温度急剧上升，烧坏炉子，严重时还会起爆炸危险；若氧油比过低，燃烧不完全，使炭黑增多，则易发生堵塞。再如，在合成甲醇中，采用轻油转化工艺流程，以轻油为原料，加入转化水蒸气，若水蒸气和原料轻油比值适当，获得原料气；若水蒸气量不足，两者比值失调，则转化反应不顺利进行，进入脱碳反应，游离碳黑附着在催化剂表面，从而破坏催化剂活性，造成重大生产事故。

比值控制系统大多数是进行物料的配比控制，在实际的生产过程中，需要保持比例关系的物料几乎全是流量。在需要保持比值关系的两种物料流量中，必有一种处于主导地位，这种物料称为主物料。表征主物料的参数称为主动量或主流量，通常用"F_1"表示，如上面例子中重油为原料生产合成氨中的重油，轻油转化生产甲醇中的轻油。另一种物料按主物料进行配比，在控制过程中跟随主物料变化而变化，称为从物料，表征从物料的参数称为从动量或副流量，通常用符号"F_2"表示。如与重油配比的氧气，与轻油配比的水蒸气等。

通常将主流量 F_1 与副流量 F_2 的比值称为比值系数，用 K 表示，即 $K = F_2/F_1$

副流量总是随主流量按一定比例关系变化,因此比值控制是随动控制。

在工程上,组成比值控制系统的方案比较多,下面将介绍方案,并说明它的特点与应用场合。

6.2.1 比值控制方案

在生产过程中,由于工艺允许的条件、所受到的干扰、要求的产品质量等不同,实际应用的比值控制方案有多种,按系统结构分,常见的有单闭环比值控制系统、双闭环比值控制系统、变比值控制系统等。

1. 单闭环比值控制系统

单闭环比值控制系统如图6-5(a)所示。它具有一个闭合的副流量控制回路,故称单闭环比值控制系统。单闭环比值控制系统的方框图如图6-5(b)所示。

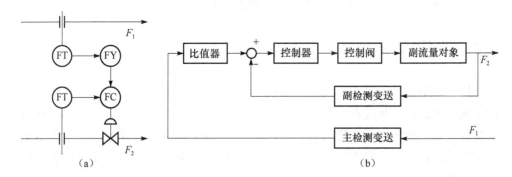

图6-5 单闭环比值控制系统
(a) 单闭环比值控制系统;(b) 单闭环比值控制系统方框图

单闭环比值控制系统的工作过程为:主流量 F_1 经测量变送后,经过比值计算器 FY 设置比值系数,作为 FC 流量控制器的设定值,F_2 按照 FY 设置的比值系数 K 跟随 F_1 变化,保证 F_2 和 F_1 为确定的比值关系。当 F_1 不变而 F_2 受到扰动时,通过 F_2 的闭合回路进行定值控制,使 F_2 调回到 F_1 的给定值上,两者的流量在原数值上保持不变。当 F_1 受到扰动时,改变了 F_2 的给定值,使 F_2 跟随 F_1 而变化,从而保证原设定的比值不变。当 F_1、F_2 同时受到扰动时,F_2 回路在克服扰动的同时,根据新的给定值,使 F_1、F_2 在新的流量数值的基础上保持其原设定值的比值关系。可见该控制方案的优点是能确保 F_2/F_1 不变。其特点是:从动量 F_2 是一个闭环随动控制,主动量 F_1 是开环的,结构比较简单。

图6-6是丁烯洗涤塔单闭环比值控制系统的实际例子,该塔的任务用水除去顶烯馏分中所夹带的微量乙腈,为了保证洗涤质量又节约用水,设计为单闭环比值控制系统。方案中主物料是负荷,含乙腈的顶烯馏分,从物料为洗涤水。根

据进料量来控制一定洗涤水量。

单闭环比值控制系统的特点可归纳如下。

① 不但能实现副流量跟随主流量的变化而变化，而且可以克服副流量本身干扰对比值的影响，主副流量的比值较为精确。

② 总物料量不固定，对于负荷变化幅度大，物料又直接去化学反应器的场合是不适合的。

③ 当主流量出现大幅度波动时，副流量给定值大幅度波动，在调节的一段时间里，比值会偏离工艺要求的流量比，不适用于要求严格动态比的场合。

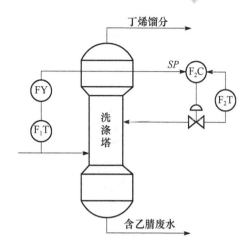

图6-6 丁烯洗涤塔的单闭环比值控制系统

④ 适用于主物料在工艺上不允许进行控制的场合。

2. 双闭环比值控制系统

为了克服单闭环比值控制系统中主流量不受控制而造成的缺点，对主流量也设置了一个闭合控制回路，称为双闭环比值控制系统。双闭环比值控制系统如图6-7所示。

双闭环比值控制系统的工作过程为：当主流量 F_1 受到干扰发生波动时，主流量回路对其进行定值控制，使主流量 F_1 始终稳定在设定值附近；而副流量回路是一个随动控制系统，主流量 F_1 发生变化时，通过比值器的输出使副流量回路控制器的设定值也发生改变，从而使副流量 F_2 随着主流量 F_1 的变化而成比例地变化。当副流量 F_2 受到干扰时，和单闭环比值控制系统一样，经过副流量回路的调节，使副流量稳定在比值器输出值上。

双闭环比值控制系统和单闭环比值控制系统相比，有如下特点。

① 双闭环比值控制系统克服了单闭环控制系统主流量不受控制、生产负荷在较大范围内波动的不足，在单闭环比值控制系统的基础上增设了主流量控制回路，克服了主流量干扰的影响，保证了主流量的相对平稳。

② 由于主流量控制回路的存在，主流量相对平稳，从而实现了较精确的动态流量比值关系，并确保了两物料总量基本不变。

③ 由于副流量回路具有随主流量变化的特点，因此只需要缓慢改变主流量控制器的设定值，就可以改变主流量，副流量也将随之改变，并保持比值不变，从而比较方便地改变负荷。

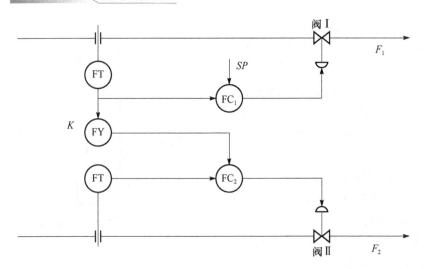

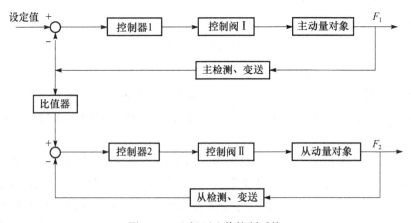

图6-7 双闭环比值控制系统

④ 由于双闭环比值控制系统中，存在两个相互联系的控制回路，参数整定过程中，两回路工作频率比较接近时，有可能引起"共振"，使系统失控，无法正常运行。此时，应设法使整定后的系统的主流量输出尽可能为非周期变化，有效防止共振的产生。

双闭环比值控制系统的适用场合：适用于工艺上主流量干扰频繁而工艺上又不允许负荷波动较大的场合，以及工艺上经常需要升降负荷的场合，还适于对动态情况下比值关系要求较高的定比值控制场合。

3. 变比值控制系统

上述单、双闭环比值控制系统属于定比值控制系统，即在生产过程中，主、从物料的比值关系保持不变。而有些生产过程却要求两种物料的比值根据第三个变量的变化而不断调整以保障产品质量,这种系统称为变比值控制系统。变比值控制方案是串级控制系统和比值控制系统的组合,也称串级比值控制系统。下面举例说明变比值控制系统的含义及工作过程。

图 6-8 所示为采用除法器组成的氧化炉温度与氨/空气变比值控制系统。主流量空气 F_1 和副流量氨气 F_2 在混合器中混合后,经过滤器过滤后进入氧化炉反应并生成一氧化氮。稳定氧化炉的操作是保证生产过程优质、高产、低耗、无事故的首要条件,而稳定氧化炉操作的关键条件是反应温度。因此,氧化炉温度可以间接表征氧化生产的质量指标,必须根据氧化炉温度的变化,适当改变氨气和空气的流量比,以维持氧化炉温度不变。根据上述工艺要求,设计出了图 6-8 所示的以氧化炉温度为主被控变量、以氨气和空气的比值为副被控变量的变比值控制系统,系统方块图如图 6-9 所示。

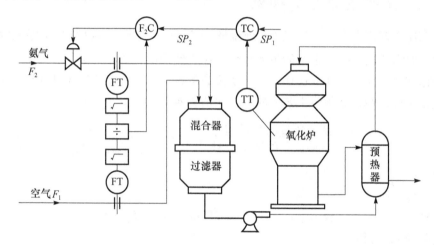

图 6-8 氧化炉温度与氨气/空气变比值控制系统

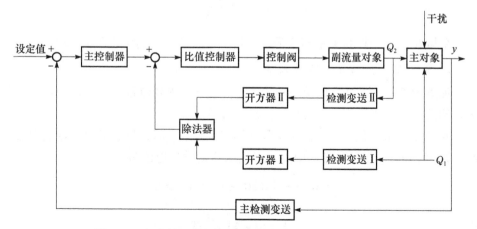

图 6-9 氧化炉温度与氨气/空气变比值控制系统方块图

变比值控制系统的工作过程为：系统在稳定状态下，主流量和副流量经检测、变送、开方后送入除法器相除，除法器的输出即为它们的比值，同时又作为比值控制器 F_2C 的测量值，主被控变量是稳定的，主控制器的输出稳定不变，并且和比值信号相等，副流量阀门稳定于某一开度；当主流量 F_1 受到干扰发生波动时，除法器输出要发生改变，比值控制器 F_2C 的测量值改变，产生偏差，F_2C 根据控制规律产生控制作用，改变阀门开度，使副流量 F_2 也发生变化，保证 F_1 与 F_2 的比值不变。当主对象受到干扰引起被控变量氧化炉温度 y 发生变化时，主控制器 TC 的测量值将发生变化，TC 的输出将发生相应改变，也就是改变了比值控制器 F_2C 的设定值，从而对主动量 F_1 和从动量 F_2 的比值加以修正，以此来稳定主被控变量 y。

6.2.2 比值系数 K 的换算

在比值控制方案中，比值 K = 副流量/主流量 = F_2/F_1 是两种物料的实际流量比值，而组成比值控制系统的单元组合式仪表使用的是统一标准信号。如电动仪表的标准信号为 4~20 mA(DC)，气动仪表的标准信号是 0.02~0.1 MPa。要实现流量比值控制，必须将工艺上的流量比值 K 换算成仪表上的信号比值 K'。

$$K' = \frac{\text{从动流量的测量信号}}{\text{主动流量的测量信号}} = \frac{I_2 - I_{20}}{I_{2\max} - I_{20}} \Big/ \frac{I_1 - I_{10}}{I_{1\max} - I_{10}} \quad (6-8)$$

式中　$I_{1\max}$，$I_{2\max}$——信号上限；

　　　I_{10}，I_{20}——信号零点。

对于 DDZ—Ⅲ型仪表，$I_{1\max} = I_{2\max} = 20$ mA，$I_{10} = I_{20} = 4$ mA，将这些值代入式（6-8），可得

$$K' = \frac{I_2 - 4}{I_1 - 4} \quad (6-9)$$

K 与 K' 之间的换算关系随流量与测量信号间是否呈线性关系而不同。

1. 流量与测量信号呈线性关系

如果用浮子流量计、椭圆齿轮式容积流量计、涡轮流量计、涡计流量计等仪表检测流量时，测量信号与实际的流量信号成线性。

对 DDZ—Ⅲ型仪表，当流量由零变至最大值 $F_{\max}$ 时，仪表对应的输出信号为 4~20 mA(DC)，流量的任一中间值 F 所对应的输出电流为

$$I = \frac{F}{F_{\max}} \times (20 - 4) + 4 \text{ (mA)}$$

则

$$F = (I - 4) \times \frac{F_{\max}}{16}$$

因为

$$K = \frac{F_2}{F_1} = \frac{(I_2 - 4) \cdot F_{2\max}/16}{(I_1 - 4) \cdot F_{1\max}/16} = \frac{I_2 - 4}{I_1 - 4} \cdot \frac{F_{2\max}}{F_{1\max}} \quad (6-10)$$

将式 (6-10) 代入式 (6-9) 得

$$K' = \frac{I_2 - 4}{I_1 - 4} = K \frac{F_{1\max}}{F_{2\max}} \quad (6-11)$$

所以，在比值器上设定的比值系数 K' 的值取决于工艺流量比 K 和主流量、副流量仪表的量程。

2. 流量与测量信号成非线性关系

如果用孔板配合差压变送器检测流量信号，压差信号与流量的关系为

$$F = C\sqrt{\Delta p}$$

仿照线性关系的推导过程，可得 K 与 K' 之间的换算关系为

$$K' = K^2 \left(\frac{F_{1\max}}{F_{2\max}}\right)^2 \quad (6-12)$$

通过上面的分析可以得出以下结论。

① 流量比 K 与仪表比值系数 K' 是两个不同的概念，它们之间的关系可以根据特定的公式换算出来。

② 比值系数与流量比有关，与变送器的量程有关，与负荷的大小无关。

例 6-1 某比值控制系统采用浮子流量计测量主、副流量，主流量变送器的最大量程 $F_{1\max}$ 为 12.5 m³/h，副流量变送器的最大量程 $F_{2\max}$ 为 20 m³/h，生产工艺要求 $K = F_2/F_1 = 1.4$。

① 试求仪表的比值系数 K'。

② 若采用差压式流量计测量主、副流量，仪表量程和工艺要求都不变，求这时的仪表比值系 K'。

解：

① 因为浮子流量计的测量信号与流量信号成线性，所以

$$K' = \frac{I_2 - 4}{I_1 - 4} = K \frac{F_{1\max}}{F_{2\max}} = 1.4 \times \frac{12.5}{20} = 0.875$$

② 因为差压变送器的测量信号与测量信号是非线性的，所以根据公式得

$$K' = K^2 \left(\frac{F_{1\max}}{F_{2\max}}\right)^2 = 1.4^2 \times \left(\frac{12.5}{20}\right)^2 = 0.7653 \approx 0.76$$

6.2.3 比值控制系统的设计、投运和控制器参数的设定

1. 主、从物料的选择

在比值控制中,主、从物料的选择影响系统的控制方向、产品质量、经济性及安全性。主、从物料的确定是控制系统设计的首要一步,主要依循以下原则。

(1) 贵重原则

对有显著贵贱区别的物料,应选择贵重物料为主物料。实现以贵重物料为主进行控制,其他非贵重物料根据控制过程需要增减变化。这样可以充分利用贵重物料以合理成本完成生产过程。

(2) 不可控原则

某物料不可控制时,该物料选为主物料,其他为从物料。不可控物料不能利用物料量调节构成反馈控制闭环,所以不宜选为从物料。

(3) 主导作用原则

在多物料参与生产的过程中,如化工或制药工业中,经常将物料分成主料和辅料,生产围绕主料进行,辅料作为控制过程的调节物料。此类在诸物料中起主导作用的物料应选择为主物料,其他物料选为从物料。

(4) 流量大小原则

选择流量较小的物料作从物料,这样控制过程中控制阀的开度较小,系统控制灵敏,当然系统结构可能也会小些。

(5) 工艺需要原则

生产控制过程必须按相应的工艺过程进行,主从物料的选择也必须符合生产工艺的要求。

2. 控制方案的选择

比值控制有多种控制方案,具体选用要适应分析各种方案的特点,根据不同的工艺情况、负荷变化、扰动性质、控制要求等进行合理选择。

(1) 单闭环比值控制的选用

当要求两种物料比值精确、恒定;外干扰引起的主流量波动变化可以容忍;只有一种物料可控,其他物料不可控制;对由主流量波动引起的副流量波动和总生产能力变化没有限制时,可选用此方案。该方案实现起来方便,仅用一个比值器或比例调节器即可。

(2) 双闭环比值控制选用

当要求两种物料比值精确、恒定;扰动引起的主、副流量变化较大;不适用于只有一种物料可控,其他物料不可控制情况;要求总生产能力或主、副物料总量恒定;经常需要升降负荷时,可选用双闭环比值控制方案。

（3）变比值控制选用

当两种物料流量的比值与主被控制量（主动量和从动量之外的第三参量）有内在关系，需要根据主动量的测得值和主被控制量的给定值调整主从物料流量的比值实现对主被控制量给定值的跟踪控制（或定值控制）时，应选用变比值控制方案。

3. 控制器控制规律的选择

控制规律是由不同控制方案和控制要求确定的。例如，单闭环比值控制系统中，主流量控制器起比值计算的作用，选用 P 控制规律，副流量控制器采用 PI 控制规律，因为它起到比值控制与稳定副流量的作用；双闭环比值控制系统中，两流量比值恒定，主、副流量回路均采用 PI 控制规律，它将起到比值控制与稳定主、副流量的作用；变比值控制系统中，可按照串级控制系统的调节规律来选择，主控制器选 PI 或 PID 控制规律，稳定主被控变量，副控制器选 P 控制规律，快速克服副回路的干扰。

4. 流量检测元件和变送器的正确选择

流量检测和变送器是实现比值控制的基础，必须正确选用。用差压流量计测量气体流量时，若环境温度和压力发生变化，其流量测量值将发生变化。所以对于温度、压力变化较大且控制质量要求较高的场合，必须引入温度、压力补偿装置，对其进行测量，以获得准确的流量测量信号。

5. 比值控制系统的投运

比值控制系统在设计、安装并完成以后，就可以投入使用。与其他自动控制系统一样，在投运以前必须对比值控制系统中所有的仪表，如测量变送单元、计算单元（根据计算结果设计好比例系数）、控制器和控制阀，以及电、气连接管线、引压管线进行详细的检查，合格无故障后，可随同工艺生产，投入工作。

以单闭环比值控制系统为例，副流量实现手动遥控，操作工依据流量指示，校正比值关系。待基本稳定后，就可进行手动-自动切换，使系统投入自动运行。投运步骤与串级控制系统的副环投运自动相同。需要特别说明的是，系统投运前，比值系数不一定要精确设置，它可以在投运过程中逐步校正，直至工艺认为比值合格为止。

6. 参数整定

在运行时控制器参数的整定成为相当重要的问题，如果参数整定不当，即使是设计、安装等都合理，系统也不能正常运行。所以，选择适当的控制器参数是保证和提高比值控制系统控制质量的一个重要的途径，这和其他控制系统的要求是一致的。

在比值控制系统中，由于构成的方案和工艺要求不同，参数整定后其过渡过程的要求也不同。对于变比值控制系统，因主变量控制器相当于串级控制系统中的主控制器，其控制器应按主被控变量的要求整定，且应严格保持不变。对于双闭环比值控制系统中的主物料回路，可按单回路流量定值控制系统的要求整定，即使受到干扰作用后，既要有较小的超调，又能较快地回到设定值。其控制器在阶跃干扰作用下，被控变量应以（4~10）:1 衰减比进行整定要求。

但对于单闭环比值控制系统，双闭环的从物料回路、变比值控制系统的副回路来说，它实质上是一个随动控制系统，既主流量变化后，希望副流量跟随主流量做相应的变化，并要求跟踪得越快越好，即副流量 F_2 的过渡过程在振荡与不振荡的边界为宜。它不应该按定值控制系统 4:1 衰减曲线要求整定，因为在衰减振荡的过渡中，工艺物料比 K 将被严重破坏，有可能产生严重的事故。

6.3 分程控制系统

6.3.1 分程控制系统的基本原理与系统结构

在一般的控制系统中，一台控制器的输出只控制一台控制阀，就可以满足控制的要求。但在某些场合下，根据工艺要求需将控制器的输出分成若干个信号范围，每一个信号段都控制一个控制阀，以便使每个控制阀在控制器的这段输出信号段内全行程动作，从而实现一个控制器对多个控制阀的控制，这种控制系统称为分程控制系统。其组成框图和阀门动作过程如图 6-10、图 6-11 所示。

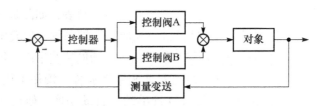

图 6-10 分程控制系统组成结构图

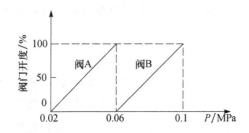

图 6-11 控制阀的动作过程

图 6 – 10 中,控制器的输出信号被分为两段,利用两段不同的输出信号分别控制两个控制阀,例如控制阀 A 在控制器输出信号的 0 ~ 50% 范围内全行程工作,阀 B 在控制器输出信号的 50% ~ 100% 范围内全行程工作。

实现一个控制器对多个控制阀的分程控制,关键是借助了安装在控制阀上的电/气阀门定位器(气动阀门定位器)。一般情况下,电/气阀门定位器的作用就是将控制器输出的 4 ~ 20 mA 标准电流信号转换为 20 ~ 100 kPa 标准气压信号输出,去控制气动阀门的开度,而分程控制系统却不同。

以图 6 – 10 的分程控制系统为例,虽然控制器将 4 ~ 20 mA 的输出信号同时送到控制阀 A 和 B,但是控制阀 A 的电/气阀门定位器将 4 ~ 12 mA 的输入信号转换为 0.02 ~ 0.06 MPa 的气压信号输出到控制阀 A 的膜头上,使阀门在 0 ~ 100% 全行程范围内动作,当输入信号大于 12 mA 之后阀门已动作到极限位置(已全开或全关),所以不再动作;而控制阀 B 在输入信号为 4 ~ 12 mA 时不动作,当输入信号为 12 ~ 20 mA 时才开始动作,由其

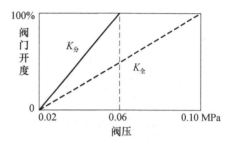

图 6 – 12 控制阀在一般控制系统和分程控制系统中的特性

阀门定位器将 12 ~ 20 mA 的输入信号转换为 0.06 ~ 0.1 kPa 的气压信号输出到控制阀 B 的膜头上,使阀门在 0 ~ 100% 全行程范围内动作,通过上述分析可以知道,电气阀门定位器在分程控制中的作用就是改变了控制阀的放大系数,如图 6 – 12 所示。

图 6 – 12 中,$K_全$——一般控制系统中控制阀的放大系数;$K_分$——分程控制系统中控制阀的放大系数。可见,$K_分 > K_全$。

6.3.2 分程控制系统的分类

分程控制系统根据控制阀的气开、气关形式和分程信号区段不同,可分为两类:一类是控制阀同向动作的分程控制,即随着控制阀输入信号的增加或减小,控制阀的开度均逐渐开大或均逐渐关小,同向分程控制的两个调节阀同为气开式或同为气关式,如图 6 – 13 (a) 所示。

另一类是控制阀异向动作的分程控制,即随控制阀输入信号的增加或减小,控制阀开度按一个逐渐开大,而另一个逐渐关小的方向动作,异向分程控制的两个控制阀一个是气开式,另一个是气关式,如图 6 – 13 (b) 所示。分程控制中调节阀同向或异向动作的选择完全由生产工艺安全的原则决定。

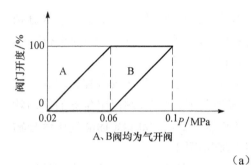
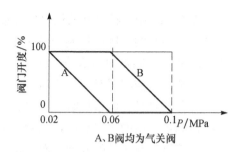

(a)

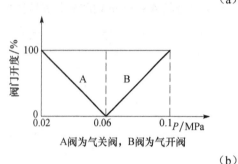
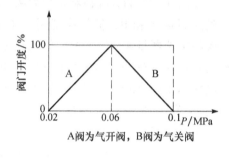

(b)

图 6-13 两控制阀同向动作与异向动作
(a) 两控制阀同向动作；(b) 两控制阀异向动作

6.3.3 应用分程控制系统的目的

1. 扩大控制阀的可调范围，改善控制品质

设控制阀可控制的最小流量为 $Q_{\min}$，可控制的最大流量为 $Q_{\max}$，定义 R 为可调比或可调范围，表达式为

$$R = \frac{Q_{\max}}{Q_{\min}} \tag{6-13}$$

在一些生产过程中，要求控制阀工作时，其可调比范围较大，目前大多数国产阀门的可调比 R 一般在 30 左右，因此满足小流量就不能满足大流量，并且控制阀在大开度或小开度时的工作流量特性畸变严重，还容易产生噪声和振荡，控制品质急剧下降，所以要求控制阀尽量在 10% ~ 90% 范围内工作。可见，单台控制阀是无法满足上述要求的。在有些场合不能满足要求，希望提高可调比，适应负荷的大范围变化，改善控制品质，这就可以采用分程控制。分程控制用于扩大控制阀可调范围时，采用两个同向动作的控制阀并联安装在进入同一总管之前的不同管线上。

例如，很多生产过程中，冷物料要在换热器中用热水对其加热，当热水加热不能满足出口温度要求时，需要加入蒸汽共同进行加热。可设计图 6-14 所示的换热器出口温度分程控制系统。在本系统中，热水阀 A 和蒸汽阀 B 都选用气开阀，控制器为反作用。在正常情况下，控制器输出信号使热水阀 A 工作，此时蒸汽阀 B 未动作，处于全关位置；当扰动使出口温度下降，热水阀 A 全开仍不能满足出口温度要求时，控制器输出信号同时使蒸气阀 B 打开，以满足出口温度的工艺要求。

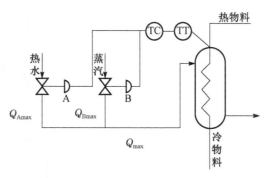

图 6-14　换热器温度分程控制系统

已知，两阀的可调比 $R_A = R_B = 30$，阀 A 和阀 B 的可控制最大流量 $Q_{Amax} = Q_{Bmax} = 200$，由式（6-13）可得，两阀的可控制最小流量均为

$$Q_{Amin} = Q_{Bmin} = \frac{Q_{Amax}}{R_A} = \frac{Q_{Bmax}}{R_B} = \frac{200}{30} = 6.67$$

因为两阀并联起来当一个控制阀使用，所以总管上的可控最小流量为阀 A 可控最小流量。即

$$Q_{min} = Q_{Amin}$$

总管上可控最大流量 Q_{max} 等于热水可控最大流量 Q_{Amax} 与蒸汽可控最大流量 Q_{Bmax} 之和，即 $Q_{max} = Q_{Amax} + Q_{Bmax} = 200 + 200 = 400$，则分程控制系统控制阀的可调比 R 变为

$$R = \frac{Q_{max}}{Q_{min}} = \frac{400}{6.67} = 60$$

由此可见，采用两只流通能力相同的控制阀构成分程控制系统，其控制阀可调范围比单只控制阀进行控制时的可调范围扩大一倍。控制阀的可调范围扩大了，可以满足不同生产负荷的要求，而且控制的精度提高，控制质量得以改善，生产的稳定性和安全性也可进一步得以提高。

2. 用于同一被控变量两种不同控制介质的生产过程

例如，在现代化生产中往往产生大量的工业废液，其 pH 值一般偏高或偏低，水呈酸性或碱性，直接排放会对生态环境造成直接威胁，因此必须对其进行中和处理，使水表现为中性，达到排放指标方可排放。可设计分程控制系统满足工艺要求，系统的控制原理图如图 6-15 所示。由于废液有时呈酸性，有时呈碱性，因此在处理过程中需要根据废液的酸碱度决定加酸还是加碱，设计如图 6-15 所示的废液中和分程控制系统。

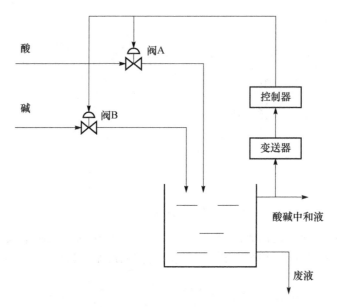

图 6-15 废液中和反应分程控制系统

在图 6-15 的分程控制系统中，控制器的输出信号分成两个区段，每个区段信号控制对应的一个控制阀。设废液的 pH=7 时，变送器输出电流为 I_{pH}^*，pH 越小，变送器输出电流越大。当 $I > I_{pH}^*$ 时，废液呈酸性，此时控制器的输出信号使控制阀 B 打开，加入适量的碱，中和废液，在这个区段内控制阀 A 是关闭的；反之，当 $I < I_{pH}^*$ 时，废液呈碱性，控制器控制阀 A 动作，加入适量的酸，使废液呈中性，此时控制阀 B 是关闭的。在本分程控制系统中，两阀 A、B 的工作是异向的。

3. 用作安全生产的防护措施

在石油、化工生产企业中，存放着石油、化工原料或产品的储罐都建在室外，为了保证使这些原料或产品与空气隔绝，以免被氧化变质或引起爆炸危险，常采用灌顶充氮气的方法与外界空气隔绝。采用氮封技术的工艺要求是保持储罐内的氮气压力呈微正压。当储罐内的原料或产品增减时，将引起灌顶压力的升降，故必须及时进行控制，否则将引起储罐变形，甚至破裂，造成浪费或引起燃烧、爆炸等危险。所以，当储罐内原料或产品增加时，即液位升高时，应及时使罐内氮气适量排空，并停止充氮气；反之，当储罐内原料或产品减少，液位下降时，为保证罐内氮气呈微正压的工艺要求，应及时停止氮气排空，并向储罐充氮气。为此，设计并应用了分程控制系统，如图 6-16 所示。

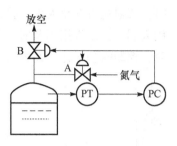

图 6-16　储罐氮封分程控制系统

图 6-16 所示的分程控制系统，设计时从安全角度出发，阀 A 选用气开阀，阀 B 选用气关阀，压力控制器选用反作用方式。根据上述工艺要求，当罐内物料增加，液位上升时，应及时停止充氮气，即阀 A 全关，并使罐内氮气放空，即阀 B 打开；反之，当罐内物料减少，液位下降时，应停止氮气排空，即阀 B 全关，并应向储罐充氮气，即阀 A 打开工作。

由于储罐顶部的空隙较大，因此被控变量氮气压力的时间常数较大，而一般情况下对氮气压力的控制精度不是很高，允许存在一个控制间歇区。这样做是为了防止储罐内压力在设定值附近变化时阀 A 和阀 B 的频繁动作，产生振荡。为此，在两阀信号交接处设置一个不灵敏区，如图 6-17 所示，不灵敏区范围为 0.058 ~ 0.062 MPa。通过调整两阀的阀门定位器，

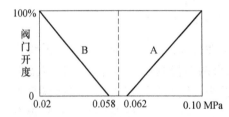

图 6-17　氮封分程控制阀的特性曲线

使控制器的输出在这个不灵敏区变化时，阀 A 和阀 B 不动作，都处于全关位置。设置这样一个不灵敏区后，会使控制过程趋于平缓，系统更加稳定。

6.3.4　分程控制系统设计、实施和整定中的一些问题

分程控制系统从本质上来说，是一个单回路控制系统，所以系统的设计、实施和整定可以按照简单控制系统的设计、实施和整定过程进行。但因为分程控制系统的特殊性，要注意以下几个问题。

1. 要正确选取控制阀的流量特性

分程控制系统是把两个控制阀作为一个阀使用，因此就存在由一个控制阀动作转到另一控制阀动作的交接点，称为分程点。显然，系统要求在从一个阀向另一个阀过渡时，控制阀的控制流量的变化要平缓，否则对控制系统的稳定性不利。控制阀在大开度和小开度时的流量特性畸变严重，控制品质下降，而分程控制系统的分程点恰好在这个区间，于是在分程点上势必会引起流量特性的畸变，尤其是大、小阀并联动作时，问题更加明显。直线特性的控制阀在小开度工作

时，相对流量变化太大，控制作用太强，容易振荡；而在大开度工作时，控制作用太弱，控制作用不及时，如图6-18（a）所示。对数特性的控制阀在小开度时，控制缓和平稳，在大开度时，控制及时有效，如图6-18（b）所示。

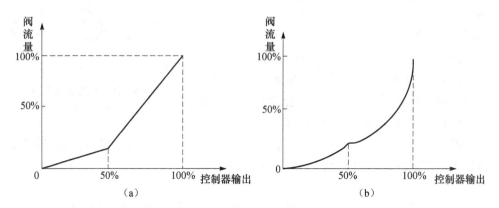

图6-18 控制阀的流量特性
（a）线性阀的流量特性；（b）对数阀的流量特性

由此可知，在分程控制中，调节阀流量特性的选择非常重要，为使总的流量特性比较平滑，一般应尽量选用对数阀，如果两个控制阀的流通能力比较接近时，可选用线性阀；另外可采用分程信号重叠法，使两个控制阀有一定区段重叠的控制器输出信号，不等到小阀全开，大阀就已经打开，这样两控制阀在分程点的过渡平缓，控制平稳。

2. 注意控制阀的泄漏量

控制阀的泄漏量大小是实现分程控制一个很重要的问题。要尽量选用泄漏量较小或没有泄漏的控制阀。例如，当分程控制系统采用大、小阀并联动作方式时，若大阀泄漏量过大，小阀将不能充分发挥其控制作用，甚至起不到控制作用。

3. 选取合适的控制器控制规律并实施正确的参数整定

分程控制系统控制规律的选择和参数整定过程，在一般情况下可依照简单控制系统处理，但当两个控制通道特性不相同时，要以正常情况下的对象特性为主，按照正常工况整定控制器的参数，另一阀只要在工艺允许的范围内工作即可。

6.4 选择性控制系统

工业生产，特别是化工生产的特点就是连续性，因此在大多数情况下，过程控制系统就是为了保证生产连续稳定运行而发挥作用。但是，在实际生产中，由于诸多未知因素的影响，导致生产过程复杂多变，突发状况也层出不穷，这就要求控制系统除了能克服正常运行状况下的外界干扰，维持生产的平稳运行，还要求当生产发生突发事件和设备故障时，控制系统也能采取相应的保护措施，防止事故的发生或事故的进一步扩大。这种用于非正常工况下的控制系统属于安全保护措施。安全保护措施有两类：一类是硬保护措施，另一类是软保护措施。

采用自动报警、手动处理、联锁保护和紧急停车的方法称为硬保护措施。由于人工处理的速度难以应对生产的复杂性和快速性，处理不当甚至会造成事故的恶化，而联锁停车后少则数小时，多则数十小时系统才能重新恢复生产，这对生产影响太大，造成的经济损失也比较严重。所以在生产过程较为复杂、突发状况较多的工艺流程中，硬保护措施满足不了生产需要。软保护措施就是当生产工况超出一定安全范围时，并不停车，而是自动切换到另一种控制系统中，由这种控制系统取代正常生产下的控制系统对生产过程进行控制，促使生产回到正常工况，这时再切换回原自动控制系统进行控制。这种方法称为选择性控制。

6.4.1 选择性控制系统的基本原理与分类

1. 选择性控制系统的基本原理

选择性控制系统是指把生产过程中的限制条件所构成的控制逻辑关系，叠加到正常生产时的控制系统上去的一种组合控制方法。也就是系统中设有两个控制器、两个以上的变送器，通过选择器选出能适应生产安全状况的控制信号，实现对生产过程的自动控制。正常情况下当生产过程趋近于危险极限区，但还未进入危险区时，一个用于控制不安全情况的控制方案通过选择器取代正常生产情况下工作的控制方案（正常控制器处于开环状态），用取代控制器代替正常控制器，在其控制下使生产脱离危险区域，待生产过程重新恢复正常后，又通过选择器使原来的控制方案重新恢复工作，用正常控制器代替取代控制器。由于选择性控制系统既保证生产的安全，又能使生产不停车，所以在工业生产中应用十分广泛。

从选择性控制系统原理的描述中可以看出，设计选择性控制系统的关键环节是采用了选择器。选择器能选出适应生产安全状况的控制信号，实现对生产过程的自动控制。常用的选择器有低选器和高选器，它们的特性如图6-19所示。

选择器是一个多入单出的仪表，对于高选器 HS，输出信号 y 等于输入信号 x_1，

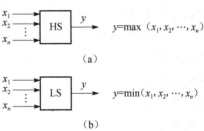

图6-19 高选器和低选器
(a) 高选器 HS；(b) 低选器 LS

$x_2, \cdots, x_n$ 中最大的一个，对于低选器，输出信号 y 等于输入信号 $x_1, x_2, \cdots, x_n$ 中最小的一个。

2. 选择性控制系统的分类

选择器可以接在两个或多个控制器的输出端，对控制信号进行选择；或者接在多个变送器的输出端，对测量信号进行选择，以适应不同生产过程的需要。

根据选择器在系统结构中的位置不同，选择性控制系统可分为两种。

（1）选择器位于控制器的输出端

这类系统对控制器输出信号进行选择，如图 6-20 所示。

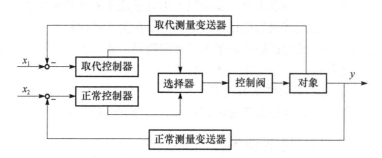

图 6-20 选择器位于控制器输出端

这类选择性控制系统的主要特点是：两个控制器共用一个控制阀。在生产正常情况下，两个控制器的输出信号同时送至选择器，选出正常控制器输出的控制信号送给控制阀，实现对生产过程的自动控制，此时取代控制器处于开路状态，对系统不起控制作用；当生产不正常时，通过选择器选中取代控制器代替正常控制器对系统进行控制。此时，正常控制器处于开路状态，对系统不起控制作用。当系统的生产情况恢复正常，通过选择器的自动切换，仍由原正常控制器来控制生产的正常进行。这类系统结构简单，在生产过程中得到了广泛应用。下面以锅炉燃烧的选择性控制系统为例说明其工作过程。

在锅炉的运行中，蒸汽压力经常随用户需要而波动。正常情况下，通过控制燃料流量来稳定蒸汽的压力。当蒸汽用量增加时，为保证蒸汽压力不变，必须在增加供水量的同时，相应地增加燃料流量。然而，随着燃料流量的增加，燃料压力也不断增加，当压力增加到超过某一个安全极限时，会产生脱火现象。一旦出现脱火现象，燃烧室会积存大量燃料气与空气的混合物，会有爆炸的危险。为此，锅炉设备常采用图 6-21 所示的蒸汽压力-燃料压力选择性控制系统，防止脱火现象的发生。

因为要防止燃料压力过高，所以采用一台低选器 LS 始终选中两个输入信号中较小的一个作为输出信号。系统中蒸汽压力控制器 P_1C 为正常控制器，燃料压

第 6 章 其他复杂控制系统 151

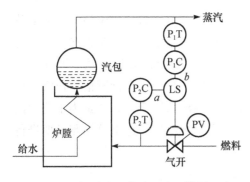

图 6-21 锅炉出口蒸汽压力-燃料压力选型性控制系统

力控制器 P_2C 为取代控制器。从安全角度出发，控制阀采用气开阀，燃料管路和蒸汽管路对象都是正对象，为保证正常控制回路和取代控制回路构成负反馈，P_1C 和 P_2C 都选反作用方式。系统的控制过程为：正常生产时，要维持蒸汽的压力以满足用户需求，测量值是大于或等于设定值的（当然蒸汽也不能太高），P_1C 是反作用方式，输出信号 b 将是低信号，此时燃料压力是低于设定值的，于是反作用方式的燃料压力控制器 P_2C，其输出信号 a 是高信号，低选器 LS 选中蒸汽压力控制器 P_1C 的信号来控制阀的开度，构成以蒸汽压力为被控变量的简单控制系统，蒸汽压力控制回路处于开环状态；当燃料压力上升到危险区域超过脱火压力时，燃料压力大于设定值较多，燃料压力控制器 P_2C 的输出信号 a 将是低信号，$a<b$，低选器 LS 选中 P_2C 的输出信号 a，由 P_2C 接管 P_1C 对控制阀的操纵，使蒸汽压力控制回路处于开环状态，构成以燃料压力为被控变量的简单控制系统，此时因为 a 值比 b 小很多，气开阀迅速关小，将燃料压力迅速降下来，避免了脱火现象。当燃料压力恢复正常时，蒸汽压力控制器的输出值又高于燃料压力控制器的输出值 a，经低选器 LS 的自动切换，蒸汽压力控制系统重新恢复控制。

（2）选择器位于控制器之前

这类系统是对变送器输出信号进行选择，如图 6-22 所示。

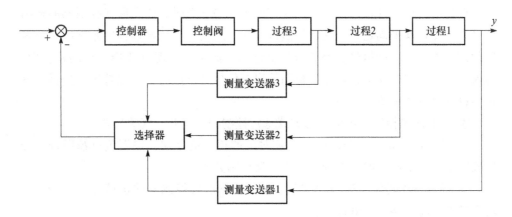

图 6-22 选择器位于控制器输入端

该系统的特点是多个变送器共用一个控制器，选择器对变送器的输出信号进行选择。通常选择的目的有两个：其一是选出几个测量变送信号中最高或最低值送至控制器用于控制，如图 6-23 所示的固定床反应器中，为了防止温度过高烧坏催化剂，在反应器的固定催化剂床层内的不同位置上，装设了几个温度检测点，各点温度检测信号通过高值选择器，选出其中最高的温度检测信号作为测量值，进行温度自动控制，从而保证了反应器催化剂层的安全。其二是为了防止因仪表故障造成事故，对同一个检测对象采用多个仪表测量，选出可靠测量值进行控制，如图 6-24 所示。

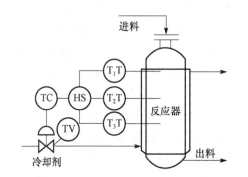

图 6-23　反应器温度选择性控制系统　　　图 6-24　成分选择性控制系统

6.4.2　选择性控制系统的设计

选择性控制系统其实是两个（或多个）简单控制系统的等效。系统设计的关键是选择器类型的选择和多个控制器控制规律的确定。

1. 选择器类型的选择

选择器类型的选定，是要根据生产处于极限状态时，要求取代控制器的输出信号为高还是低来确定。上述锅炉蒸汽压力-燃料压力选择性控制系统中，要求取代控制器输出为低信号，所以选用低选器，而反应器温度选择性控制系统中，为保证催化剂层的安全，要选中最高的温度信号进行控制，所以选用高选器。其选型过程可按如下步骤进行。

① 按照简单控制系统的设计方式选定控制阀的气开、气关形式。

② 确定两个简单控制回路中被控对象的正、负方向，根据负反馈原理，分别确定正常控制器和取代控制器的正、反作用方式。

③ 考虑事故时保护措施的控制方式，根据取代控制器输出信号的类型，确定选择器是高选器还是低选器。

2. 控制器控制规律的选择

在选择性控制系统中，正常控制器控制规律的选择完全可以按照简单控制系统的设计方法确定。而确定取代控制器的控制规律时,由于要求它在出现极限情况时能迅速采取措施,一般选用比例控制规律,以实现对系统的快速保护。

3. 控制参数的整定

同理,选择性控制系统在对控制器进行整定时,可按简单控制系统的整定方法进行。这里需要特别强调一下取代控制器的参数整定。当系统出现极限情况时,要求自动保护迅速及时,所以取代控制器必须发出较强的控制信号,也就是要有小的比例度 δ。

6.4.3 积分饱和现象与防止措施

1. "积分饱和"现象

在图 6-20 所示的选择性控制系统中,虽然有两个控制器,但始终只有一个控制器被选中处于闭环运行状态,另一个控制器处于开环状态。如果处于开环状态的控制器具有积分作用,且偏差一直存在,该控制器的输出就会不断增加(减小),一直达到输出的极限值为止,这种现象就称为"积分饱和"。以气动仪表为例,控制器输出最终会超过信号范围 0.02~0.1 MPa 而达到气源压力 0.14 MPa,或者是 0 MPa 信号。气动仪表 0~0.02 MPa 和 0.1~0.14 MPa 的范围均称为饱和区,控制阀在饱和区内静止不动,控制器对控制阀起不到任何控制作用,控制系统失灵,极大地降低了系统的控制品质,严重时甚至会造成事故。所以要防止"积分饱和"现象的发生。

"积分饱和"现象的产生,归纳起来有 3 个条件。

① 控制器具有积分控制规律。

② 控制器处于开环状态。

③ 偏差信号长期存在。

2. "积分饱和"现象的防止措施

积分饱和现象使控制器不能及时动作而暂失控制功能,给安全生产带来严重影响,所以一定要避免。常用的防止措施如下。

(1)限幅法

这种方法是指采用高值或低值限幅器使控制器的输出信号被限制在工作信号范围的最高值或最低值,不会到达饱和区域。至于是采用高值限幅器还是低值限幅器,同样是根据工艺要求决定,如果控制器处于开环状态时,控制器的积分作用会使其输出值不断增加,则使用高限器,反之使用低限器。

(2)积分切除法(P-PI法)

这种方法是指具有 PI 控制规律的控制器,如果被选中处于闭环运行状态,依然按 PI 控制规律进行控制,一旦处于开环待命状态,则立即切除积分作用,按比例控制规律运行。

(3) 积分外反馈法

这种方法是指控制器在开环状态时,借用此时处于闭环(被选中)运行控制器的输出信号对开环控制器进行积分反馈来限制积分作用,防止积分饱和,图 6-25 为积分外反馈的原理图。

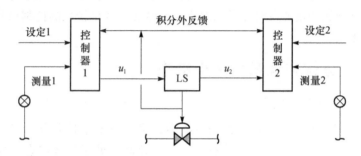

图 6-25 积分外反馈原理图

图 6-25 中,选择性控制的两台 PI 控制器输出分别为 u_1 和 u_2,选择器选择其中一台控制器的输出信号去控制控制阀,同时将该信号引回两个控制器的积分环节,实现积分负反馈。

例如,设选择器为低选器,$u_1 < u_2$,控制器 1 被选中处于运行状态,其输出为

$$u_1 = K_{c1}\left(e_1 + \frac{1}{T_{i1}}\int e_1 \mathrm{d}t\right)$$

即控制器 1 的积分外反馈信号就是其本身的输出 u_1,控制器 1 仍保持 PI 控制规律。

控制器 2 处于开环待选状态,其输出为

$$u_2 = K_{c2}\left(e_2 + \frac{1}{T_{i2}}\int e_1 \mathrm{d}t\right)$$

可见,控制器 2 输出信号中积分项的偏差信号不是其本身的偏差 e_2,而是控制器 1 的偏差信号 e_1,因为 e_1 会随着控制器 1 的闭环积分控制作用逐渐减小直至消失,此时系统处于稳定状态,$e_1 = 0$,控制器 2 仅具有比例控制规律,这样就避免了控制器 2 的积分饱和。

6.5 均匀控制系统

6.5.1 均匀控制系统的概念和特点

1. 均匀控制系统的概念

流程性作业的特点之一就是生产的连续性。往往前一设备的出料就是后一设

备的进料,而后者的出料又源源不断地输送给其他设备,前后设备乃至整个生产过程环环相扣,联系紧密。自动控制系统在设计时就不能只满足单一设备的控制品质,而应考虑到设备间的相互联系、相互影响,从全局出发,统筹兼顾。

例如,石油裂解气的深冷分离过程,将裂解气分离成甲烷、乙烷、丙烷、丁烷、乙烯等,前后串联了8个连续工作的精馏塔,前一塔的出料是后一塔的进料。下面就以其中两个串联精馏塔的控制过程进行分析,如图6-26所示。

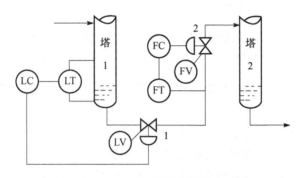

图6-26 两个串联精馏塔的控制系统

在图6-26中,为了保证精馏过程的正常进行,要求塔1的液位恒定,故设计一个液位控制系统,通过调节塔1的出料量来稳定液位的稳定;塔2要求进料量稳定,设计一流量控制系统,通过调节塔2的进料量来实现流量的恒定。在对设备单独考虑的情况下,这两套系统可以满足控制目的。但不难发现,塔1的出料实际就是塔2的进料,也就是说两套控制系统都要通过调节同一个变量来实现各自被控变量的稳定。假如塔1由于扰动作用使液位升高,则需要增加出料量,开大阀1,使液位恢复正常。而塔1出料量的改变对塔2来说就是一个进料扰动,塔1的液位稳定了,却造成塔2流量控制系统的波动;同样,塔2流量的稳定,势必要牺牲塔1液位的恒定,这两个控制系统相互矛盾,都无法正常工作。

为解决前后两塔供求之间的矛盾,最简单的方法就是在两塔之间增加中间储罐。但这样做不仅增加成本,还要增加流体输送装置来克服过程的能力消耗;更重要的是,有些生产过程的连续性很强,往往不允许中间存储过程太长,否则会使物料发生物理或化学变化而不能满足工艺要求,影响产品质量。因此一般不推荐采用设置中间储罐的方法,而从控制系统的设计上寻求解决方法。均匀控制系统就是解决这种关联问题的较好的控制方案。

所谓均匀控制系统,是指在一个含有多个串联"子系统"的系统中,当两个被控变量在控制上相互矛盾时,维持两个变量相互协调,使之都在一定范围内均匀缓慢地变化的系统。

图6-27是图6-26串联精馏塔液位控制系统、流量控制系统和均匀控制系

统的控制效果比较图。

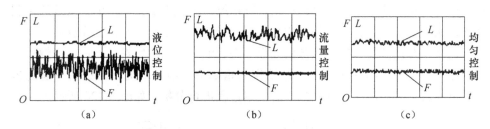

图 6-27　液位控制、流量控制和均匀控制系统的控制效果
(a) 液位控制系统；(b) 流量控制系统；(c) 均匀控制系统

由图 6-27 可见，均匀控制系统是以降低两个被控变量的品质指标实现对两个变量的同时控制。

均匀控制系统从结构上看，与简单控制系统或串级控制系统没有区别，其控制目标的实现体现在控制器的控制策略上。单独的定值控制系统，操纵变量可以大幅度变化以满足被控变量恒定的要求。而均匀控制系统中，因为一个控制系统的操纵变量恰好是另一个控制系统的被控变量，所以两个变量往往同等重要，控制策略不再是仅仅维持一个变量的稳定，而是希望在扰动作用下，两个变量均在一定范围内有一个缓慢而均匀的变化过程，都能满足控制要求。

2. 均匀控制系统的特点

根据以上分析，可以得出均匀控制系统具有如下特点。

① 结构上无特殊性，只是控制目的的不同。

② 表征前后供求矛盾的两个变量都是在允许的范围内缓慢变化。

③ 控制系统参数的整定不同，比例度 δ 较大（一般 $\delta > 100\%$），积分时间 T_i 也较长。

④ 均匀并不意味着平均，有时要根据实际情况以一个变量为主，波动小一些，另一个可以波动大一些。

6.5.2　均匀控制系统的控制方案

1. 简单均匀控制系统

图 6-28 为简单均匀控制系统。简单均匀控制系统与单回路控制系统在结构上并无区别，使用的仪表也完全一样。但由于它们的控制目的不同，所以在控制器的参数整定上就有所不同。为实现均匀控制的目的，均匀控制系统的控制器参数整定得相对较弱。不能选用微分控制规律，因为引入微分规律会造成控制器输出的突变，控制阀会产生较大幅度的动作，这与被控变量缓慢变化的要求背道而

驰；一般只选用比例控制规律，且设置比较大的比例度δ，如果为了防止连续出现同向扰动，使被控变量产生较大的累计余差，超出工艺允许的上下限，可以引入积分控制规律消除余差，但积分时间也应该整定得较大，以减弱积分的控制作用。

简单均匀控制系统最大的优点就是结构简单，操作、整定和调试比较方便，

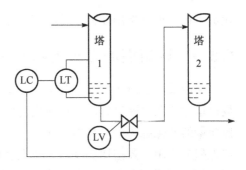

图 6-28　简单均匀控制系统

所用仪表少。但是，如果前后设备压力波动较大时，尽管控制阀的开度没有改变，流量仍然会发生较大的变化。因此，简单均匀控制仅适用于扰动不大，对流量控制质量要求不高的场合。

2. 串级均匀控制系统

为克服控制阀前后压力波动及设备自衡作用对流量的干扰，可以引入流量控制副回路，将前塔液位作为主被控变量，进料流量作为副被控变量，组成串级均匀控制系统，如图 6-29 所示。

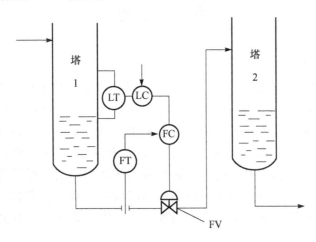

图 6-29　串级均匀控制系统

从结构上看，串级均匀控制系统与一般的串级控制系统没有差别，但这里采用串级控制并不是为了提高主被控变量的控制质量，而是为了克服干扰对流量的影响。副回路的控制作用可以在很大程度上削弱设备压力波动对流量的影响，保证流量变化平缓，主、副控制回路的控制允许液位和流量都在各自许可的范围内缓慢变化。因此，主控制器控制规律的选择，可以依照简单均匀控制系统中的控制规律进行选择；副控制器一般选用纯比例作用，如果为了兼顾副变量，使其变

化更平稳,也可选用比例积分控制规律。

6.5.3 均匀控制系统的参数整定

一般来讲,对于简单均匀控制系统的参数整定可以按照单回路控制系统的参数整定方法和步骤进行。先将比例度置为不会引起被控变量超限的数值,观察被控变量的变化趋势,适当增大比例度使被控变量波动小于且接近允许范围。如果加入积分作用,要把比例度适当加大后再加入积分作用,积分时间要由大到小逐渐调整,直到两个变量都在工艺允许范围内均匀缓慢变化为止。

串级均匀控制系统的整定方法有所不同,具体步骤如下。

① 先将副控制器的比例度置于适当数值上,然后比例度由小到大逐步调整,直到副被控变量呈缓慢的周期衰减过程为止。

② 再将主控制器的比例度放于适当数值,然后比例度由小到大逐步调整,直至主被控变量呈现缓慢的周期衰减过程为止。

为避免同向干扰作用下主被控变量出现过大的余差,可以适当加入积分作用,但积分时间不宜太小。

本章小结

1. 主要内容

① 前馈控制系统是按干扰实施控制的开环系统,其控制作用比反馈控制及时,在理想状态下,前馈控制可以实现对干扰的完全补偿,即系统在干扰作用下被控变量不产生偏差。但实际上由于前馈控制的开环特性,对控制效果没有反馈,所以很难实现全补偿,所以工程上常采用前馈-反馈控制系统,由前馈控制克服主要干扰,反馈控制克服其他干扰,可以得到较为理想的控制效果。前馈控制分为静态前馈和动态前馈两种,前者较为简单,易于实现,后者相对较复杂,实施较为困难,如果用计算机可以得到更理想的控制效果。

② 比值控制系统是为了保持两种物料流量成一定比例关系而设计的一种控制系统。分为定比值控制和变比值控制两类。为使比值控制达到预期的控制目的,必须正确地设定比值系数。因为工艺上要求的流量比和仪表上设置的比值系数是不同的,所以要进行正确的换算,换算方法与仪表类型和仪表的量程有关。在控制器参数整定时,要求副流量能快速准确地跟踪主流量。

③ 分程控制系统是将一个控制器的输出分成若干个信号范围,各个信号段分别控制相应的控制阀,从而实现一个控制器对多个控制阀的控制,工程上应用

最广的是将控制器输出分为两个信号范围,一个控制器控制两个控制阀。分程控制可以满足工程中的一些特殊需求,扩大控制阀的可调比,改善系统控制品质。分程控制系统需借助阀门定位器得以实现。

④ 选择性控制系统是一种软保护措施。系统中通常设有两个控制器或两个以上的变送器,一个控制阀,同一时刻只有一个回路处于闭环控制状态。选择性控制系统的关键设备是选择器,通过选择器选出能适应生产安全状况的控制信号,实现对生产过程的自动控制。如果控制器有积分作用,需要防止"积分饱和"现象,常用的防止措施有限幅法、积分切除法和外反馈积分法。

⑤ 为了使相互关联的前后设备之间物料供求均匀(通常是液位和流量的同时兼顾),采用均匀控制系统可以较为满意地实现这个目的。简单均匀控制系统结构简单,使用设备少,适用于干扰小的情况;而串级均匀控制系统结构比较复杂,适用于干扰大的场合。均匀控制系统与单回路控制系统和串级控制系统在结构上没有区别,只是由于实现的目的不同,使得在控制器整定上要把比例度和积分时间设置得较大,控制作用弱,从而可以使被控变量在允许的范围内缓慢地波动。

2. 基本要求

① 了解前馈控制系统的结构、分类和控制特点。
② 掌握分程控制系统的目的、控制原理和控制特点。
③ 了解比值控制系统的控制原理和比值系数的计算方法。
④ 了解选择性控制系统的应用场合,掌握系统的结构和控制原理。
⑤ 了解均匀控制系统的控制目的,能正确区分均匀控制系统与单回路系统和串级控制系统的区别,掌握其参数整定的特点。

习题与思考题

1. 试比较前馈控制系统与反馈控制系统的特点。
2. 前馈控制系统有哪些典型的结构形式?
3. 与单纯前馈控制系统比较,前馈-反馈控制系统有什么优点?
4. 什么是比值控制系统?
5. 在比值控制系统中,什么是主流量?什么是副流量?如何确定主流量和副流量?
6. 画出单闭环比值控制系统的结构图,说明与串级控制系统的本质区别。
7. 某生产过程,要求参与反应的甲乙两种物料的流量保持一定比值,甲为主流量。已知正常操作时,甲物料流量 $Q_1 = 7 \text{ m}^3/\text{h}$,采用孔板测量并配以差压变送器,变送器量程为 $0 \sim 10 \text{ m}^3/\text{h}$,乙物料流量 $Q_2 = 250 \text{ m}^3/\text{h}$,采用同样类型仪表测量,仪表量程为 $0 \sim 3\,000\ \text{m}^3/\text{h}$。试求比值 K,并分别计算采用开方器和不用开方器时,由 DDZ—Ⅲ 型仪表组成系统时的比值系数 K'。

8. 比值控制系统可不可以按 4∶1 衰减曲线法进行整定?

9. 什么是分程控制? 怎样实现分程控制?

10. 分程控制系统中控制阀的工作方式有几种? 画出其动作特性曲线。

11. 为什么在分程点上会发生流量特性的突变? 怎样实现流量特性的平滑过渡?

12. 图 6-30 为一进行气相反应的化学反应器,控制阀 A、B 分别用来进行进料流量和反应生成物出料流量的控制。为了控制反应器内压力,设计如下分程控制系统。试画出控制系统框图,确定控制阀 A、B 的气开、气关形式和控制器正、反作用方式。

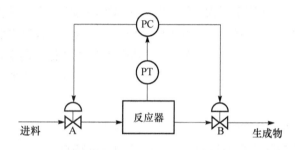

图 6-30 反应器压力控制

13. 什么是选择性控制系统? 画出两类选择性控制系统的结构框图。

14. 叙述选择性控制系统的控制原理。

15. 图 6-31 所示的热交换器用来冷却裂解气,冷却剂为釜液。正常情况下要求釜液流量恒定。但裂解气冷却后出口温度不能低于 15 ℃,否则裂解气中的水分会产生水合物堵塞管道,故要求设计一选择性控制系统,要求:

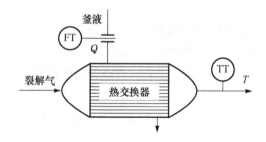

图 6-31 热交换器温度-流量控制

① 画出控制系统的结构图和方框图。

② 确定控制阀的气开、气关形式,控制器的正反作用方式及选择器类型。

第 7 章

信号报警和安全仪表系统（SIS）

信号报警与安全仪表系统在现代工业生产中至关重要，是实现自动监测和保证安全生产的重要措施之一。因为在现代生产流程中存在大量需要监测和控制的过程参数（如温度、流量、压力、液位、成分等），而这些参数不可能总是保持在设定值处，虽然有常规控制系统的监测和控制，当一些突发事故或者控制系统自身出现的故障，会使这些参数偏离规定的极限值，不仅会影响生产的产品产量和质量，而且可能衍生严重事故，引起设备损坏或危及人身安全。因此，为了确保安全生产，必须对确保安全生产的重要过程参数和工艺操作的关键变量进行监视。一旦设备运行状态发生异常或这些参数超过规定值，应给出声光报警信号，以便警示操作人员，并进行相应的处理，改变工况。如果超限更为严重，异常状况进一步恶化，则必须立即采取有效的应对措施，安全仪表系统将自动启动备用设备或自动停车，以防止发生事故或使事故扩大，损坏设备，危及人身安全，保证生产过程处于安全状态。信号与安全仪表系统就是为上述目的而设计的。

7.1 信号报警系统

信号报警系统主要起自动监视作用。当工艺参数偏离规定值或设备运行状态出现异常情况时，发出声光信号，提醒操作人员采取一些措施，以便使生产恢复到正常状态。

信号报警系统按其作用原理可分为闪光一般信号报警系统、能区别瞬时原因的报警系统和能区别第一原因的报警系统。

7.1.1 信号报警系统的功能及动作

当过程变量超限时，信号报警系统发出音响，警示操作人员超限报警已经发生，然后用灯光标志使操作者识别超限的过程变量，并判断是什么性质的超限，使操作人员及时采取必要的措施改变工况。

信号报警系统以声、光形式表示过程参数超限或设备异常状态。一般由故障检测元件、逻辑单元、灯光显示单元、音响单元、按钮及电源装置等组成。当工艺变量超限或设备异常时，故障检测元件的接点会自动断开或闭合，同时将检测结果送到逻辑单元，逻辑单元根据逻辑关系作出相应的动作，触发相应的声光报警单元。

- 报警检测元件。检测元件可以单独设置，如合成氨气化炉上氧流量、压力、炉温等重要的工艺参数，也可以利用带电接点的测量仪表作为报警检测元件，当变量超过设定值时，提供给逻辑单元一个开关信号。
- 逻辑单元。规模较小（50点以下的系统）、逻辑关系简单的信号报警系统的逻辑单元一般由继电器组成；规模较大（100点以上的系统）、逻辑关系较复杂的系统，宜采用以微处理器为基础的插卡式模块组成。
- 灯光显示单元。根据灯的颜色、标识、闪光与否、是否有特殊旋光、按下确认按钮后灯光的变化等方式，使操作者易于识别报警的内容和性质。信号灯的颜色含义在化工装置中一般定义为：红色表示越限报警或危险状态；乳白色是电源信号；黄色表示注意、警告、非第一事故报警；绿色表示运转设备或工艺参数处于正常运行状态。在灯光显示单元上标注有报警点名称或报警点位号。
- 音响单元。采用不同声音或音调的音响报警器区分不同的报警系统或区域、报警功能以及报警程度，超限报警和停车报警有明显区别，使操作人员马上可以识别是事故停车还是一般超限信号报警；音响报警器的音量高于背景噪声，在其附近区域可清晰听到；如果采用语言信息提示，则需要播放的信息可以预先录音。语言提示信息可使操作人员免除查看灯光信号、无须暂停现行工作即可得知报警内容，并能得到如何操作的指令。
- 按钮。信号报警系统中有试验按钮和确认（消声）按钮、复位按钮和第一原因复位按钮等，根据需要设置。试验按钮可以同时测试所有的灯和声响器。确认（消声）按钮可使音响器停止工作，并使灯光从闪光转为平光。同一控制室的信号报警系统，根据控制室的大小、操作岗位的多少，设置一组或几组试验和确认（消声）按钮。

1. 闪光一般信号报警系统的功能和动作

闪光一般信号报警系统的动作方式见表7-1。

表7-1 闪光一般信号报警系统动作

状　态	报警灯	音响器
正常	灭	不响
异常	闪光	响
确认（消声）	平光	不响
恢复正常	灭	不响
试验	全亮	响

第7章 信号报警和安全仪表系统（SIS） 163

当过程变量超限时，故障检出元件发出信号，信号报警系统动作，发出音响并闪光。操作者确认信号内容后，按下确认（消声）按钮，灯光由闪光转为平光，音响停止。直至采取正确操作措施后，过程变量恢复正常，信号报警系统自动恢复，就可以再次接受故障检出元件送来的超限信号。

也有的系统采用不闪光一般信号报警系统，与闪光一般信号报警系统相似，只是在异常时，灯光只是平光而不是闪光。

2. 能区别第一原因的信号报警系统

有的工艺过程和设备上有几个不同过程变量的信号报警点，为此要能区别出原发性的故障，即第一原因事故，以便于进行事故原因的分析处理。由于用人工判别第一肇事原因的根源费事且不科学，所以有必要设计能鉴别第一原因事故的信号报警系统。

能区别第一原因的闪光报警系统动作方式见表7-2。

表7-2 能区别第一原因的闪光报警系统动作

状　态	第一原因信号报警灯	其余信号报警灯	音响器
正常	灭	灭	不响
异常	闪光	平光	响
确认（消声）	闪光	平光	不响
恢复正常	灭	灭	不响
试验	全亮	全亮	响

在有闪光的能区别第一原因事故的信号报警系统中，有数个事故参差出现时，几个灯几乎同时亮，设计让第一原因事故变量的报警灯闪光，从属引起的后续事故报警灯平光，按确认按钮后声响消除，但仍有闪光和平光之分。

能区分第一原因的不闪光报警系统要区别第一原因事故时，用红色和黄色一组灯来区别第一原因。能区别第一原因的不闪光信号报警系统动作方式见表7-3。

表7-3 能区别第一原因的不闪光信号报警系统动作

状　态	第一原因信号报警灯		其余信号报警灯		音响器
	红灯	黄灯	红灯	黄灯	
正常	灭	灭	灭	灭	不响
异常	亮	亮	灭	亮	响
确认（消声）	亮	亮	灭	亮	不响
恢复正常	灭	灭	灭	灭	不响
试验	全亮	全亮	全亮	全亮	响

当数个事故相继发生时，数个灯几乎同时亮，但是只有红灯与黄灯一起亮的才表示是第一原因。只有黄灯亮的表示依次出现的后续事故。确认按钮后仍有红

灯-黄灯和只有黄灯的区分。这样用红-黄双灯明确区分了第一原因事故。

3. 能区别瞬时原因的信号报警系统

有的工艺流程和操作要求，需要测知过程变量瞬间突发性的超限。为了了解这一瞬间超限的原因，排除可能隐伏的故障，免使隐患扩大而造成更大的事故，信号报警极限可设计自保持环节，使系统能区别分辨瞬时原因造成的瞬间故障。

能区别瞬时原因的闪光信号报警系统动作方式见表7-4。

表7-4 能区别瞬时原因的闪光信号报警系统动作

状态		报警灯	音响器
正常		灭	不响
异常		闪光	响
确认（消声）	瞬时事故	灭	不响
	持续事故	平光	不响
恢复正常		灭	不响
试验		全亮	响

在闪光系统中，瞬时事故可以用灯的闪光情况来区别。当事故发生后，数个事故灯都闪光，按确认按钮后，如果灯灭不亮，则是瞬时事故，若灯从闪光变为普通平光亮，则说明是持续事故。

7.1.2 信号报警系统中的检测元件

1. 报警点对故障检出元件的要求

故障检出元件是信号报警系统的输出元件，其接点的闭合或断开，就是要使信号报警系统动作。一般来说，信号报警系统宜单独设专用故障检出元件，或者用标准模拟信号（$0.02 \sim 0.1$ MPa、$4 \sim 20$ mA DC 或 $1 \sim 5$ V DC）报警开关。也可以用仪表中的附属开关，但降低了信号报警系统的可靠性。

对于重要的信号报警点，如锅炉汽包液位、气化炉、转化炉的温度等参数或状态，不仅要设置专用的故障检出元件或报警开关，它们的输入信号还要与其他测量控制回路分开。例如流量测量可以用两台差压变送器、温度测量则可用两支热电元件，分别接到测量控制回路和信号报警专用回路，以提高信号报警系统的可靠性。

2. 故障检出元件的类型

信号报警系统用的故障检出元件大体可分为4类：与工艺设备直接连接的专用故障检出元件、用模拟信号的报警开关、附属在仪表中的辅助报警开关和无触点报警开关。

(1) 直接连接的专用检出开关

与工艺设备、管道直接连接的检出开关和带接点的指示器可以作为信号报警系统的故障检出元件，如图 7-1 所示。例如温度、流量和液位开关。这类开关有变量传感元件，通过机械连杆带动微动开关或触电组合板，有一个刻度标志和指针，能粗略指示开关动作的设定点，该设定点是可调的。一般专用检出开关是以安装位置的相对高度为液位报警的设定点。当被测变量超过设定点时，开关或触点动作。常用的电接点压力指示表也属于直接连用的专用开关，有测量值指示，且报警设定值的设定借助于仪表的面板刻度值可以调得相当精确。

(2) 用模拟信号的报警开关

这类信号报警开关是用模拟信号作为其输入信号，报警设定值可以整定在变送器测量范围内的任意值。

这类仪表也可以带指示，因为接受模拟信号，所以在测量控制系统中接入一个报警开关是很方便的，如电动变送器输出电流信号接出来的电信号开关，如图 7-2 所示。用模拟信号的报警开关不像直连开关要安装在现场，这类开关可以安装在控制室，这样减少了从现场到控制室的报警开关专用的管线敷设，安装维护方便，节约费用。但如果变送器发生故障时，则利用此模拟信号的报警开关也就无法工作，所以从可靠性方面来说，不如直连的专用检出开关可靠。

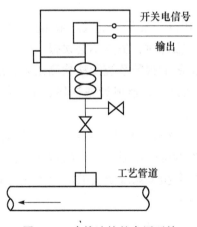
图 7-1 直接连接的专用开关

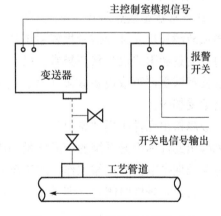
图 7-2 用模拟信号的报警开关

(3) 附属的辅助报警开关

这类辅助报警开关是附属于指示、记录和变送器内的辅助报警开关。当过程变量变化时，可以用电或机械的方法带动这些辅助开关，报警设定值也可以调整，如图7-3所示。

这类仪表可能由于测量元件及附属的仪表自身损坏、故障而使辅助的报警开关失效，比模拟信号报警开关又多了一个仪表，可靠性更差一些。一般使用在不太重要的报警点。

（4）无触点报警开关

这类报警开关主要特点是没有可运动的触头部件，导通和关断时不出现电弧或火花，可以是本安型和隔爆型，有良好的防爆性能。

3. 故障检出元件的接点闭合形式

接点闭合形式有正常状态时接点闭合、信号报警系统激励形式和正常状态接点断开、系统不激励两种形式。

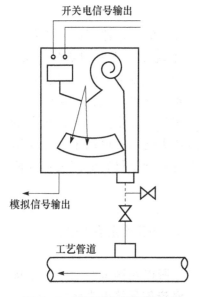

图7-3 附属的辅助报警开关

① 工艺正常状态时接点闭合、信号报警系统激励的形式，即接点"常闭"形式。这对信号报警系统来说是"安全型"。除了过程变量超限可以检测出来，电源停电、检出元件自身故障或报警系统某个环节损坏等系统自身故障情况，都可以检测出来。虽然这类系统自身故障报警属于误报，但可以通过故障查找与过程报警区别出来，及时更换元件，避免事故隐患。缺点是故障检出元件连续带电运转，会影响元件的使用寿命。

② 正常状态接点断开、系统不激励，即接点"常开"形式。采用这种形式，停电或故障检出元件及信号报警系统某个环节损坏时，虽然不会误报，但一旦发生过程变量超限或设备状态异常，已经发生故障的报警系统无法检测出来，这就可能使超限更严重或设备故障扩大，引起事故停车，造成设备损坏、生产停顿、经济蒙受损失。

故障检出元件采用"常开"还是"常闭"形式，要从工艺过程的操作要求、故障检出元件和报警系统的产品质量和使用经验综合考虑。一般的做法是，如果继电器长期带电仍能可靠工作，对于重要的信号报警系统及其故障检出元件的接点在工艺正常条件时闭合，即采用"常闭"形式。

7.2 安全仪表系统 (SIS)

安全仪表系统是保障生产安全的重要措施，应能在危险发生时正确地执行其安全功能。安全功能是指对某个具体的潜在危险事件实行的保护措施，如管道或容器在压力超限时的分流或停车（气体管道可打开事故阀放空）；加热炉超高温时切断燃料或灭火等，都分别属于一个安全功能。一个安全仪表系统可以执行多个安全仪表功能（Safety Instrumented Function，SIF），每一个安全仪表功能都针对特定的风险对生产过程进行保护，安全仪表功能就是当潜在危险发生时安全仪表系统为了整个过程的安全所采取的保护措施。

7.2.1 安全仪表系统的概念和作用

1. 安全仪表系统的概念

安全仪表系统（SIS）是 Safety Instrumented System 的简称，也称为安全联锁系统（Safety Interlocking System，SIS）、紧急停车系统（Emergency Shutdown System，ESD）、安全关联系统（Safety Related System，SRS）、仪表保护系统（Instrumented Protective System，IPS），等等。安全仪表系统是由国际电工委员会（IEC）标准 IEC 61508 及 IEC 61511 定义的专门用于安全的控制系统。对于过程变量超限或设备可能出现的故障，能够迅速、正确地做出响应，最终能够完全避免事故的发生或者至少能减少事故给设备、环境和人员造成的危害。

简要地说，安全仪表系统（SIS）是指能实现一个或多个安全功能的系统。SIS 系统具有高可靠性（Reliability）、可用性（Availability）和可维护性（Maintainability），并且在 SIS 内部出现故障或外界干扰的情况下是安全的。

在一定时间、一定条件下，安全仪表系统能成功地执行其安全功能的概率，称为安全完整性水平（Safety Integrity Level，SIL），其数值的大小代表安全仪表系统使过程风险降低的数量级。

2. 安全仪表系统的作用

安全仪表系统可对生产过程进行自动监测并实现安全控制，当各种原因导致的过程参数越限、机械设备故障、系统自身故障或能源中断时，SIS 能自动（必要时也可手动）地产生一系列预先定义的动作，例如以灯光或声响引起操作者的注意（从广义角度上说，信号报警系统也属于安全仪表系统）、自动停车或自动控制事故阀门的动作，使得工艺装置与操作人员处于安全状态。

不同的生产过程或同一生产过程中不同工序、不同设备，其潜在危险是不同的。减少安全事故的发生，确保生产过程安全稳定运行，就是要采用各种手段降低生产过程中的风险，使之达到允许的程度。

石油化工企业中降低风险的手段一般包括如下几点：

① 工艺设计、设备（机、电、仪）及材料选型、安装/试车/验收规范、操作规程。

② 采用过程控制系统（典型的如 DCS 系统）进行工艺参数监视、报警、手

动调节，维持生产过程在正常工况乃至最佳工况下运行。

③ 采用安全仪表系统 SIS，使生产过程在超过安全极限时安全停车。

④ 物理保护措施（如高速旋转机械的超速保护、泄压阀、防爆板）。

⑤ 工厂紧急响应。

⑥ 所在社区紧急响应。

由此可见，DCS 和 SIS 是降低风险的重要手段。SIS 更是至关重要，它在事故和故障状态下（包括装置事故和控制系统本身发生的故障），使装置能够安全停车并处于安全模式下，从而避免灾难的发生，即避免对装置内人员的伤害及对环境造成恶劣的影响。因而，SIS 本身必须是故障安全型（Fail to Safe）的，系统的硬件和软件的可靠性都要求很高。

7.2.2 安全仪表系统的发展和特点

1. SIS 的发展

20 世纪 60 年代，在 PLC 和 DCS 出现之前，SIS 由气动仪表和继电器系统组成。随着使用时间的增长，气动和继电器仪表构成的 SIS 系统暴露的问题越来越多，难以满足实时、安全可靠的要求。到了 20 世纪 70 年代，本质安全技术被应用于过程控制领域，极大地推进了 SIS 系统的发展，这个时期的 SIS 系统以 PLC（非冗余）为主流。到了 20 世纪 90 年代，双重化诊断系统、三重模块冗余 PLC 技术在安全仪表系统中得到广泛应用。目前，SIS 技术正在世界范围内广泛应用。

从 SIS 发展历史来看，SIS 经历了电气继电器（Electrical）、电子固态电路（Electronic）和可编程电子系统（Programmable Electronic System，PES），即 E/E/PES 三个阶段。

（1）电气继电器

① 采用单元化结构，由继电器执行逻辑，通过硬件接线来实现逻辑编程。

② 可靠性高，具有故障安全特性，电压适用范围宽，一次性投资较低，可分散于工厂各处，抗干扰能力强。

③ 系统庞大而复杂，灵活性差，进行功能修改或扩展不方便；无串行通信功能，无报告和文档功能；易造成误停车，无自诊断能力；用户维修周期长，费用高。

（2）电子固态电路

① 采用模块化结构，采用独立固态器件，通过硬接线来构成系统，实现逻辑功能。

② 结构紧凑，可进行在线测试，易于识别故障，易于更换和维护，可进行串行通信，可配置成冗余系统。

③ 灵活性不够，逻辑修改或扩展必须改变系统硬连线，大系统操作费用较高，可靠性不如继电器系统。

（3）可编程电子系统

① 以微处理器技术为基础的 PLC，采用模块化结构，通过微处理器和编程软件来执行逻辑。

② 强大、方便灵活的编程能力，有内部自测试和自诊断功能可进行双重化串行通信，可配置成冗余或三重模块冗余（TMR）系统，可带操作和编程终端，可带时序事件记录（SER）。

2. SIS 的特点

① SIS 的开关量输入检出元件选择正常状态下闭合，线路断开等同于联锁动作，即系统为故障安全型。

② SIS 中输出电磁阀或继电器选择为正常励磁，只有当输出线路发生故障时才动作。

③ SIS 能够检测潜在的危险故障，具有高安全性、覆盖范围宽的自诊断功能。

④ SIS 需符合国际安全标准规定的仪表安全标准，从系统开发阶段开始，要接受第三方认证机构（TUV 等）的审查，取得认证资格，系统方可投入实际运行。

⑤ SIS 自诊断覆盖率大，维修时检查的点数非常少。诊断覆盖率是指可在线诊断出的故障占系统全部故障的百分数。

⑥ SIS 由采取冗余逻辑表决方式的传感器单元、逻辑运算单元、最终执行元件 3 部分组成系统，逻辑表决的应用程序修改容易，特别是可编程型 SIS，根据工程实际要求，修改软件即可。

⑦ SIS 由局域网、DCS I/F（人机接口）及开放式网络等组成多种系统。

⑧ SIS 设计特别重视从传感器到最终执行机构所组成的回路整体的安全性保证，具有 I/O 断线、短路等的监测功能。

7.2.3　安全仪表系统的组成

随着计算机技术、控制技术、通信技术的发展，安全仪表系统的设备配置也由简单到复杂，由低级到高级不断更新换代。但究其根本来说，安全仪表系统的基本组成可分为传感器单元、逻辑运算单元和最终执行元件 3 个部分，当与过程控制系统之间通信时，还包括相应的通信接口。SIS 系统通过传感器对过程变量进行检测，这些变量信号根据安全联锁的要求在逻辑运算器中进行处理，一旦过程变量达到预定条件，则将输出正确的信号到最终执行元件，使被控过程转入安全状态。系统的组成如图7-4所示。

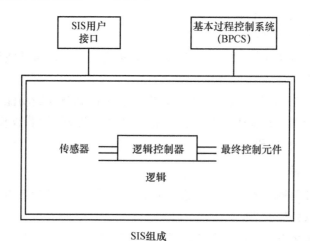

图7-4 安全仪表系统的组成

1. 传感器单元

传感器单元采用多台仪表或系统，将控制功能与安全联锁功能隔离，即传感器分开独立配置的原则，做到安全仪表系统与过程控制系统的实体分离。

2. 逻辑运算单元

SIS系统的逻辑单元可由继电器系统、可编程电子系统构成（固态电路系统使用较少），也可根据需要由二者混合构成。在SIS中完成一个或多个逻辑功能。

继电器系统可用于输入输出点数少、逻辑功能简单的场合。

可编程电子系统可以是PLC、DCS或其他以微处理器为基础的专用系统，不采用个人计算机用于安全仪表系统。在下列情况下，采用可编程电子系统。

① 有大量的开关量输入/输出信号，或有大量模拟信号。
② 逻辑需求复杂，或逻辑中含有运算关系。
③ 需要与过程控制系统进行大量的数据通信。
④ 不同的操作状况需要有不同的联锁设定点。

逻辑运算单元自动对过程参数和设备状态进行周期性故障诊断，借助自诊断测试和安全诊断测试技术保证系统的安全性，可以实现在线诊断SIS系统的故障。

SIS故障主要有两种：显性故障（安全故障）和隐性故障（危险故障）。显性故障（如系统短路等）的特征和表现形式比较明显直观，出现故障时会使检测数据发生变化，通过比较判断可被及时发现，系统自动产生矫正作用，进入安全状态，因此显性故障不影响系统安全性，仅影响系统可用性，故又称为无损害故障（Fail to Nuisance，FTN）。隐性故障（如 I/O 短路等）会造成 SIS 系统拒动或 SIS 系统误动。系统拒动是指当工艺条件达到或超过安全极限时，SIS 本应引导工艺过程停车，但由于其自身存在隐性故障（危险故障），譬如输出开关被误连短路，而不能响应此要求，即该停车而拒停，降低了安全性；SIS 系统误动是指当输出开关由于某种原因处于非激励状态，即使潜在的危险工况没有发生，SIS 也会进入一种安全失效状态，例如，输入电路可能会发生故障，从而使逻辑运算单元误认为是传感器检测到了危险工况，而事实上并没有这种情况发生。逻辑运算单元本身也可能出现运算错误，并导致输出回路失电，输出回路可能出现开路。SIS 的许多元件失效均会导致系统进入安全失效状态。隐性故障是一种不对危险产生报警，允许危险发展的故障，仅能通过自动测试程序方可检测出来，因此又称为故障危险故障（Fail to Danger，FTD），系统不能产生动作进入安全状态。隐性故障影响系统的安全性，隐性故障的检测和处理是 SIS 系统要处理的重要内容。

3. 最终执行元件

最终执行元件（切断阀、电磁阀、控制阀）是安全仪表系统中危险性最高的设备。因为安全仪表系统在正常工况下是静态的、被动的、系统输出不变，最终执行元件一直保持原有状态不动作，所以很难判断最终执行元件是否存在危险故障，故要选择符合安全度等级要求的控制阀及配套的电磁阀作为安全仪表系统的最终执行元件。

下面就以一个工程示例来说明安全仪表系统的功能。

如图 7-5 所示，这是一个气液分离容器液位控制的安全仪表功能。对这个安全仪表功能完整的描述是：当容器液位开关达到安全联锁值时，逻辑运算器（见图 7-6）使电磁阀断电，则切断进料控制阀膜头信号，使控制阀切断容器进料，这个动作要在 3s 内完成。这是一个安全仪表功能的完整描述，而所谓的安全仪表系统，则是类似一个或多个这样的安全仪表功能的集合。

图 7-5 中，当气液分离器液位在安全范围内时，液位开关 L 断开，未动作，处于静止状态。此时，由液位变送器将液位测量信号送到液位控制器 LCR（带记录功能），液位控制器根据偏差信号的大小和方向，按照预定的控制规律输出控制信号（标准 4~20 mA DC），经电/气转换器转换为标准气压信号控制阀门的开度，气动控制阀带有电磁阀，液位正常时，电磁阀 S 励磁，S 的常开触点 S_1 闭合自锁，保证电磁阀 S 始终得电，控制信号可以控制阀门，使液位保持在设定值附近；假如某些突发原因使液位突然超限，此时，液位开关 L 闭合，L 的常开触点闭合，继电器 Z 得电，继电器的常闭触点 Z_1 断开，电磁阀 S 的线圈失电，切断往控制阀膜头的控制信号，控制阀切断工艺进料，完成联锁保护作用。

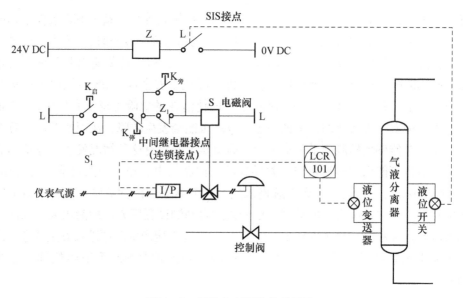

图 7-5　气液分离器液位联锁图

图 7-5 中，$K_停$——人工强制联锁停车按钮，正常时闭合；$K_启$——启动联锁回路和复位按钮，正常时断开；$K_旁$——旁路联锁保护作用，用于开车或检修联锁信号仪表，正常时断开。

图 7-6 为电磁阀 S 的联锁逻辑图。

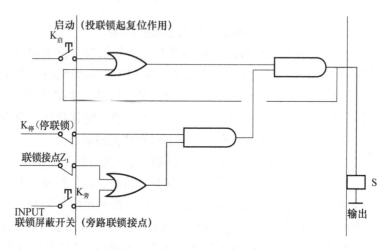

图 7-6　电磁阀 S 的联锁逻辑图

7.2.4　安全仪表系统的相关标准和认证机构

SIS 是一种经专门机构认证，具有一定安全完整性水平，用于降低生产过程风险的仪表安全保护系统。它不仅能响应生产过程因超过安全极限而带来的风险，而且能检测和处理自身的故障，从而按预定条件或程序使生产过程处于安全状态，以确保人员、设备及工厂周边环境的安全。鉴于 SIS 涉及人员、设备、环境的安全，因此各国均制定了相关的标准、规范，使得 SIS 的设计、制造、使用均有章可循，并有权威的认证机构对产品能达到的安全等级进行确认，未经第三方认证机构认证的 SIS 系统不可投入使用。这些标准、规范及认证机构主要有以下几种。

① 我国石化集团制定的行业标准，SHB – Z06—1999《石油化工紧急停车及安全联锁系统设计导则》。

② 中国国家标准 GB/T 20438、GB/T 21109（2006、2007 年相继颁布），中国的功能安全标准开始规范我国的功能安全工作。

③ 国际电工委员会 1997 年制定的 IEC 61508/61511 标准，对用机电设备（继电器）、固态电子设备、可编程电子设备（PLC）构成的安全联锁系统的硬件、软件及应用作出了明确规定。本标准根据故障发生的概率将安全完整性水平（Safety Integrity Level，SIL）分为 4 个等级，即 SIL1～SIL4，数值越大，表明一个装置的危险性越高，对安全仪表系统要求的安全等级就越高，获得对应级别安全性能所付出的安全成本也越高。通常大型化工、石化和电力行业所需的安全等级为 SIL3 级。

④ 美国仪表学会制定的 ISA – S84.01—1996《安全仪表系统在过程工业中的应用》。

⑤ 美国化学工程学会制定的 AICHE（ccps）—1993，《化学过程的安全自动化导则》。

⑥ 英国健康与安全执行委员会制定的 HSE PES—1987，《可编程电子系统在安全领域的应用》。

⑦ 德国国家标准中有安全系统制造厂商标准 DIN V VDE 0801、过程操作用户标准 DIN V 19250 和 DIN V 19251、燃烧管理系统标准 DIN VDE 0116 等。

⑧ 德国技术监督协会（TUV）是一个独立的、权威的认证机构，它按照德国国家标准（DIN），将 ESD 所达到的安全等级分为 AK1～AK8，AK8 安全级别最高。其中 AK4、AK5、AK6 为适用于石油和化学工业取得 TUV 认证的 SIS 产品。

在国内石化行业中应用的 SIS 产品，经过 TÜV 认证的主要有以下几种。

① Tricon、Triden。美国 Triconex 公司开发用于压缩机综合控制（ITCC）和紧急停车的系统。安全等级为 AK6（SIL3）。

② FSC（Fail safe control）。由荷兰 P&F（Pepper&Fuchs）公司开发，1994 年

被 Honeywell 公司收购。安全等级为 AK6 (SIL3)。

③ HIMA PES。HIMA 是德国一家专业生产安全控制设备的公司，是近几年来国内引进较多的一种安全仪表系统。主要由 H41q 和 H51q 系统组成。H41q 也叫小系统，它分为不冗余系统和冗余系统，不冗余系统型号为 H41q—M，冗余系统又分为高可靠系统 H41q—H 和高性能系统 H41q—HR。H51q 称为模块化的系统，它也分为不冗余系统和冗余系统，不冗余系统的型号为 H51q—H 和高性能系统 H51q—HR。各种型号的 PES 都具有 TUV AK1～AK6 级认证。

④ Prosafe—RS。它是横河电机安全仪表系统，其特点是与 CENTUM CS3000 R3 的技术融合，即实现了与 DSC 的无缝集成。非冗余取量即可实现 SIL3，通过冗余取量实现更高的可用性。

⑤ QUADLOG。由 MOORE 公司开发，日本横河电机公司收购后称 prosafe plc，其 1oo2D 结构安全等级达 AK6 (SIL3)。

⑥ SIMATICS7—400F/FH。德国 SIEMENS 公司产品。400F 和 400FH 分别为 1 个 CPU 和 2 个 CPU 运行 fail - safe (F) 用户程序，均取得 TUV 认证，安全等级为 AK1～AK6 (SIL1～SIL3)。

⑦ Regent Trusted。美国 ICS 利用宇航技术开发的安全系统，安全等级 AK4～AK6 (SIL2～SIL3)。

⑧ GMR90 - 70，美国 GE Fanuc 公司开发。其中 GMR90 - 70（模块式冗余容错）的安全等级为 class 5 (2oo3)，class 4 (1oo2) 和 class 5 (2oo2)。

⑨ TRIGUARD SC300E，AUGUST 公司开发，1999 年成为 ABB 集团成员之一，安全等级为 class 5 和 class 6，系统结构为 2oo3。

⑩ Safeguard 400&300。ABB Industry 公司开发，系统结构为 1oo2D。

7.2.5 安全仪表系统与基本过程控制系统的关系

基本过程控制系统 (Basic Process Control System, BPCS, 如 DCS、FCS、PLC 等) 是执行常规正常生产功能 (如 PID 控制) 的控制系统，使生产过程达到正常操作要求。安全仪表系统则监视生产过程的状态，判断危险条件，防止危险的发生或减轻危险造成的后果。因此一个生产过程应该同时具备基本过程控制系统和安全仪表系统这两类不同功能的系统。它们的关系可总结如下。

① 基本过程控制系统用于生产过程的连续测量、常规控制（连续、顺序、间歇等）、操作控制管理，保证生产装置平稳运行；安全仪表系统用于监视生产装置的运行状况，对出现的异常工况迅速进行处理，使故障发生的可能性降到最低，使人和装置处于安全状态。

② 基本过程控制系统是"动态"系统，它始终对过程变量连续进行检测、

运算和控制,对生产过程动态控制,确保产品质量和产量;基本控制系统是"静态"系统,在正常工况下,它始终监视装置的运行,系统输出不变,对生产过程不产生影响,在异常工况下,它将按着预先设计的策略进行逻辑运算,使生产装置安全停车。

③ 基本过程控制系统自身的故障会在生产过程中自动显示出来。例如,某控制阀发生卡死故障,不能按照控制器的控制命令达到规定的开度,那么,势必会影响正常的生产,由此产生的故障现象会立刻显现出来;安全仪表系统的故障则没那么明显,例如,由于一直正常生产,就无法得知一个3年没有动作过的事故排放阀在发生事故时能否正常打开放空,即故障是隐藏的。因此确定安全仪表系统是否能正常工作的唯一方法就是要人为地进行周期性的诊断和测试。

④ 基本过程控制系统可进行自动/手动切换,系统故障或维护时运行手动运行;安全仪表系统不允许离线运行,否则生产装置将失去安全保护屏障。

⑤ 基本过程控制系统只做一般联锁、泵的开停、顺序等控制,安全级别要求不是很高;与过程控制系统相比,SIS在可靠性、可用性上要求更严格,要求SIS与基本控制系统的硬件独立设置。

7.2.6 安全仪表系统的设计、选型与实施

1. 设计的原则

安全仪表系统设计原则必须满足工艺装置的安全运行,在发生异常情况时发挥作用,使安全联锁系统按预定要求动作,以确保工艺装置的生产安全,避免重大人身伤害及重大设备损坏事故。对于安全仪表系统的设计,普遍认为 IEC 61508、IEC 61511 和 DIN 19250 提供了极好的国际通用技术规范和参考资料。其中,IEC 61508 是最新的、也是最主要的标准,而 IEC 61511 是 IEC 61508 的延续,主要针对的是流程工业。

(1) 可靠性原则

为了保证工艺装置的生产安全,安全仪表系统必须具备与工艺过程相适应的安全度等级 SIL(Safety Integrity Level)。对此,IEC61508 等标准有详细的技术规定。对于安全仪表系统,可靠性有两个含义,一个是安全仪表系统本身的工作可靠性;另一个是安全仪表系统对工艺过程认知和联锁保护的可靠性,还应有对工艺过程测量、判断和联锁执行的高可靠性。评估安全度等级 SIL 的主要参数就是平均危险故障率范围(PFD),按其从低到高依次分为 1~4 级,在石化行业中一般涉及的只有1、2、3 级,因为 SIL4 级投资大,系统复杂,一般只用于核电行业。

(2) 可用性原则

可用性(可用度)是指一个系统在一个给定的时间点能够正确执行功能的概

率。常用下面公式表示：

$$A = \frac{MTBF}{MTBF + MDT} \qquad (7-1)$$

式中　A——可用度，是指系统可使用工作时间的概率，用百分数计算；

　　　$MTBF$——平均故障间隔时间（Mean Time Between Failures）；

　　　MDT——平均停车时间（Mean Down Time）。

安全仪表系统对工艺过程的认知过程，还应当重视系统的可用性，若工艺条件并未达到安全极限值，SIS 不应引导工艺过程停车。如果其自身存在显性故障（安全故障）而导致工艺过程停车，即不该停车而误停，会降低可用度系统。所以，必须正确判断过程事故，尽量减少装置的非正常停车，减少开、停车造成的经济损失。

(3) 独立性原则

安全仪表系统应独立于基本过程控制系统（BPCS），独立完成安全保护功能，它的传感器、逻辑运算器和最终执行元件应单独设置。如果工艺要求同时进行联锁和控制，安全仪表系统和 BPCS 应设置独立的传感器和取样点（特殊情况除外，如配置 3 取 2 传感器，进安全仪表系统 3 取 2，经过信号分配器的公用传感器）。安全仪表系统应能通过数据通信连接以只读方式与过程控制系统通信，禁止 BPCS 通过该通信连接向安全仪表系统写信息；还应配置独立的通信网络，包括独立的网络交换机、服务器、工程师站和顺序事件记录（SER）站等；另外应采用冗余电源，由独立的双路配电回路供电并避免安全仪表系统和 BPCS 的信号接线出现在同一接线箱、中间接线柜和控制柜内；同时安全仪表系统的阀门不应配备手轮。

(4) 故障安全原则

当安全仪表系统的元件、设备、环节和能源发生故障或者失效时，系统设计应当使工艺过程能够趋向安全运行或者安全状态，即系统设计的故障安全性原则。能否实现"故障安全"取决于工艺过程及安全仪表系统的设计。例如，安全仪表系统的传感器、逻辑运算器和最终执行元件应为失电/非励磁联锁；用于报警/停车的接点在正常操作过程中应当处于闭合状态，在报警/停车时打开。

(5) 冗余原则

为了提高系统的可靠性，利用更多的设备构成冗余结构是实际应用中经常采用的方法。采用并联的结构可以提高系统的可靠性，引入表决系统可以降低系统的误动率。当系统发生故障时，冗余系统可以自动检测到故障，重复配置的部件介入并承担故障部件的工作，由此减少系统的故障时间。

在安全仪表系统中冗余的部分被称为通道，包含一个或多个通道的冗余结构称为组。常用到的冗余结构主要有以下几种。

① 1oo1D 一选一带诊断结构。

这里 $MooN$ 表达形式的含义是指一套安全相关系统或者其中某一部分,有 N 个独立的通道,以这样的方式连接:即至少需要其中的 M 个通道完好,才能执行正确的安全功能。例如 1oo2 结构就意味着 2 个独立设备,只需要其中 1 个装置正常运行就能正确地执行安全功能,只有当两个设备都出现危险故障时,安全功能才会失效。

1oo1D 结构如图 7-7 所示。

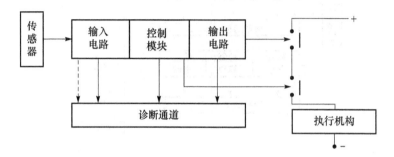

图 7-7 1oo1D 结构

这种结构使用一个控制器通道与诊断通道利用串联连接构成输出回路。1oo1D 的"D"表示诊断,所以被称为一选一带诊断结构。如果诊断电路检测到控制器通道发生故障,将使其控制的输出开路(正常时励磁,开关闭合),系统发生安全失效(安全失效是指当系统产生显性故障时,将触发安全仪表系统动作,导致误停车),也就是说,诊断系统将检测到的危险失效(危险失效是指当系统内发生隐性故障时将导致安全仪表系统在需要时不能产生动作)转换为安全失效,保障了系统的整体安全。

② 1oo2 二选一结构。

1oo2 结构如图 7-8 所示。

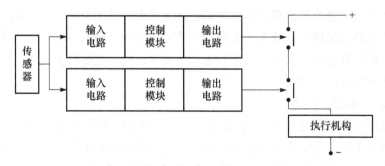

图 7-8 1oo2 结构

这种结构使用两个单独的控制器通道，两个输出电路串联，任何一个通道的安全失效都会造成系统安全失效，导致误停车；如果两个通道都发生检测到或未检测到的危险失效，整个系统会发生危险失效。由于两通道均可导致系统停车，因此其安全性高（隐性故障率低），但误停车率高（显性故障率高）。

③ 1oo2D 二选一带诊断结构。

1oo2D 结构如图 7-9 所示。

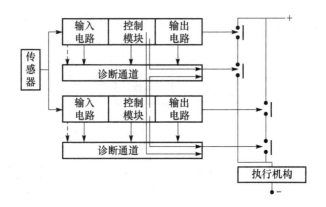

图 7-9　1oo2D 结构

1oo2D 结构中有 4 个通道，其中包括两个诊断电路通道，由两个 1oo1D 结构并联而成，每个诊断电路通道，不仅受到自身所在电路单元的控制，同时也受到另外一个冗余电路单元的控制。如果其中一个通道诊断检测到故障，则整个输出状态按照另一通道给出输出状态。这种结构既能够容忍一个单元通道未检测出的危险失效又能容忍安全失效。一方面当一个单元中的通道未检测出危险失效时，其诊断电路的开关将处于闭合状态而不能被该单元打开，但 1oo2D 的另一个单元检测到过程危险后除了将自己诊断电路开关打开外，同时也可以将危险失效单元诊断电路的开关打开，从而执行机构动作，保证系统安全。在两个单元都没有检测到危险失效时，1oo2D 结构系统才会发生危险失效。另一方面，当一个单元中通道发生安全失效或检测到危险失效时，这个单元将处于开路状态，但 1oo2D 的另一个单元仍然保持闭合状态，系统将一直带电避免了误停车。总之，1oo2D 设计的系统既能容忍安全失效，又能容忍危险失效，具有更好的安全性。

④ 2oo2 二选二结构。

2oo2 结构如图 7-10 所示。

采用两个控制器通道并联冗余结构，单一通道的安全失效将不会导致误停车，即当一个通道发生安全失效而开路时，另一个通道仍保持着输出使能，故系统可用性好。但系统安全性差，这种结构不能容忍任何的危险失效，即任何一个

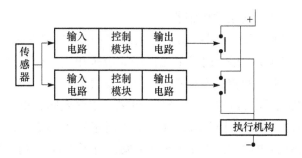

图 7-10　2oo2 结构

通道一旦发生危险失效,系统将会发生危险失效,无法执行要求的安全功能。因此从安全角度讲,应尽量避免采用2oo2结构。

⑤ 2oo3 三选二结构。

2oo3 结构如图 7-11 所示。

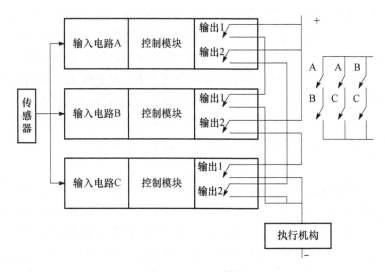

图 7-11　2oo3 结构

这种结构又称为三重冗余。每个输出通路上有两个控制器通道的输出串联,三个通道两两串联构成"表决"电路,系统输出时采用多数表决的结果,即至少有两个通道输出闭合时,输出使能;无论一个通道发生安全失效还是危险失效,系统一直能够保持正常工作状态。2oo3可以容忍一个通道危险失效,也可以容忍一个通道安全失效,只有两个通道发生危险失效时,系统发生危险失效。因此系统具有较好的可靠性和可用性。

安全仪表系统采用冗余结构的基本原则如下。

① 传感器的冗余原则:对于 SIS 的 SIL1 回路,可采用单一的传感器;对于 SIS 的 SIL2 回路,宜采用"1oo2D"或"2oo3"冗余的传感器;对于 SIS 的 SIL3

回路，应采用"2oo3"冗余的传感器。

② 逻辑运算器的冗余原则：SIL1 可采用"1oo1D"单逻辑单元；SIL2 宜采用"1oo2D"或"2oo3"冗余逻辑单元；SIL3 应采用"2oo3"或"2oo4D"（四选二带诊断结构，可参阅相关文献资料）冗余逻辑单元。

③ SIS 控制阀的冗余设置原则：SIL1 可采用单电磁阀、单 SIS 控制阀；SIL2 宜采用冗余电磁阀、单 SIS 控制阀；SIL3 应采用冗余电磁阀、双 SIS 控制阀。SIS 冗余控制阀为分别带电磁阀的两个 SIS 开关阀，也可为带电磁阀的 1 个调节阀加 1 个 SIS 开关阀。冗余输入的 SIS 逻辑应当包括输入信号偏差报警（2 个变送器的信号偏差，报警设定值一般为 5%）。

（6）诊断与在线维护原则

SIS 应具有硬件和软件自诊断及测试功能。SIS 应为每个输入工艺联锁信号设置维护旁路开关，方便进行在线测试和维护。用于 3 选 2 结构的冗余传感器不需要旁路，手动停车输入也不需要旁路。严禁对 SIS 输出信号设立旁路开关。如果 SIL 计算表明测试周期小于工艺停车周期，而对最终执行元件进行在线测试时无法确保不影响工艺或导致误停车，则 SIS 的设计应当根据需要进行修改，通过提高冗余配置以延长测试周期或采用部分行程测试法，对故障关的阀门增加手动旁通阀、对故障开的阀门增加手动截止阀等措施，以允许在线测试 SIS 阀门。对于 SIS 联锁旁路应设置"禁止/允许"开关。SIS 旁路开关的动作应当在 DCS 中产生报警并予以记录。除非旁路解除，报警始终处于活动状态。

（7）联锁与复位原则

SIS 的设计应保证一旦工艺过程进入安全状态，在进行手动复位前应保持工艺过程在安全状态。最终执行元件在所有的联锁初始条件恢复到正常状态前不得复位。带多个传感器和最终执行元件的复杂联锁回路需要在逻辑中设置一个总联锁复位信号（按钮），当联锁初始条件恢复到正常状态之后，能用该复位信号（按钮）对整个联锁回路进行复位。对火焰加热炉、气化炉、反应器等高危险设备的最终执行元件，需配备一个独立的、就地手动复位装置。总联锁复位必须在就地手动复位前先复位，就地手动复位装置的信号必须输入 SIS 逻辑。

（8）其他设计原则

① 安全仪表系统选用的 PLC 一定是有安全证书的 PLC。

② 应该充分考虑 SIS 系统的扫描时间，1 ms 可运行 1 000 个梯形逻辑。

③ SIS 系统必须易于组态并具有在线修改组态的功能。

④ SIS 系统必须易于维护和查找故障并具有自诊断功能。

⑤ SIS 系统必须可与 DCS 及其他计算机系统通信。

⑥ SIS 系统必须有硬件和软件的权限人保护。

⑦ SIS 系统必须有提供第一次事故记录（SOE）的功能。

2. 相关仪表的选型原则

（1）独立设置原则

为使 SIS 免受其他关联设备的影响，现场仪表设计时应遵循"独立设置原则"，从检测元件到执行元件尽量采用专用设备或仪表。

① 检测元件。

液位开关和压力开关单独设置；既做控制又做联锁的温度检测点用一块双支热电偶；既做控制又做联锁的流量检测点用一块孔板加两台变送器。

② 控制器。

在停电、停气时能自动回到使生产过程处于安全状态的位置；电磁阀宜选用单控型，应带有阀位开关，以确认阀位；联锁阀一般不设手轮；电磁阀离控制室较远时，其电源最好选用 220 V AC。

（2）中间环节最少原则

回路中仪表越多可靠性越差，典型情况是本安回路的应用。在石化装置中，防爆区域在 0 区（连续出现或长期出现爆炸性气体混合物的环境）的很少，因此可尽量采用隔爆型仪表，减少由于安全栅而产生的故障源，减少误停车；传感器由 SIS 供电。

（3）故障安全原则

要求现场仪表出现故障时，安全仪表系统能使装置处于安全状态。现场仪表采用何种故障安全配置回路，由发生的主要故障来决定。

① 检测元件。

对于一个压力开关，如果确定断电或断线为主要故障，则可确定正常情况下，触点闭合为故障安全型，事故状态时触点断开，产生报警或联锁。这种情况下，如果要求压力超高报警联锁，采用常闭触点，工艺超压时为事故状态，压力开关的常闭触点断开产生报警或联锁。同样情况下，采用同一压力开关，如果要求压力超低报警联锁，则应采用常开触点，工艺过程正常时，压力高于低限，触点是闭合的，当工艺过程压力低于联锁设定值时为事故状态，压力开关的常开触点断开产生报警或联锁。

同样以压力开关为例，如果确定触点粘连为主要故障，则与以上情况相反，可确定正常情况下，触点断开为故障安全型，事故状态时触点闭合，产生报警或联锁。压力开关的应用也与以上情况相反。

② 执行元件。

对以电磁阀为执行机构的系统来说，SIS 的输出接点经导线向现场电磁阀供电。对不同的故障因素，故障安全型的结构不一样。

如果确定断电或断线为主要故障，则可确定正常情况下，输出接点闭合为故障安全型，向电磁阀供电。事故状态时输出接点断开，电磁阀断电，执行机构动作，发生工艺联锁。这种情况下，SIS 输出接点采用常闭触点（即正常时 ESD 输出为 1，故障时输出为 0）。如果确定触点粘连或弹簧损坏为主要故障，则情况相反，可确定正常情况下，输出接点断开为故障安全型，不向电磁阀供电。事故状态时输出接点闭合，电磁阀通电，执行机构动作，发生工艺联锁。这种情况下，ESD 输出接点采用常开触点（即正常时 ESD 输出为 0，故障时输出为 1）。

③ 送往电器配电室用以开/停电机的接点信号用中间继电器隔离，其励磁电路设计成故障安全型。即启动信号一般为常开触点，而停机信号，对于小容量电机一般为常闭触点，对于大容量电机一般为常开触点。

3. 安全仪表系统的联锁处理

(1) 对触发联锁结果的确认

因为石油化工装置的很多工艺过程的安全联锁过程，不是可逆的，为了防止工艺过程不能按正常顺序或意外地恢复或启动，再次形成事故，所以当 SIS 系统动作后，输入信号恢复到正常值时，SIS 系统不应回到正常状态，应继续保持联锁结果，待操作员确认系统正常后，由人工复位使系统恢复正常。

联锁切除（Cut，切除一部分联锁）、自动联锁（Auto）、人工联锁（Manual）的实现可以采用一个三位开关或两个两位开关。如果用三位开关，则中间位置应为"自动"位置，两边分别为联锁切除和人工联锁。而采用两个两位开关时，应该一个开关用于联锁切除，其位置为联锁切除和正常，另一个开关用于自动联锁和人工联锁。由于两个两位开关功能分开互不影响，所以此方案较好一些。

当然，也有一些工艺过程的安全联锁动作是可逆过程，其安全联锁不需要设置自锁功能，系统在过程恢复正常时，是自动回到正常状态的，也就是没有人工恢复过程。

(2) 联锁阀的双重确认

在某些装置中一些联锁阀在联锁时关闭后的重新开启，除了在辅助操作台进行确认以外（硬复位），为了安全还需操作人员在操作画面上进行确认（软复位），即联锁阀的双重确认。例如，在重油催化裂化装置中，应工艺的要求，烟气蝶阀、烟气闸阀和主风进口止回阀应采用双重确认，即在主风机复位后，由操作员界面再次确认后方可开阀。

4. 安全仪表系统的实施

安全仪表系统实施时，首先应在工艺分析的基础之上确定控制方案，然后利用组态软件进行系统组态和控制程序的设计，最后对编译好的组态程序下装，进行在线的调试正常后，就可将系统投入使用了。

下面对 SIS 系统在实施中的两个主要阶段加以说明。

(1) SIS 系统的组态

SIS 系统组态的主要内容是系统参数设置，硬件配置和通信通道的连接。控制程序的设计主要是利用硬件厂商提供的编程软件进行逻辑描述，只要拖选中各种逻辑门或触发器，进行有机连接就可实现联锁功能。其一般步骤包括以下几步。

① 首先确定工艺正常时联锁输入、输出采用常开触点，还是常闭触点，即联锁输入、输出逻辑值为 0 还是 1（开关量触点闭合，逻辑值为 1；开关量触点断开，逻辑值为 0。此时现场开关量仪表有可能接常开触点或常闭触点）。一般习惯规定工艺正常时联锁输入、输出值为 1，即联锁输入、联锁输出正常时为 1，联锁输入值变为 0 时达到自动联锁条件，联锁输出值变为 0 时启动联锁动作。如果有多个联锁输入，其中任意一个达到自动联锁条件时，启动自动联锁，则联锁输入应采用与门连接。

② 依据控制方案，由真值表或因果图设计信号逻辑关系，并采用逻辑代数的方法进行化简，列出表达式，按表达式绘出逻辑图。

③ 根据绘出的逻辑图，用硬件厂商提供的编程软件进行逻辑图的描述，即进行离线程序的开发。硬件厂商提供的编程软件一般都要遵守可编程控制器的 IEC 1131-3 国际标准，支持包括梯形图、顺序功能图、功能块图、结构化文本、指令表以及第三方编程器在内的多种编程语言和方法。

(2) 在线程序的调试

程序在线的调试对于检验系统组态和控制程序的正确与否，起着关键的作用，其调试的具体内容如下。

① 联锁的再次确认。由工艺、设备和自控专业技术人员，讨论联锁设置是否正确，根据工艺设备的要求，再次对联锁条件进行确认。

② 对系统的输入、输出值进行检查核对。观察卡件诊断图上有无显示输入、输出开路的现象。如有，应检查输入、输出与现场仪表是否连接好，现场仪表接线是否正确。对于模拟量输入，**断开现场仪表接线**，从现场加相应信号，检查对应位号显示是否正确，并根据文件核对仪表量程；对于数字量开关输入信号，使其闭合和断开，观察其状态是否正确；而对于压力开关或液位开关等，要使用专用仪器，使其处于正常工况和异常工况，来检查开关的动作值与设计是否相符；对于辅助操作台的硬开关和按钮以及操作画面上的软开关和按钮，都应一一核对其所处位置与组态定义的是否一致；对于数字量开关输出信号，应将其强制为逻辑 1 或逻辑 0，观察系统卡件相应通道指示灯或继电器指示灯指示的是否正确

(一般逻辑 1 时指示灯亮,逻辑 0 时指示灯灭)。

③ 联锁的调试。依据联锁图,人为操作使联锁条件满足(注意做到使每个联锁条件分别满足),触发联锁回路动作,检查联锁输出状态是否正确,检查现场各个执行机构动作是否灵敏,位置是否正确。将可能出现的各种条件都予以考虑,形成各种条件组合,作为联锁触发条件,检查联锁回路动作是否正确。

④ 联锁画面检查。由工艺专业技术人员仔细检查工艺流程有无错误,设备名称、工艺管线、物料等标注是否正确,联锁画面的翻页、切换和调用是否方便;由自控专业技术人员检查联锁画面中的软开关和按钮动作是否正确,显示数据,图中的色变是否正确,设备的开停状态和电磁阀的开关状态显示是否正确。

⑤ 检查第一事故记录(SOE)的功能。SOE(Sequence of Event)是系统专门对事件的发生情况进行记录的事件程序,它使得操作员在联锁动作以后,可以方便地找到第一事件的记录,为进一步查找故障原因提供方便。

在调试过程中,可以人为改变 DI 或 DO 信号的逻辑值,然后在 SOE 程序中查看是否正确记录即可。

⑥ 组态数据库的保存。在调试完成后,应该将控制器中的组态数据库文件及时进行转存,并标注转存时间,以便以后进行恢复或继续修改,避免因各种原因造成组态数据库文件丢失。

7.2.7 安全仪表系统的应用实例

由于化工企业的高温、高压、易燃、易爆的特点,近年来,对生产过程和安全要求越来越高。目前,工业过程一般用分散型控制系统 DCS 实现工厂的生产过程自动化,操作员可以根据工艺过程的具体情况进行合理的操作。由于 DCS 处理信息多、通信系统复杂,出现故障的几率相对也较高,因此,在设计时不能利用 DCS 来完成装置的联锁保护功能。在安全上同时采用了安全仪表系统确保当发生危险状态时,对生产装置的状态进行响应和保护,使生产装置安全地退出运行状况,保证人员及设备的安全。在本实例中采用了美国 Honeywell 公司的安全仪表系统 FSC – SM(Fail Safe Controller – Safety Manager 即故障安全控制 – 安全管理器),保障生产过程的安全。

1. FSC – SM 系统的基本结构和主要功能

(1) FSC – SM 的基本结构

FSC – SM 为 Honeywell TPS 系统(DCS 系统)的万能控制网络 UCN(Universal Control Network)提供一个双冗余容错的控制器。它直接挂接在 UCN 网络上,使系统安全作为 TPS 系统整体的一部分,同时对一个独立的"安全网络"过程控制进行单独的能量切除(即 SIS)。

系统由 FSC-SMM 接口卡和 FSC 控制器组成，即 FSC-SM 由 FSC-SMM 和 FSC I/O 子系统组成，其中 FSC-SMM 是 FSC-SM 与 UCN 网络进行通信的接口，如图 7-12 所示。

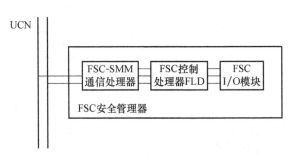

图 7-12　FSC-SM 基本结构图

（2）系统主要功能及特点

作为 UCN 网络的一部分，FSC-SM 具有其他 UCN 网络结点的主要功能及特点，包括以下内容。

① 可与过程管理站 PM、先进过程管理站 APM、高性能过程管理站 HPM、逻辑管理站 LM 和其他 SM 进行点对点的通信。

② 支持 LCN 局域网络上应用模块和主机之间进行高速通信功能。

③ FSC-SMM 的数据库保存在历史模块 HM 中。

④ 系统的自诊断功能：为了保证系统的安全和设备的诊断，FSC 控制处理器不断检测 FSC 硬件。

⑤ 系统的报警功能：当检测到一个过程报警，FSC-SMM 通过键盘上的 LED 指示灯，各式各样的显示以引起操作人员的注意。其中，显示画面包括报警摘要、报警报告显示、组显示、用户流程图。

⑥ 系统的顺序控制 SOE 功能。

⑦ 冗余配置：作为一个标准的应用，FSC-SMM 运行在一个双冗余的模式下，冗余 FSC 控制器的中心部分为含有独立与 UCN 网络通信的 FSC-SMM，每一个 FSC-SMM 与 UCN 网络的通信链路也采用冗余配置。

⑧ 点处理功能：在 FSC-SMM 和 FSC 控制器之间传送的数据在 0.5 s 或 1 s 的扫描周期内可以被更新。FSC-SMM 能立即处理操作者的操作。FSC 控制处理器内含用来接收通信设备专用的输入，包括在控制程序中的值。

2. FSC 的冗余配置

FSC 的配置具有多种不同的组合方式，本实例采用冗余的中央处理器和冗余 I/O 模块组合而成。具体的配置如图 7-13 所示，相对应的功能图如图 7-14 所示。

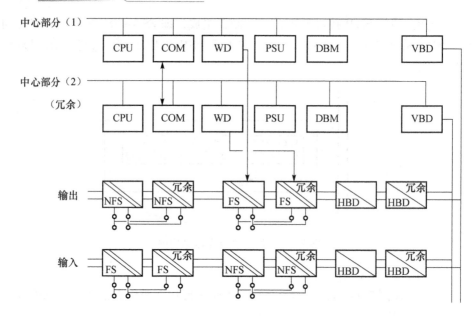

图 7-13 FSC 组态配置图

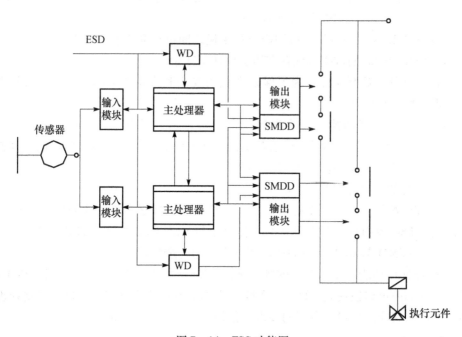

图 7-14 FSC 功能图

3. FSC 的逻辑设计

本装置将一些关键的联锁信号、报警信号、事故停车信号引入 FSC 中进行程序控制。为了便于系统调试、工艺操作和维护方便，特别是装置开停车的需要，对每个 DI 及 AI 点都设置旁路开关，该旁路开关各占一个输入点。并且，系统的联锁触点从安全考虑，在正常时触点的设置是闭合的，越限时触点断开。也就是在逻辑图的设计中，确定工艺正常时联锁输入、联锁输出为"1"，即联锁输入、联锁输出正常时为常闭触点，联锁输入值变为"0"时达到自动联锁条件，联锁输出值变为"0"时启动自动联锁。而当有多个联锁输入时，其中任意一个达到自动联锁条件时启动自动联锁，联锁输入间采用"与门"连接。这是考虑到现场的联锁触点，由于长时间受空气中杂质腐蚀、材料老化、触点磨损等因素的影响，可能造成不能在故障状态下准确闭合，或由于导线开路而不能将联锁信号传给逻辑设备，导致影响紧急停车系统的工作。当系统出现事故状态时，FSC 内部逻辑电路发生相应的联锁信号，使现场相关的电磁阀失电，达到联锁的目的。并且，FSC 的联锁信号和 DCS 通信站构成单向通信，联锁信息可在 CRT 上报警并显示，同时通过联锁控制相应的阀门全开或全关。

4. 联锁控制举例

本装置中道生加热系统的联锁控制较为简单，故以此为例进行介绍。

（1）工艺要求

道生加热系统的作用是在系统开车时预热反应器 R-101，并在熔盐系统停止工作，当反应器充满工艺介质时维持反应器处于热态。由道生回收罐 V-123 来的道生溶液用泵 P-130（图中未画出）送至道生加热器 F-102，而后使道生溶液进入反应器夹套内，最后溶液依靠重力返回 V-123 中，与此同时，必须确保机械密封液罐中注满道生溶液。具体的带控制点的工艺流程图如图 7-15 所示。

（2）联锁控制要求

系统的联锁逻辑图如图 7-16 所示。

LSXL7116 为道生回收罐 V-123 液位低限信号；

LAXL7116 为道生回收罐 V-123 液位低限报警信号；

LSXL7122 为机械密封液罐液位信号；

LAXL7122 为机械密封液罐液位报警信号。

联锁逻辑分析：

① 当 V-123 的液位 LSXL-7116 达到低限时，系统报警并显示，同时 P-130 泵停止运行，加热器 F-102 停止工作（可以被 LY-7116 旁路）。

② 当机械密封液罐液位 LSXL-7122 达到低限时，系统报警并显示，同时 P-130 泵停止运行，加热器 F-102 停止工作（可以被 LY-7122 旁路）。

③ 通过就地开关或 DCS 软按钮 HS-7114 手动重新启动 P-130 泵（不属于 FSC 的控制范围，联锁逻辑图中未画出）。

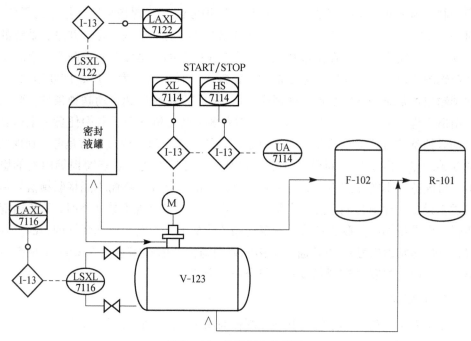

图 7-15 带控制点流程图

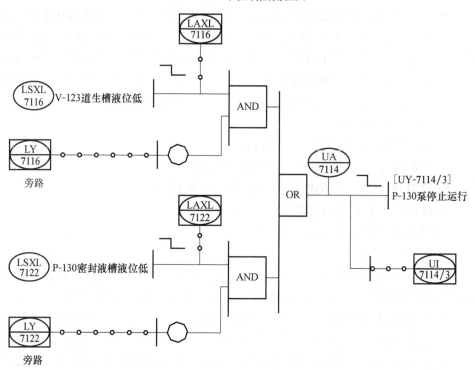

图 7-16 道生加热系统联锁逻辑图

本 章 小 结

1. 主要内容

① 信号报警和安全仪表系统是现代工业生产过程中实现自动监测和确保安全生产的重要措施。当一些重要的过程变量和工艺设备的状态超出规定范围或发生异常时,信号报警系统利用灯光和音响发出警告,提醒操作人员采取一些措施,以便使生产恢复到正常状态。

② 信号报警系统按其作用原理可分为闪光一般信号报警系统、能区别瞬时原因的报警系统和能区别第一原因的报警系统。

③ 信号报警系统用的故障检出元件大体可分为 4 类:与工艺设备直接连接的专用故障检出元件、用模拟信号的报警开关、附属在仪表中的辅助报警开关和无触点报警开关。

④ 故障检出元件采用"常开"还是"常闭"形式,要从工艺过程的操作要求、故障检出元件和报警系统的产品质量和使用经验综合考虑。

⑤ 安全仪表系统是由国际电工委员会(IEC)标准 IEC 61508 及 IEC 61511 定义的专门用于安全的控制系统。对于过程变量超限或设备可能出现的故障,能够迅速、正确地做出响应,最终能够完全避免事故的发生或者至少能减少事故给设备、环境和人员造成的危害。

⑥ 安全仪表系统的发展经历了电气继电器(Electrical)、电子固态电路(Electronic)和可编程电子系统(Programmable Electronic System,PES),即 E/E/PES 三个阶段。

⑦ 安全仪表系统由传感器单元、逻辑运算单元和最终执行元件三个部分组成。

⑧ 安全仪表系统的故障主要分为显性故障(安全故障)和隐性故障(危险故障)两种,显性故障是一种能显示自身存在的故障,系统自动产生矫正作用,进入安全状态,因此显性故障不影响系统安全性。隐性故障会造成 SIS 系统拒动或 SIS 系统误动。隐性故障是一种不对危险产生报警,允许危险发展的故障,系统不能产生动作进入安全状态。隐性故障影响系统的安全性,隐性故障的检测和处理是 SIS 系统要处理的重要内容。

⑨ 安全仪表系统在设计上必须遵循一系列原则以满足工艺装置的安全运行,在发生异常情况时发挥作用,使安全联锁系统按预定要求动作,以确保工艺装置的生产安全,避免重大人身伤害及重大设备损坏事故。

2. 基本要求

① 了解信号报警系统的组成和类型。

② 理解安全仪表系统的概念和特点。
③ 掌握安全仪表系统的组成和功能。
④ 了解安全仪表系统的设计原则、选型和实施过程。
⑤ 掌握安全仪表系统中常用的几种冗余结构。

习题与思考题

1. 信号报警系统的作用是什么？一般有几种类型？
2. 什么是能区别第一原因的信号报警系统？什么是能区别瞬时故障的信号报警系统？
3. 什么是故障检出元件的"常开"和"常闭"形式？故障检出元件采用"常开"还是"常闭"形式的一般做法是什么？
4. 什么是安全仪表系统？什么是仪表安全功能？
5. 安全仪表系统的作用是什么？简述其特点。
6. 安全仪表系统的相关标准和认证机构有哪些？
7. 叙述安全仪表系统与基本过程控制系统的关系。
8. 安全仪表系统中常用的冗余结构有哪些？叙述每种结构的特点并画出结构图。

第 8 章

典型单元及装置的控制方案

生产过程的目标,就是在可能获得的原料和能源条件下,以最经济的途径将原料加工成预期的合格产品。为了达到这个目标,必须对生产过程进行监视和控制。过程控制技术的任务就是在充分了解生产过程的工艺流程和静、动态特性的基础上,应用理论对系统进程分析与综合,采用合适的技术手段,对生产过程中的参数进行控制,实现生产过程的目标。由于生产过程就是由一系列相互关联的基本单元和设备组成的流水线组成,只有对这些单元和设备有了深入的了解,才能设计出合适的控制方案,优化对生产过程的控制。本章内容就是选取生产过程中典型单元和设备的控制方案,供学生和相关技术人员学习和参考。

8.1 流体输送设备的控制

流程性工业的生产过程特点就是,物料在连续流动状态下进行的传热过程、传质过程或化学反应过程。因工艺生产的需要,常常需要将流体由低处送至高处、由低压设备送到高压设备。为了达到这些目的,必须对流体做功,以提高流体的能量,完成输送任务。用于输送流体和提高流体压头的机械设备通称为流体输送设备。其中输送液体和提高其压力的机械称为泵,而输送气体并提高其压力的机械称为风机和压缩机。

流体输送设备的基本任务是输送流体和提高流体的压头。在连续性工业生产过程中,除了某些特殊情况,如泵的启停、压缩机的程序控制和联锁停车外,对流体输送设备的控制,多数为流量或压力的控制,如定值控制、比值控制及以流量为副变量的串级控制等,此外还有为保护输送设备不致损坏的一些保护性控制方案,如离心式压缩机的"防喘振"控制。

8.1.1 离心泵的工作原理和主要性能参数

1. 离心泵的工作原理

离心泵是一种最常用的液体输送设备,依靠离心泵翼轮旋转所产生的离心力,来提高液体的压力(俗称压头)。转速越高,离心力越大,流体出口压力就越高。

离心泵类型很多,按输送流体的类型可分为清水泵、热油泵、耐腐蚀泵等;按泵轴的位置分可分为立式和卧式;按工作的叶轮数可分为单级泵和多级泵;按叶轮进水方式可分为单吸泵和双吸泵。

离心泵的基本结构主要由六大部分组成,分别是叶轮、泵体、泵轴、轴承、密封环和填料函,如图8-1所示。

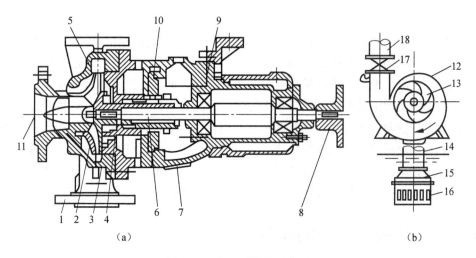

图8-1 离心泵结构示意图

1—泵体;2—叶轮;3—密封轴;4—轴套;5—泵盖;6—泵轴;7—托架;8—联泵器;
9—轴承;10—轴封装置;11—吸入口;12—蜗形泵壳;13—叶片;14—吸入管;
15—底阀;16—滤网;17—调节阀;18—排出管

离心泵所以能把液体输送出去是利用离心力的作用。离心泵中的液体在离心力的作用下从叶轮中飞出,液体被抛出后,叶轮的中心部分形成真空区域,泵前液体在大气压力或液体压力的作用下通过管网被压进离心泵内。这样循环不已,就可以实现流体的连续输送。在此值得一提的是:离心泵启动前一定要向泵壳内充满液体以后,方可启动,否则将导致泵体发热、震动、排液量减少,造成泵的损坏(俗称"气蚀")。

由于离心泵的吸入高度有限,控制阀如果安装在进口端,会出现气缚和气蚀现象。

气缚现象是指,若离心泵在启动前,未灌满液体,壳内存在真空,使密度减小,产生的离心力就小,此时在吸入口所形成的真空度不足以将液体吸入泵内。所以尽管启动了离心泵,但不能输送液体。

气蚀现象是指,当泵的安装位置不合适时,液体的静压能在吸入管内流动克服位差、动能、阻力后,在吸入口处压强降至该温度下液体的饱和蒸汽压 P_V 时,液体会汽化，并逸出所溶解的气体。这些气泡进入泵体的高压区后，突然凝结，产生局部真空，使周围的液体以高速涌向气泡中心，造成冲击和震动。大量气泡破坏了液体的连续性，阻塞流道，增大阻力，使流程、扬程、效率明显下降，严重时泵不能正常工作，导致泵的损坏。

2. 离心泵的主要性能参数

离心泵铭牌上标注的参数主要有以下几种。

(1) 排量 Q（送液能力）

排量指单位时间内泵能输送的液体量（L/s，m^3/h）。

(2) 扬程 H（泵的压头）

扬程指单位重量液体流经泵后所获得的有效能量（m 液柱）。

(3) 功率和效率

① 有效功率：单位时间内液体由泵实际得到的功（W）。

$$p_e = HQ\rho g$$

② 轴功率：泵轴从电动机得到的实际功率 p。

$$p = \frac{p_e}{\eta}$$

③ 效率 η：

$$\eta = \frac{p_e}{p}$$

8.1.2 离心泵的工作特性

1. 离心泵的特性

离心泵的压头 H、排量 Q 和转速 n 之间的函数关系，称为泵的特性。

离心泵的特性可用经验公式（8-1）来表示，图 8-2 为不同转速 n 下，压头 H 与排量 Q 的特性曲线。

$$H = K_1 n^2 - K_2 Q^2 \qquad (8-1)$$

式中　K_1，K_2——比例系数。

2. 离心泵的管路特性

因为泵总是要与管路连接在一起工作，所以它的排量 Q 与离心泵的压头 H 的关系不仅与泵的特性有关，还与管路特性有关。管路特性是管路系统中流体的流量与管路系统阻力的相互关系，如图 8-3 所示。图 8-4 描述了管路系统阻力的分布情况。

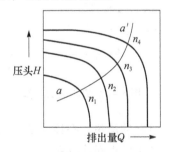

图 8-2　离心泵不同转速下的特性曲线

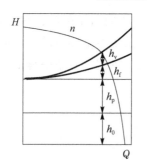

图 8-3 管路特性与离心泵特性

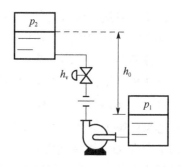

图 8-4 管路系统阻力分布

图 8-3 中，h_0 是液体提升一定高度所需的压头，即升扬高度，当设备安装位置确定时，该项恒定；h_p 是用于克服管路两端静压差所需的压头，即 $(p_2-p_1)/\gamma$，γ 是液体的重度（见图 8-4）。当设备压力稳定时，该项变化也不大；h_f 是用于克服管路摩擦损耗的压头，该项与流量平方值近似成比例；h_v 是控制阀两端的压降。当控制阀开度一定时，与流量平方值成比例，即该项与流量和阀门开度有关。因此，管路压头 H 与流量之间的关系可表示为

$$H = h_0 + h_p + h_f + h_v \tag{8-2}$$

3. 离心泵的工作点

离心泵的工作点是指泵特性曲线与管路特性曲线的交点。若交点 M 在高效率区，则工作点为适宜的。

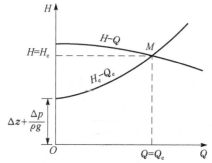

将泵的特性 H-Q 曲线与管路的特性 H_e-Q_e 曲线绘在同一坐标中，两曲线的交点 M 称为离心泵的工作点，如图 8-5 所示。

关于离心泵的工作点，有下面两点说明。

① 泵的工作点由泵的特性和管路的特性共同决定，可通过联立求解泵的特性方程和管路的特性方程得到。

图 8-5 离心泵的工作点示意图

② 安装在管路中的泵，其输液量即为管路的流量；在该流量下泵提供的扬程也就是管路所需要的外加压头。因此，泵的工作点对应的泵压头和流量既是泵提供的，又是管路需要的。工作点对应的各性能参数 (Q, H, η, n) 反映了一台泵的实际工作状态。

8.1.3 离心泵的控制方案

由于生产任务的变化，管路需要的流量有时是需要改变的，这实际上是要改

变泵的工作点。由于泵的工作点由管路特性和泵的特性共同决定,因此改变泵的特性和管路特性均能改变工作点,从而达到改变流量的目的。

1. 改变控制阀的开度

改变控制阀的开度与管路局部阻力有关,管路局部阻力与管路的特性有关。所以改变控制阀的开度实质上就是改变管路的特性。

这种控制方案中,控制阀要安装在泵的出口管线上,可以避免气缚和气蚀现象;并且宜安装在检测元件的下游,这样控制阀开度的变化不会影响测量元件的测量精度。

当阀门开度增大,阻力下降,管路曲线变平坦,工作点由 M 变为 M_2,泵所提供的压头 H_e 下降,流量 Q 上升;当阀门开度减小,阻力上升,管路曲线变陡峭,工作点由 M 变为 M_1,泵所提供的压头 H_e 上升,流量 Q 下降。改变控制阀开度时工作点变化曲线如图 8-6 所示。

采用阀门调节流量快速简便,且流量可连续变化,适合化工连续生产的要求,因此应用广泛。其缺点是当关小阀门时,管路阻力增加,消耗部分额外的能量,实际上是人为增加管路阻力来适应泵的特性。且在调节幅度较大时,往往使离心泵不在高效区下工作,机械效率差,不是很经济。其控制方案如图 8-7 所示。

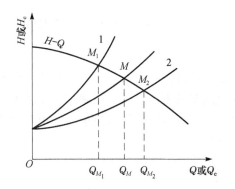

图 8-6 改变阀门开度时工作点变化

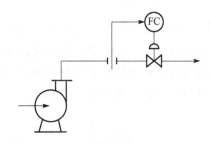

图 8-7 改变控制阀开度控制方案

2. 调节泵的转速

改变泵的转速,使离心泵流量特性形状变化,也可调节流量,控制方案如图 8-8 所示。这种控制方案需要改变泵的转速,采用的调速方法如下。

① 当电动机为原动机时,采用电动调速装置。

② 当汽轮机为原动机时,采用调节导向叶片角度或蒸汽流量。

③ 采用变频调速器,或利用原动机与泵联结轴的变速器。

采用这种控制方案时,在液体输送管线上不需要安装控制阀,因此,不存在

h_v 项的阻力损耗，机械效率较高，多被用于大功率、重要的泵装置上。该方案的工作点变化曲线如图 8-8 所示。

分析图 8-9，可以看出：

转速 n 下降，工作点由 M 变为 M_2，泵所提供的压头 H_e 下降，流量 Q 下降。

转速 n 上升，工作点由 M 变为 M_1，泵所提供的压头 H_e 上升，流量 Q 上升。

$n_2 < n < n_1$，转速增加，流量和压头均能增加。这种调节流量的方法合理、经济，但曾被认为操作不方便，并且不能实现连续调节。但随着现代工业技术的发展，无级变速设备在工业中的应用克服了上述缺点，使该种调节方法能够使泵在高效区工作，这对大型泵的节能尤为重要。

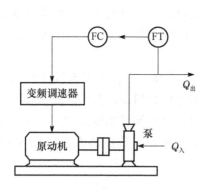
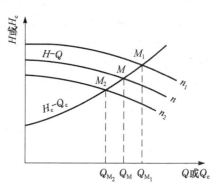

图 8-8 改变泵转速的控制方案　　　　图 8-9 改变泵转速时工作点变化

3. 旁路控制

图 8-10 为改变旁路回流量的控制方案。它是在离心泵的出口与入口之间加一个旁路管路，让一部分排出流量重新回流到泵的入口。这种控制方式实质上也是通过改变管路特性来达到控制流量的目的。该控制方案结构简单，但由泵供给的能量有一部分要消耗于旁路管路上，机械效率较低。

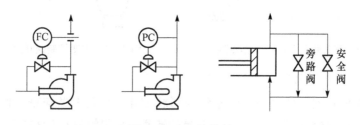

图 8-10 旁路控制

8.1.4 容积式泵的控制方案

容积式泵多用于流量较小，压头要求较高的场合，主要有两类，一类是往复泵，包括活塞式、柱塞式等，另一类是直接位移式旋转泵，包括椭圆齿轮式、螺杆式等。由于这些类型的泵均有一个共同的结构特点，即泵的运动部件与机壳之间的空隙很小，液体不能在缝隙中流动，所以泵的排量大小与管路系统基本无关。如往复泵只取决于单位时间内往复次数及冲程的大小，而旋转泵仅取决于转速，它们的特性曲线大体如图 8-11 所示。

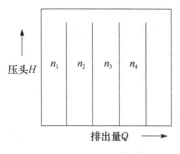

图 8-11 容积式泵的特性曲线

基于这类泵的排量与管路阻力基本无关，故不能采用出口管线上安装控制阀的方法来控制排量，否则，一旦出口阀关死，泵缸内的压力将会急剧上升，导致机件破损或电机烧毁。

容积式泵常用的控制方式有：

① 改变原动机的转速。此法同离心泵的调速法。

② 改变泵的冲程。多数情况下，这种方法调节冲程机构较复杂，且有一定的难度，只有一些计量泵等特殊泵才考虑采用。

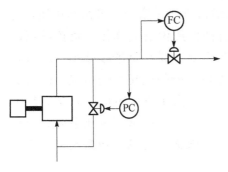

图 8-12 容积泵出口压力和流量控制

③ 调节回流量。其方案构成与离心泵的相同，这是此类泵最简单易行而常用的控制方式。

在生产过程中，有时常采用如图 8-12 所示的控制方法。利用旁路阀控制压力，用节流阀来控制流量。这种方案因同时控制压力和流量两个参数，两个控制系统之间相互关联。要达到正常运行，必须在两个系统参数的整定上加以考虑。通常把压力控制系统整定成非周期的调节过程，从而把两个系统之间的工作周期拉开，达到削弱关联的目的。

8.1.5 离心压缩机防喘振控制系统的设计

压缩机是用来输送气体并提高压力的设备。压缩机的种类很多，按其工作原理的不同可分为离心式和往复式两大类，按其进、出口压力高低的差别可分为真空泵、鼓风机、压缩机等类型。本章只介绍离心式压缩机的防喘振控制方案。

1. 离心式压缩机喘振现象及原因

离心式压缩机在运行过程中，可能会出现这样一种现象，即当负荷低于某一定值时，气体的正常输送遭到破坏，气体的排出量时多时少，忽进忽出，发生强烈振荡，并发出如同哮喘病人"喘气"的噪声。此时可看到气体出口压力表、流

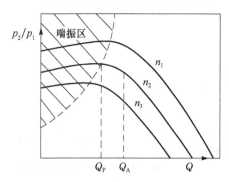

图 8-13 离心压缩机的特性曲线

量表的指示大幅波动。随之,机身也会剧烈震动,并带动出口管道、厂房震动,压缩机会发出周期性间断的吼响声。如不及时采取措施,将使压缩机遭到严重破坏。例如压缩机部件、密封环、轴承、叶轮、管线等设备和部件的损坏,这种现象就是离心式压缩机的喘振,或称飞动。

下面以图 8-13 所示的离心压缩机的特性曲线来说明喘振现象的原因。

离心压缩机的特性曲线表示压缩机的压缩比 p_2/p_1 与进口容积流量 Q 间的关系。图中 n 是离心式压缩机的转速,由图可知,不同的转速下每条曲线都有一个 p_2/p_1 值的最高点,连接每条曲线最高点的虚线是一条表征喘振的极限曲线。虚线左侧的阴影部分是不稳定区,称为喘振区,虚线的右侧为稳定区,称为正常运行区。若压缩机的工作点在正常运行区时,流量减小压缩比会提高。假设转速为 n_2,正常流量为 Q_A,如有某种干扰使流量减小,则压缩比增加,即出口压力 p_2 增加,会使压缩机排出量增加,自衡作用使负荷回复到稳定流量 Q_A 上。假如某些原因,自衡作用没有起作用,负荷继续减小,使负荷小于 Q_p 时,即移动到 p_2/p_1 的最高点,排出量继续减小,压力 p_2 继续下降,于是出现出口管网压力大于压缩机所能提供压力的情况,瞬时会发生气体倒流,接着压缩机恢复到正常运行区,由于负荷还是小于 Q_p,压力被迫升高,重新又把倒流进来的气体压出去,此后又引起压缩比下降,出口的气体又倒流。这种现象重复进行时,就发生喘振。可见,喘振现象是由于压缩机入口流量低造成的。

2. 防喘振控制方案

要防止离心式压缩机发生喘振,只需要工作转速下的吸入流量大于喘振点的流量 Q_p。因此,当所需的流量小于喘振点的流量时,例如生产负荷下降时,需要将出口的流量旁路返回到入口,或将部分出口气体放空,以增加入口流量,满足大于喘振点流量的控制要求。

防止离心式压缩机发生喘振的控制方案有两种:固定极限流量(最小流量)法和可变极限流量法。

(1) 固定极限流量防喘振控制

该控制方案的控制策略是假设在最大转速下,离心压缩机的喘振点流量为 Q_p(已经考虑安全余量),如果能够使压缩机入口流量总是大于该临界流量 Q_p,则能保证离心压缩机不发生喘振。控制方案的设计是当入口流量小于

该临界流量 Q_p 时，打开旁路控制阀，使出口的部分气体返回到入口，直到入口流量大于 Q_p 为止。如图 8-14 所示为固定极限流量防喘振控制系统的结构示意图。

固定极限流量防喘振控制具有结构简单、系统可靠性高、投资少等优点，但当转速较低时，流量的安全余量较大，能量浪费较大。适用于固定转速的离心压缩机防喘振控制。固定极限流量防喘振控制与流体输送控制中旁路控制方案的区别见表 8-1。

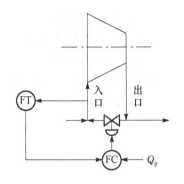

图 8-14 固定流量极限防喘振控制

表 8-1 防喘振控制与旁路控制的区别

控制目标	旁路流量控制	固定极限流量防喘振控制
检测点位置	来自管网或送管网的流量	压缩机的入口流量
控制方法	控制出口流量，出口流量过大时开旁路阀	控制入口流量，入口流量过小时开旁路阀
正常时阀的开度	正常时，控制阀有一定开度	正常时，控制阀关闭
积分饱和	正常时，偏差不会长期存在，无积分饱和	偏差长期存在，存在积分饱和问题

(2) 可变极限流量防喘振控制

如果压缩机的转速有一定的波动时，固定极限法防喘振方案就不适应了，可考虑可变极限流量防喘振控制。

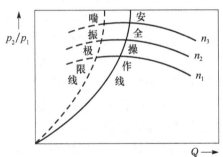

图 8-15 防喘振曲线

当压缩机的转速可变时，进入喘振区的临界流量也是变化的。图 8-15 所示的防喘振曲线是对应于不同转速时压缩机的特性曲线最高点的连线。只要压缩机的工作点在喘振极限线的右侧，就可以避免喘振的发生。但为了安全起见，实际工作点应控制在安全操作线的右侧。

安全操作线近似为抛物线，其方程可用下列近似公式表示：

$$\frac{p_1}{p_2} = a + b\frac{Q_1^2}{T} \qquad (8-3)$$

式中 p_1——压缩机入口压力；

p_2——压缩机出口压力；

a, b——压缩机系数,由压缩机厂家提供;

T——入口气体热力学温度;

Q_1——入口流量。

图 8-16 就是根据式(8-3)设计的一种防喘振控制方案。

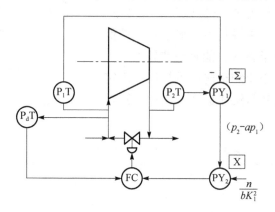

图 8-16 可变极限流量防喘振控制

压缩机入口压力 p_1 和出口压力 p_2 经过测量变送器以后送往加法器 PY_1,输出值为 $p_2 - ap_1$,然后经过乘法器 PY_2 乘以系数 $n/(bK_1^2)$ 后输出,作为防喘振控制器 FC 的给定值。P_1T 和 P_2T 是绝对压力变送器,测量离心压缩机的入口、出口压力,P_dT 是测量入口流量用的差压变送器,其输出作为防喘振控制器 FC 的测量值。可变极限控制系统是随动控制系统,测量值是入口节流装置测得的差压值 p_d,设定值是根据喘振模型计算得到的 $[n/(bK_1^2)](p_2 - ap_1)$,当测量值大于设定值时,表示入口流量大于极限流量,因此,旁路阀关闭;当测量值小于设定值时,则打开旁路阀,保证压缩机入口流量大于极限流量,从而防止压缩机喘振的发生。控制器的给定值经过运算获得,因此该方案能根据压缩机负荷变化的情况随时调整入口流量的给定值,而且由于这种方案将运算部分放在闭合回路之外,因此,该控制方案可像单回路流量控制系统那样整定控制器的参数。

注意:设定值中的系数不是压缩机的转速,$n = M/(ZR)$,其中 M 是气体的相对分子量、Z 是气体的压缩系数、R 是气体常数,即被压缩介质确定后,n 为常数,K_1 是流量常数,节流装置确定后,也是常数。

实施控制方案时还要注意以下几点事项。

① 可变极限流量防喘振控制系统是随动控制系统,为了使离心压缩机发生喘振时及时打开旁路阀,控制阀流量特性宜采用直线特性或快开特性,控制阀比例度宜较小,当采用积分控制作用时,由于控制器的偏差长期存在,应考虑防积分饱和问题。

② 采用常规仪表实施离心压缩机的防喘振控制系统时，应考虑所用仪表的量程，进行相应的转换和设置仪表系数；采用计算机或 DCS 实施时，可以直接根据计算式计算设定值，并能自动转换为标准信号。

③ 为了使防喘振控制系统及时动作，减小滞后，在采用气动仪表示时，应缩短连接到控制阀的信号传输管线，必要时可设置继动器或放大器，对信号进行放大。

④ 防喘振控制阀两端有较高压差，不平衡力大，并在开启时会造成噪声、气蚀等，为此，防喘振控制阀应选用消除不平衡力的影响、噪声及具有快开慢关特性的控制阀。

⑤ 可以有多种实施方案，例如，可将 $p_d/(p_2 - ap_1)$ 作为测量值，将 n/bK_1^2 作为设定值；或将 p_d/p_1 作为测量值，将 $[n/(bK_1^2)][(p_2/p_1) - a]$ 作为设定值等；应根据工艺过程的特点确定实施方案。通常，应将计算环节设置在控制回路外，避免引入非线性特性。

⑥ 根据压缩机的特性，有时可简化计算，例如，有些压缩机的 $a = 0$，或 $a = 1$ 等，这时，模型可简化为

当 $a = 0$ 时
$$p_d \geq \frac{n}{bK_1^2} p_2 \tag{8-4}$$

当 $a = 1$ 时
$$p_d \geq \frac{n}{bK_1^2} (p_2 - p_1) \tag{8-5}$$

8.2 锅炉设备的控制

锅炉是工业生产过程中必不可少的重要动力设备。煤、油、天然气等燃料燃烧释放出化学能，通过传热过程把能量传递给水，使水变成水蒸气。这种高压蒸汽既可以作为蒸馏、化学反应、干燥和蒸发过程的能源，又可作为风机、压缩机、大型泵类驱动汽轮机的动力源。随着现代化工业生产规模的不断扩大、生产过程不断强化、生产设备的不断更新，作为全厂动力和热源的锅炉，亦向着高效率、大容量发展。为确保安全，稳定生产，对锅炉设备的自动控制就显得十分重要。

8.2.1 锅炉工艺流程及控制指标

锅炉给水经给水泵、给水控制阀、省煤器进入锅炉的汽包，燃料和热空气按一定的比例送入燃烧室内燃烧，生成的热量传递给蒸汽发生系统，产生饱和蒸汽 D_s。然后经过热器，形成一定气温的过热蒸汽 D，汇集至蒸汽母管。压力为 p_m 的过热蒸汽，经负载设备控制供给负荷设备用。与此同时，燃烧过程中产生的烟气，除将饱和蒸汽变成过热蒸汽外，还经省煤器预热锅炉给水和空气预热器预热

空气，最后经引风机送往烟囱，排到大气。图8-17给出了一个20 t/h工业燃煤锅炉工艺流程图。

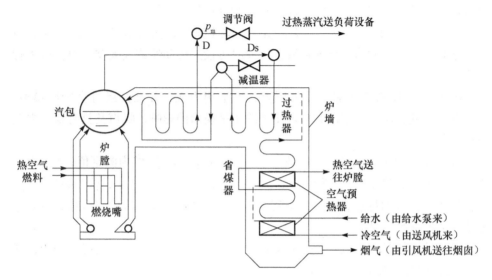

图8-17　20 t/h工业燃煤锅炉工艺流程图

锅炉是全厂重要的动力设备，其要求是供给合格的蒸汽，使锅炉发热量适应负荷的需要。为此，生产过程的各个主要工艺参数必须严格控制。锅炉设备的主要控制要求如下。

① 供给蒸汽量应适应负荷变化需求或保持负荷稳定。
② 锅炉供给用汽设备的蒸汽压力应保持在一定范围内。
③ 过热蒸汽温度应保持在一定范围内。
④ 汽包水位保持在一定范围内。
⑤ 保持锅炉燃烧的经济性和安全运行。
⑥ 炉膛负压保持在一定范围内。

锅炉设备是一个复杂的控制对象，如图8-18所示，主要输入变量是锅炉给水量、燃料量、减温水量、送风量和引风量等；主要输出变量是汽包水位、蒸汽压力、过热蒸汽温度、炉膛负压、过剩空气（氧气含量等）。

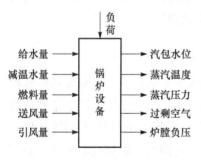

图8-18　锅炉控制对象

上述输入变量与输出变量之间相互关联。如果蒸汽负荷发生变化，必将引起汽包水位、蒸汽压力和过热蒸汽温度等的变化。燃料量的变化不仅影响蒸汽压力，同时还会影响汽包水位、过热蒸汽温度、过剩空气和炉膛负压。给水量的变化不仅影响汽包水位，而且对蒸汽压力、过热蒸汽温度等亦有影响。减温水量的变化会导致过热蒸汽温度、蒸汽压力、汽包水位等的变化。所以锅炉设备是一个多输入、多输出且相互关联的控制对象。目前工程处理上做了一些假设之后，将锅炉设备划分为若干个控制系统，主要控制系统如下。

① 锅炉汽包水位控制（给水自动控制系统）。锅炉液位高度是确保生产和提供优质蒸汽的重要参数。特别是对现代工业生产来说，由于蒸汽量显著提高，汽包溶剂相对减小，水位变化速度很快，稍不注意即造成汽包满水或烧干锅，无论满水还是缺水都会造成极其严重的后果。因此，主要从汽包内部的物料平衡，使给水量适应锅炉的蒸发量，维持汽包中水位在工艺允许范围内。这是保证锅炉、汽轮机安全运行的必要条件之一，是锅炉正常运行的重要指标。因而，此控制系统的受控变量是汽包水位，操纵变量是给水量。主要考虑汽包内部的物料平衡，使给水量适应蒸发量，维持汽包中水位在工艺要求的范围之内。

② 锅炉燃烧的自动控制。蒸汽压力、烟气成分、炉膛负压为三个被控变量，分别利用燃料流量、送风流量和引风流量作为三个操纵变量。这三个被控变量和操纵变量互相关联，组成合适的燃烧系统控制方案，以满足燃料燃烧所产生的热量适应蒸汽负荷的需要，使燃料与空气间保持一定比值，以保证最经济的燃烧（常以煤烟中的氧含量为受控变量），提高锅炉的燃烧效率，满足燃烧的完全和经济性。保持炉膛负压在一定的范围内，使锅炉安全运行。

③ 过热蒸汽温度的自动控制。以过热蒸汽温度为被控变量，喷水量为操纵变量的温度控制系统，维持过热器出口温度在一定范围内，并保证管壁温度不超过允许的工作温度。

8.2.2 锅炉汽包水位的控制

保持汽包水位在一定范围内是锅炉稳定安全运行的主要指标。水位过低会造成汽包内水量太少，当负荷有较大变动时，汽包内的水量变化速度很快，如果不及时控制，就会使汽包内的水全部汽化，导致水冷壁的损坏，严重时会发生锅炉爆炸。水位过高则会影响汽包内的汽水分离，产生蒸汽带液现象，会使过热器管壁结垢，传热效率下降；同时由于蒸汽温度的下降，液化的蒸汽驱动透平机时会使透平机叶片毁坏，影响运行的安全性和经济性。

1. 汽包水位的动态特性

影响汽包水位的因素有：汽包（包括循环水管）中储水量和水位下气泡容积。而水位下气泡容积与锅炉的蒸汽负荷、蒸汽压力、炉膛热负荷等有关。锅炉汽包水位主要受到锅炉蒸发量（蒸汽流量 D）和给水流量 W 的影响。

(1) 干扰通道的动态特性——蒸汽负荷对水位的影响

在蒸汽流量 D（即负荷增大或减小）的阶跃干扰下，汽包水位的阶跃响应曲线如图 8-19 所示。

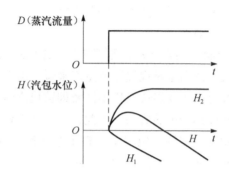

图 8-19　蒸汽流量干扰下锅炉汽包水位的响应曲线

锅炉汽包水位 H 对干扰输入蒸汽流量 D 的传递函数可以描述为

$$\frac{H(s)}{D(s)} = \frac{H_1(s)}{D(s)} + \frac{H_2(s)}{D(s)} = -\frac{k_f}{s} + \frac{k_2}{T_2 s + 1} \quad (8-6)$$

式中　k_f——响应速度，即蒸汽流量作单位流量变化时，汽包水位的变化速度；

k_2，T_2——分别为响应曲线 H_2 的增益和时间常数。

根据物料守恒关系，当蒸汽用量突然增加而燃料量不变的情况下，汽包内的水位应该是降低的。但是由于蒸汽用量突然增加，瞬间必导致汽包内压力下降，因此水的沸点降低，汽包内水的沸腾突然加剧，水的气泡迅速增加，将整个水位提高，即蒸汽用量突然增加对汽包水位不是理论上的降低而是升高，这就是所谓的假水位现象。

当蒸汽流量突然增加时，由于假水位现象，开始水位先上升后下降，如图 8-19 中曲线 H 所示。当蒸汽流量阶跃变化时，根据物料平衡关系，蒸汽量大于给水量，水位应下降，如图中的曲线 H_1 所示；曲线 H_2 是只考虑水面下气泡容积变化时的水位变化曲线。而实际水位变化曲线 H 是 H_1 与 H_2 的叠加，即 $H = H_1 + H_2$。对于蒸汽用量减少时同样可用上述方法进行分析。

假水位变化幅度与锅炉规模有关，例如一般 100~300 t/h 的高压锅炉当负荷变化 10% 时假水位可达 30~40 mm，因此在实际运行中选择控制方案时应将假水位现象考虑在内。

(2) 控制通道的动态特性——给水量对汽包水位的影响

给水流量 W 作阶跃变化时，锅炉水位 H 的响应曲线如图 8-20 所示，可以用下列传递函数描述。

$$\frac{H(s)}{W(s)} \doteq \frac{k_0}{s} e^{-\tau s} \qquad (8-7)$$

式中 k_0——响应速度,即给水流量作单位流量变化时,水位的变化速度;

τ——时滞。

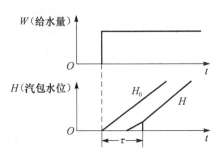

图 8-20 给水量作用下锅炉汽包水位的阶跃响应曲线

当给水量增加时,由于给水温度必然低于汽包内饱和水温度,因而需要从饱和水中吸收部分热量,因此导致汽包内的水温降低,使汽包内水位下的气泡减少,从而导致水位下降,只有当水位下气泡容积变化达到平衡后,给水量增加才与水位成比例增加。表现在响应曲线的初始段,水位的增加比较缓慢,可用时滞特性近似描述。因此实际的水位响应曲线如图 8-20 所示,当突然加大给水量时,汽包水位一开始并不立即增加而需要一段起惯性段,τ 为滞后时间,其中 H_0 为不考虑给水增加而导致汽包中气泡减少的实际水位变化图。

2. 锅炉汽包水位的控制

在锅炉汽包水位的控制系统中,被控变量为汽包水位,操纵变量是给水流量。主要的干扰变量有以下 4 个来源。

① 给水方面的干扰。例如,给水压力、减温器控制阀开度变化等。

② 蒸汽用量的干扰。包括管路阻力变化和负荷设备控制阀开度变化等。

③ 燃料量的干扰。包括燃料热值、燃料压力、含水量等。

④ 汽包压力变化。通过汽包内部汽水系统在压力升高时的"自凝结"和压力降低时的"自蒸发"影响水位。

(1) 单冲量水位控制系统

汽包水位控制系统的操纵变量总选用给水流量。基于这一原理,可构成如图 8-21 所示的单

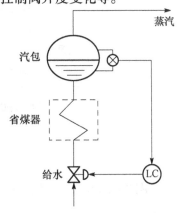

图 8-21 单冲量控制系统

冲量控制系统。

单冲量水位控制系统是最简单和基本的控制系统。单冲量指只有一个变量，即汽包水位。这是一个典型的单回路控制系统。其特点主要如下。

① 结构简单，投资少。

② 适用于汽包容量较大，虚假水位不严重，负荷较平稳的场合。

③ 为安全运行，可设置水位报警和连锁控制系统。

根据锅炉水位动态特性分析，该控制过程具有虚假水位的反向特性。当水蒸气负荷突然大幅度增加时，由于假水位现象，控制器输出误动作。控制器不但不能开大给水阀增加给水量，维持锅炉的物料平衡，反而关小控制阀的开度，减小给水量。等到假水位消失后，水位严重下降，影响控制系统的控制品质，严重时甚至会使汽包水位降到危险程度以致发生事故。因此对于停留时间短，负荷变动较大的情况，这样的系统不能适合，水位不能保证。然而对于小型锅炉，由于汽包停留时间较长，在蒸汽负荷变化时假水位的现象并不显著，配上一些连锁报警装置。也可以保证安全操作，故采用这种单冲量控制系统尚能满足生产的要求。

（2）双冲量水位控制系统

在汽包水位的控制中，最主要的干扰是负荷的变化。如果引入蒸汽流量来起校正作用，就可以纠正虚假水位引起的误动作，而且使控制阀及时动作，从而减少水位的波动，改善控制品质。考虑到蒸汽负荷的扰动可测但不可控，因此可将蒸汽流量信号引入系统中作为前馈信号，与汽包水位组成前馈-反馈控制系统，通常称为双冲量水位控制系统。构成的双冲量水位控制系统如图8-22所示。

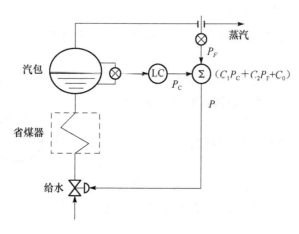

图8-22 双冲量控制系统

图8-22中，LC为液位控制器，加法器的输出为

$$P = C_1 P_C \pm C_2 P_F + C_0 \qquad (8-8)$$

式中　P_C——液位控制器 LC 的输出；
　　　P_F——蒸汽流量变送器（一般经开方器）的输出；
　　　C_0——初始偏置值；
　　　C_1，C_2——加法器的系数。

图 8-23 给出了典型双冲量控制系统的方框图。这是一个前馈（蒸汽流量）加单回路反馈控制的复合控制系统。这里的前馈系统仅为静态前馈，若需要考虑控制通道和扰动通道在动态特性上的差异，须加入动态补偿环节。下面分析这些系数的设置。

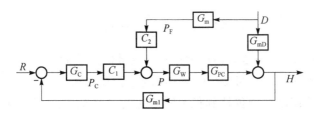

图 8-23　双冲量控制系统的方块图

① 系数 C_2 符号的选取原则。

系数 C_2 取正号还是负号（即进行加法还是减法），要根据控制阀是气开还是气关而定。而控制阀气开、气关的形式要从生产安全角度进行选取。如果高压蒸汽是供给汽轮机等设备，为保护这些设备以选择气开阀为宜。如果蒸汽是作为加热及工艺生产中的热源时，应考虑采用气关阀，以防止烧干锅，保护锅炉设备安全。若控制阀为气开型，则取正号；若为气关型，则取负号。

此处考虑锅炉蒸汽作加热用，则 C_2 项取负号，这样当蒸汽流量加大时，测量到的干扰 P_F 增加，计算所得控制器的输出 P 则减小，调节阀开度加大。

② C_2 数值大小的确定。

根据前馈控制工作原理，静态前馈时（即只有负荷干扰的条件下，汽包水位整体不变），应满足下列不变性条件

$$G_{PD}(s) + C_2 G_m(s) G_v(s) G_{PC}(s) = 0 \qquad (8-9)$$

检测变送环节的传递函数 $G_m(s)$ 以增益 k_{m2} 表示，则 k_{m2} 可按式（8-10）计算。

$$k_{m2} = \frac{\Delta P_F}{\Delta D} = \frac{z_{max} - z_{min}}{Q_{Smax}} \qquad (8-10)$$

式中　ΔP_F——表示蒸汽流量变送器的输出变化量；
　　　ΔD——蒸汽流量变化量；
　　　$z_{max} - z_{min}$——蒸汽流量变送器输出最大变化范围；
　　　Q_{Smax}——蒸汽流量变送器的量程，从零开始。

设控制阀的工作特性是线性的,则它的放大系数 $k_v = \Delta Q_W/\Delta P$。其中,$\Delta Q_W$ 为给水流量变化量;ΔP 为阀门输入信号变化量。若令 $G_{FF}(s) = k_{m2}C_2$,则由式(8-9)可得

$$G_{FF}(s) = -\frac{G_{PD}(s)}{G_v(s)G_{PC}(s)} = -\frac{\left(-\dfrac{k_f}{s} + \dfrac{k_2}{T_2 s + 1}\right)}{k_v\left(\dfrac{k_0}{s}e^{-\tau s}\right)} \quad (8-11)$$

若采用静态补偿,则

$$\lim_{s \to 0} G_{FF}(s) = \frac{k_f}{k_v k_0} = k_{m2}C_2 \quad (8-12)$$

由式(8-6)可知,$k_f = \Delta H/\Delta Q_S$ 为在蒸汽流量作用下的汽包水位的阶跃响应曲线的速度;由式(8-7)可知,$k_0 = \Delta H/\Delta Q_W$ 为在给水流量作用下的汽包水位的阶跃响应曲线的速度。根据达到稳态时满足物料平衡的原理,有 $\Delta Q_W = \alpha \Delta Q_S$。由于排污等水损失,因此给水流量的增量 ΔQ_W 应大于蒸汽流量用量 ΔQ_S,即 $\alpha > 1$。因而可得系数

$$C_2 = \frac{\alpha}{k_v k_{m2}} \quad (8-13)$$

③ 系数 C_1 的确定。

由于 C_1 是与控制器放大倍数的乘积,相当于简单调节系统中控制器放大倍数的作用。一般取 $C_1 \leq 1$。

④ C_0 的确定。

C_0 是一个恒定值,设置 C_0 的目的是在正常负荷下,使控制器和加法器的输出都能有一个比较适中的数值。在正常负荷下 C_0 值与 $C_2 P_F$ 项恰好抵消。

(3) 三冲量水位控制系统

双冲量控制系统主要的弱点,一是控制阀的工作特性要做到静态补偿比较困难;二是对于给水系统的干扰不能克服。为此,引入给水流量信号,构成三冲量控制系统。

① 三冲量控制方案一。

引入给水流量信号,构成的三冲量控制方案之一如图 8-24 所示。可以看出,这是前馈与串级控制组成的复合控制系统。与双冲量水位控制系统比较,设置了串级副环,将给水流量、给水压力等扰动引入到串级控制系统的副环。因此,扰动能够迅速被副环克服,弥补了双冲量水位控制系统的缺点。从系统的安全角度来考虑,为供热中心锅炉设备的工程设计采用了三冲量控制方案,能够有效地维持汽包水位在工艺允许范围内,也有效地克服了系统中存在的"假水

位"现象。

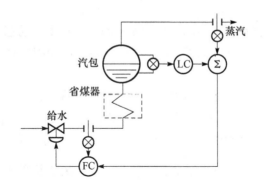

图 8-24 三冲量控制系统方案一

图 8-25 给出了三冲量控制系统的方框图，则前馈补偿模型为

$$G_{FF}(s) = -\frac{G_{PD}(s)G_{m2}(s)}{G_{P1}(s)} \quad (8-14)$$

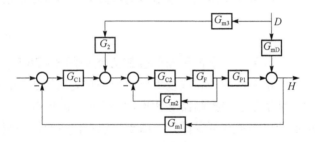

图 8-25 三冲量控制方案一的方块图

其中，蒸汽流量和给水流量的检测变送环节因动态响应快，其传递函数 $G_{m3}(s)$、$G_{m2}(s)$ 可分别以静态增益 k_{m3}、k_{m2} 表示，则 k_{m3} 和 k_{m2} 可分别按式（8-15）、式（8-16）计算。

$$k_{m3} = \frac{z_{max} - z_{min}}{Q_{Smax}} \quad (8-15)$$

$$k_{m2} = \frac{z_{max} - z_{min}}{Q_{Wmax}} \quad (8-16)$$

假设采用气开阀，C_2 就取正值。令 $G_{FF}(s) = C_2 k_{m3}$，当考虑静态前馈时有

$$C_2 k_{m3} = \frac{k_f}{k_0} k_{m2} = \frac{\Delta Q_W}{\Delta Q_S} k_{m2} = \alpha k_{m2} \quad (8-17)$$

将式（8-15）、式（8-16）代入式（8-17）得

$$C_2 = \frac{\alpha k_{m2}}{k_{m3}} = \alpha \frac{Q_{Smax}}{Q_{Wmax}} \qquad (8-18)$$

若控制通道和扰动通道的动态特性不一致时，可采用动态前馈控制规律。此时，将系统方框图 8-25 中的 C_2 表示为 $G'_{FF}(s)$。假如副回路跟踪好，可近似为 1∶1 的环节。

根据不变性原理，得到动态前馈控制器的控制规律为

$$G'_{FF}(s) = -\frac{G_{PD}(s)}{G_{P1}(s)G_{m3}(s)} = \frac{Q_{Smax}}{z_{max} - z_{min}} \cdot \left[\frac{k_f}{k_0} - \frac{k_d s}{T_2 s + 1}\right] e^{\tau s} \qquad (8-19)$$

式中 $k_d = \dfrac{k_2}{k_0}$。实际应用时，通常有 $k_0 = k_f$；$e^{\tau s}$ 无法物理实现，实际动态前馈控制器的控制规律近似为

$$G'_{FF}(s) \approx K\left(1 - \frac{k_d s}{T_2 s + 1}\right) \qquad (8-20)$$

式中　K——蒸汽流量检测变送环节增益的倒数，通常为 1。

因此，实际实施时可采用蒸汽流量信号的负微分与蒸汽流量信号之和作为动态前馈信号。

② 三冲量控制方案二。

为了减少成本，可采用一个控制器的控制方案如图 8-26 所示。该方案中，将蒸汽流量信号、给水流量信号和汽包水位信号一起送到加法器，加法器输出作为给水控制器的测量信号。主控制器是比例度为 100% 的控制器，副控制器是给水控制器。加法器的比例系数可以设置。由于汽包水位控制器的测量值是蒸汽流量信号、给水流量信号和汽包水位信号的代数和，当给水流量与蒸汽流量达到物料平衡（包括排污损失），及控制器具有积分作用时，水位可达到无余差。但通常情况下，实施该控制方案的水位存在余差。

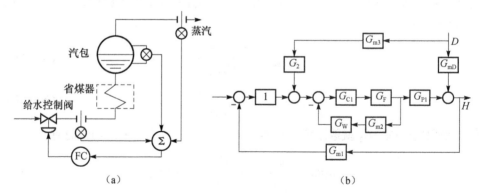

图 8-26　三冲量控制系统方案二
(a) 原理图；(b) 控制系统方块图

③ 三冲量控制方案三。

为使水位无余差,将水位控制器移到加法器前,组成如图 8-27 所示的控制方案。图中,水位控制器输出信号、蒸汽流量信号、给水流量信号送到加法器,加法器输出送给水控制阀。因此,该控制方案中,主控制器是水位控制器,副控制器是比例度为 100% 的比例控制器。由于水位控制器测量值是汽包水位信号,因此,当水位控制器具有积分控制作用时,可实现汽包水位无余差。

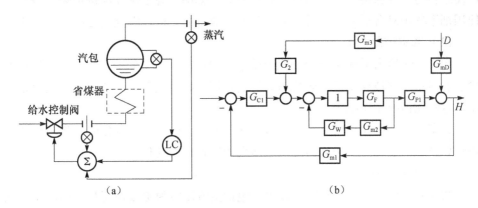

图 8-27 三冲量控制系统方案三
(a) 原理图;(b) 控制系统方块图

8.2.3 锅炉燃烧控制系统

1. 燃烧过程的控制任务

燃烧过程的自动控制系统与燃料种类、燃烧设备及锅炉形式有着密切的关系。这里讨论燃油锅炉的燃烧过程控制系统。

燃烧过程控制任务很多,最基本的任务是使锅炉出口蒸汽压力稳定。当负荷变化时,通过调节燃料量使之稳定;其次,要保证燃料燃烧良好,燃烧过程经济运行,既不能因为空气不足而使烟囱冒黑烟,也不能因为空气过多而增加热量损失。所以在增加燃料时,应先加大空气量,在减少燃料时,也应先减少空气量。总之,燃料量与空气量应保持一定的比值,或者烟道中的氧含量应保持一定的数值;再次,为防止燃烧过程中火焰或烟气外喷,应该使排烟量与空气量相配合,以保持炉膛负压不变。如果负压太小,甚至为正,则炉膛内热烟气向外冒出,影响人员和锅炉设备安全。如果负压大,会使大量冷空气进入炉内,从而使热量损失增加,降低了燃烧效率。一般炉膛负压应该维持在 -20 Pa(约 -2 mmH$_2$O)左右。此外,燃烧嘴背压太高时可能燃烧流速过高而脱火,炉嘴背压太低时,又可能回火。因此,从安全考虑,应该设置一定的保护措施。

2. 蒸汽压力控制和燃料与空气比值控制系统

蒸汽压力对象的主要干扰是燃料量的波动与蒸汽负荷的变化。当燃料流量和蒸汽负荷变动较小时，可采用利用蒸汽压力来调节燃料量的单回路控制系统；当燃料流量波动较大时，可采用蒸汽压力对燃料流量的串级控制系统。燃料流量是随蒸汽负荷而变化的，所以为主流量，与空气流量组成的单闭环比值控制系统，可使燃料与空气保持一定的比例，获得良好的燃烧。为了保证经济燃烧，也可以使用烟道气中氧含量来校正燃料流量与空气流量的比值，组成变比值控制系统。

（1）基本控制方案一

图 8-28 给出了锅炉燃烧过程控制的基本方案，包括蒸汽压力为主被控变量、燃料量为副被控变量组成的串级控制系统，以及燃料量为主动量、送风量为从动量的比值控制系统。

方案一能够确保燃料量与空气量的比值关系，当燃料量变化时，送风量能够跟踪燃料量的变化。但送入的空气量滞后于燃料量的变化。

（2）基本控制方案二

图 8-29 给出了第二种控制方案。包括蒸汽压力为主被控变量、燃料量为副被控变量的串级控制系统，以及蒸汽压力为主被控变量、送风量为副被控变量的串级控制系统。此方案中，燃料量与送风量的比值关系是通过燃料控制器和送风调节器的正确动作间接保证的，该方案能够保证蒸汽压力恒定。

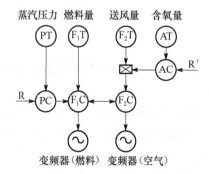

图 8-28　燃烧过程控制方案一

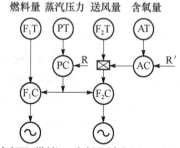

图 8-29　燃烧过程控制方案二

3. 燃烧过程中烟气氧含量闭环控制

无论是方案一还是方案二，其共同的特点是在比值控制方案的基础上，加入了烟道气氧含量的一个控制回路。这是一个以烟道中氧含量为控制目标的燃烧流量与空气流量的变比值控制系统，也称烟气氧含量的闭环控制系统。这一控制系统可以保证锅炉最经济燃烧。

在整个生产过程中保证最经济的燃烧，必须使得燃料和空气流量保证最优比值。上述方案中保证了燃料和空气的比值关系,但并不能保证燃料的完全燃烧控制。因为,其一,在不同的负荷下,两流量的最优比值不同;其二,燃料的成分(如含水量、灰分等)有可能会变化;其三,流量测量的不准确。这些因素都会不同程度地影响到燃料的不完全燃烧或空气的过量,造成锅炉的热效应下降,这就是燃烧流量和空气流量定比值的缺点。为了改善这一情况,最简单的方法是有一个指标来闭环修整两流量的比值。目前,最常用的是烟气中的含氧量。

(1) 锅炉的热效率

锅炉的热效率(经济燃烧)主要反映在烟气成分(特别是含氧量)和烟气温度这两个方面。烟气中各种成分,如 O_2、CO_2、CO 和未燃烧烃的含量,基本可以反映燃料燃烧的情况。最简单的方法是用烟气中含氧量 A_0 来表示。

根据燃烧反应方程式,可以计算出是燃料完全燃烧时所需的氧量,从而得知所需空气量,称为理论空气量 Q_T。而实际上完全燃烧所需要的空气量 Q_P,要超过理论计算的量,超过理论空气量的这部分称为过剩空气量。由于烟气的热损失占锅炉的大部分,当过剩空气量增多时,一方面使炉膛温度降低,另一方面使烟气损失增加。因此,过剩空气量对不同的燃料都有一个最优值,以满足最经济燃烧的要求,如图 8 - 30 所示。对于**液体燃料最优过剩空气量为 8%~15%**。

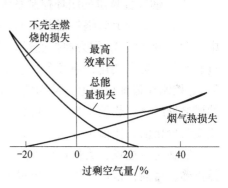

图 8 - 30 过剩空气量与能量损失的关系

过剩空气量常用过剩空气系数 α 来表示,定义为实际空气量 Q_P 和理论空气量 Q_T 之比

$$\alpha = \frac{Q_P}{Q_T} \qquad (8-21)$$

因此,α 是衡量经济燃烧的一种指标。过剩空气系数 α 很难直接测量,但与烟气中氧含量 A_0 有关,可近似表示为

$$\alpha = \frac{21}{21 - A_0} \qquad (8-22)$$

图 8 - 31 为过剩空气系数 α 与烟气含氧量 A_0、锅炉效率的关系。

当 α 为 1~1.6 内,α 与 A_0 接近直线关系,这样可根据图 8 - 30 或式 (8 - 22) 得到当 α 在 1.08~1.15(最佳过剩空气量为 8%~15%)时,烟气含氧量 A_0 的最优值为 1.6%~3%。从图 8 - 31 也可以看到,过剩空气量为 8%~15% 时,锅炉有最高效率。

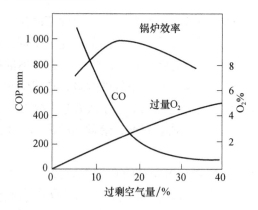

图 8-31 过剩空气量与氧含量、CO 及锅炉效率的关系

(2) 烟气含氧量的闭环控制系统

图 8-32 所示为锅炉燃烧过程的烟气含氧量的闭环控制方案。在这个方案中,含氧量烟气 A_0 作为被控变量。当烟气中含氧量变化时,表明燃烧过程中的过剩空气量发生变化,通过含氧量控制器来控制空气量与燃料量的比值 K,力求使 A_0 控制在最优设定值,从而使对应的过剩空气系数 α 稳定在最优值,保证锅炉燃烧最经济,热效率最高。可见,烟气含氧量闭环控制系统是将原来的定比值改变为变比值,比值由含氧量控制器输出。

实施时应注意,为快速反映烟气含氧量,对烟气含氧量的检测变送系统应选择正确。目前,常选用氧化锆氧量仪表检测烟气中的含氧量。

图 8-32 也给出了烟气中氧含量的闭环控制方案。该方案在负荷减少时,先减燃料量,后减送风量;而负荷增加时,在增加燃料量之前,先加大送风量。可见,它是能够满足逻辑提降要求的比值控制系统。

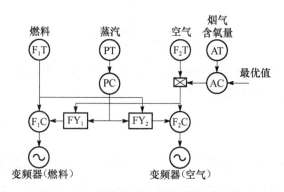

图 8-32 烟气中氧含量闭环控制方案

正常情况下,蒸汽压力对燃料流量的串级控制系统和燃料流量对空气流量的比值控制系统起控制作用。蒸汽压力控制器 PC 采取反作用控制方式。当蒸汽压

力下降时（如因负荷增加），压力控制器输出增加，从而提高了燃料流量控制器的设定值。但如果空气量不足会造成燃烧不完全。为此，设有低限选择器 FY_1，它只允许两个输入信号中较小的通过，这样保证燃料量只在空气量足够的情况下才能加大。压力控制器的输出信号将先通过高限选择器 FY_2 来加大空气流量，保证在增加燃料流量之前先把控制量加大，使燃烧完全。当蒸汽压力上升时，压力控制器输出减小，降低了燃料量控制器的设定值，在减燃料量的同时，通过比值控制系统，自动减少空气流量，其中比值由含氧量控制器输出。该系统不仅能够保证在稳定工况下空气和燃料在最佳比值，而且在动态过程中能够尽量维持空气、燃料配比在最佳值附近。因此具有良好的经济和社会效益。

4. 炉膛负压及安全控制系统

（1）炉膛负压控制系统

为了防止炉膛内火焰或烟气外喷，炉膛中要保持一定的微负压。炉膛负压控制系统中被控变量是炉膛压力（控制在负压），操纵变量是引风量。当锅炉负荷变化不大时，可采用单回路控制系统。当锅炉负荷变化较大时，应引入扰动量的前馈信号，组成前馈-反馈控制系统。例如，当锅炉负荷变化较大时，蒸汽压力的变动也较大，这时，可引入蒸汽压力的前馈信号，组成如图8-33（a）所示的前馈-反馈控制系统。若扰动来自送风机时，送风量随之变化，引风量只有在炉膛负压产生偏差时，才由引风调节器去调节，这样引风量的变化落后于送风量，必然造成炉膛负压的较大波动。为此可引入送风量的前馈信号，构成如图8-33（b）所示的前馈-反馈控制系统。这样可使引风调节器随送风量协调动作，使炉膛负压保持恒定。

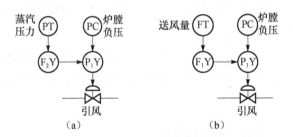

图 8-33 炉膛负压前馈-反馈控制系统
(a) 蒸汽压力前馈；(b) 送风量前馈

（2）防止回火的联锁控制系统

当燃料压力过低，炉膛内压力大于燃料压力时，会发生回火事故。为此设置图8-34所示的联锁控制系统。采用压力开关 P_SA，当压力低于下限设定值时，切断燃料控制阀的上游切断阀，防止回火。

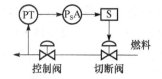

图 8-34 防止回火的联锁控制

也可采用选择性控制系统,防止回火事故发生。将喷嘴背压的信号送背压控制器,与蒸汽压力和燃料量串级控制系统进行选择控制。正常时,由蒸汽压力和燃料量组成的串级控制系统控制燃料控制阀,一旦喷嘴背压低于设定,则背压控制器输出增大,经高选器后取代原有串级控制系统,根据喷嘴背压控制燃料控制阀。

(3) 防止脱火的选择控制系统

当燃料压力过高时,由于燃料流速过快,易发生脱火事故。为此,设置燃料压力和蒸汽压力的选择性控制系统,如图 8-35 所示。正常时,燃料控制阀根据蒸汽负荷的大小调节。一旦燃料压力过高,燃料压力控制器 P_2C 的输出减小,被低选器选中,由燃料压力控制器 P_1C 取代蒸汽压力控制器,防止脱火事故发生。

图 8-36 给出了防止回火和脱火的系统组合,并设置回火报警系统。防止脱火采用低选器,防止回火采用高选器。Q_{min} 表示防止回火的最小流量对应的仪表信号。

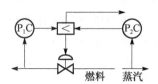

图 8-35 防止脱火的选择性控制

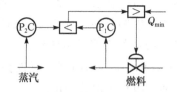

图 8-36 防脱火和回火的选择性控制

(4) 燃料量限速控制系统

当蒸汽负荷突然增加时,燃料量也会相应增加。当燃料量增加过快时,会损坏设备。为此,在蒸汽压力控制器输出端设置限幅器,限定最大增速在一定的范围内,保护设备免受损坏。

8.2.4 蒸汽过热系统的控制

蒸汽过热系统包括一级过热器、减温器、二级过热器。蒸汽过热系统自动控制的任务是使过热器出口温度维持在允许范围内,并且保护过热器使管壁温度不超过允许的工作温度。

过热器温度是锅炉汽水通道中温度最高的地方。过热器正常运行时的温度一般接近材料所允许的最高温度。如果过热蒸汽温度过高,则过热器容易损坏,也会使汽轮机内部引起过度热膨胀,严重影响运行安全。若过热蒸汽温度过低,则设备的效率降低，同时使通过汽轮机最后几级的蒸汽湿度增加，引起页片磨损。因此对过热器出口蒸汽温度应加以控制，使它不超出规定范围。

影响过热器出口温度的因素有很多，例如蒸汽流量、燃烧工况、引入过热器的蒸汽热焓（减温水量）、流经过热器的烟气温度和流速等。在各种扰动下，过热器出口温度的各个动态特性都有较大的时滞和惯性，因此选择合适的操纵变量和合理的控制方案对于控制系统满足工艺要求是十分必要的。

目前广泛选用减温水流量作为操纵变量，过热器出口温度作为被控变量，组成单回路控制系统。但是控制通道的时滞和时间常数都较大，此单回路控制系统往往不能满足要求。因此，引入减温器出口温度为副被控变量，组成串级控制系统，如图 8-37 所示。此控制方案对于提前克服扰动因素是有利的，这样可以减少过热器出口温度的动态偏差，以满足工艺要求。另一种控制方案是组成如图 8-38 所示的双冲量控制系统，即前馈-反馈控制系统。它将减温器出口温度的微分信号作为前馈信号，与过热器出口温度相加后作为过热器温度控制器的测量。当减温器出口温度有变化时才引入前馈信号，稳定工况下，该微分信号为零，此时为单回路控制系统。

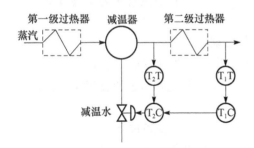
图 8-37 过热蒸汽串级控制系统

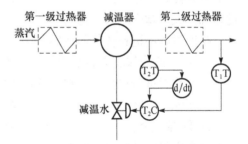
图 8-38 过热蒸汽双冲量控制系统

8.3 传热设备的控制

传热即热的传递（以温度差为推动力的能量传递现象），根据热力学第二定律，凡是有温度差的存在就必然有热的传递，因此传热是自然界和工程领域中较为普遍的一种传递过程。许多单元操作，如蒸发、精馏、干燥、结晶、冷冻、吸收和萃取等，无不直接或间接与传热有关。

工业生产过程中，用于热量交换的设备称为传热设备。传热过程中冷热流体进行热量交换时可以发生相变或不发生相变。热量的传递可以是热传导、热辐射或热对流。实际传热过程中通常是几种热量传递方式同时发生。传热设备简况见表 8-2。

表 8-2 传热设备的种类

传热方式	有无相变		载热体示例	设备类型示例
以对流为主	两侧均无相变		热水、冷水、空气	换热器
以对流为主			加热蒸汽	再沸器
以对流为主	一侧无相变	载热体汽化	液氨	氨冷器
以对流为主		介质冷凝	水、盐水	冷凝器
以对流为主		载热体冷凝	蒸汽	蒸汽加热器
以对流为主		介质汽化	热水或过热水	再沸器
以辐射为主			燃料油或燃料气、煤	加热炉、锅炉

8.3.1 传热过程的目的

研究传热过程的目的是应用传热学规律来解决工程上的实际问题。例如在某种场合要求尽快把热量传递出去，使物体冷却下来，也就是如何增强传热过程，如压缩机级间冷却器，空分设备各种换热器等；在另一种场合又要求防止和减少热散失，把热量保存起来，也就是如何削弱传热过程，如锅炉保温层、暖水瓶等。这是热量传递的两个方面，在工业生产过程中，传热设备主要是通过对物料进行加热或冷却来维持一定的温度。

生产过程中进行传热的目的主要有以下 3 种。

① 加热或冷却。为满足生产工艺要求，如保证化学反应、单元操作的正常进行，对物料进行加热或冷却、汽化或冷凝，使物料达到指定的温度和相态。

② 换热。回收和利用废热，节省能源。

③ 保温。为减少热损失，对高温或低温的设备及管道进行保温隔热。如工业上分离空气的精馏塔，塔内温度在 -180 ℃，如设备不保温绝热，则冷量损失太大，且操作无法进行。

8.3.2 换热器的控制

1. 换热器分类

工业上将凡是热量由热流体传递给冷流体的设备，统称为热交换器，简称换热器。

换热器的分类有很多种方法。如按使用目的分，可分为冷却器、加热器、蒸发器、冷凝器等；按结构分，可分为管壳式换热器（它又分为列管式、盘管式、套管式）和板式换热器（它又分为板翅式、板片式、螺旋板式）；按材料分，可分为金属换热器（它分为钢、铝、铜等）和非金属换热器（它分为玻璃、陶瓷、塑料、石墨等）。空分设备换热器按工作原理可分为：间壁式换热器、蓄热式换热器和混合式换热器三类。

（1）间壁式换热器

冷、热流体互不接触，两流体通过间壁（传热面）进行热交换。此类型换热器有主换热器、冷凝蒸发器等。

（2）蓄热式换热器

冷、热流体在一定时间间隔内，交替通过具有足够热容量的填料（卵石、金属丝等）进行热量传递。如石头蓄冷器、丝网蓄冷器等。

（3）混合式换热器

冷、热流体通过直接接触和相互混合来进行热量交换，在传热过程中伴有质的交换，它传热速度快，设备结构简单。如空气冷却塔、水冷却塔等。

2. 低温换热器的特点

空分设备换热器在低温下工作，进行低温传热过程，它具有以下特点。

① 传热过程多数在小温差下进行。传热温差越小，过程的不可逆损失也越小。计算表明，主换热器热端温差减小 1℃，能耗减少 2% 左右；冷凝蒸发器温差减小 1℃，能耗减少 5% 左右。

② 要求流动阻力小。流动阻力每增加 10 kPa，空压机排压要提高 30 kPa。所以，一般选取较小流速，需要有较大的换热面积，因此宜选用高度紧凑换热表面。

③ 气体温度接近饱和线时，物理性质变化较大，应采用积分平均温差来计算传热温差，以提高计算精度。

④ 低温换热器所用材料要求在低温下有良好机械性能。最常用材料为铝合金、铜合金、不锈钢等。

⑤ 低温换热器应结构紧凑、体积小、重量轻。

⑥ 换热器跑冷损失直接影响低温设备的能耗，所以应采取有效保冷措施。

3. 换热器操作的控制方案

换热器操作的目的是为了使生产过程中的物料加热或冷却到一个工艺要求的温度，自动控制的目的就是要通过改变换热器的热负荷以保证物料在换热器出口温度在工艺要求范围内稳定在给定值上。当换热器两侧流体在传热过程中均无相变化时，一般采用下列几种控制方案。

（1）控制载热体的流量

控制载热体流量可以稳定被加热介质出口温度，控制方案如图 8 - 39

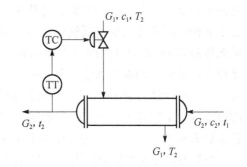

图 8 - 39 改变载热体流量控制介质出口温度

所示。从传热基本方程式可以解释这种方案的工作原理。

在传热设备的热交换过程中，如果不考虑传热过程中的热量损失，则热流体失去的热量等于冷流体获得的热量，其热平衡方程式为

$$Q = G_1 c_1 (T_1 - T_2) = G_2 c_2 (t_2 - t_1) \tag{8-23}$$

式中　Q——单位时间内传递的热量；

　　　G_1，G_2——分别为载热体和冷流体的流量；

　　　c_1，c_2——分别为载热体和冷流体的比热容；

　　　T_1，T_2——分别为载热体的入口和出口温度；

　　　t_1，t_2——分别为冷流体的入口和出口温度。

另外，热量总是从高温物体向低温物体传递，物体间的温差是传热的动力，温差越大，传递速率越大。传热过程中传热的速率可按下式计算。

$$Q = KF\Delta t_m \tag{8-24}$$

式中　K——传热系数；

　　　F——传热面积；

　　　Δt_m——两流体间的平均温差。

从传热学角度来看，冷、热流体之间的传热量既要符合热量平衡方程式（8-23），又要符合传热速率方程式（8-24），所以得出如下方程式为

$$G_2 c_2 (t_2 - t_1) = KF\Delta t_m \tag{8-25}$$

整理后可得

$$t_2 = \frac{KF\Delta t_m}{G_2 c_2} + t_1 \tag{8-26}$$

式（8-26）表明，假如让传热设备的传热面积 F 以及进入传热设备的冷流体的进口流量 G_2、温度 t_1 及比热容 c_2 保持不变，那么影响冷流体出口温度 t_2 的因素主要是传热系数 K 及平均温差 Δt_m。而载热体流量的改变能有效地改变传热过程中的 Δt_m，从而也就改变了传热量，所以采用这个方案能满足要求。例如，由于某种原因使进入换热器的冷流体流量增加，致使冷流体的出口温度 t_2 降低，那么控制器 FC 就会开大阀门以增加载热体的流量，载热体的出口温度 T_2 上升，导致冷热流体平均温差 Δt_m 上升，根据式（8-26）可知冷流体的出口温度 t_2 也将上升，从而使 t_2 维持在所要求的给定值上。所以此种方案实质上是通过改变平均温差 Δt_m 来控制工艺介质出口温度 t_2 的。另外，载热体流量的变化也会引起传热系数 K 的变化，由于这种影响不会太大，可以不考虑。

换热器的控制方案中应用最为普遍的是改变载热体流量，这种方案最简单，经常用于载热体流量的变化对温度影响较灵敏，并且载热体上游压力比较平稳的场

合。如果载热体本身压力不稳定，则可采取稳压措施使其稳定，或采用如图 8-40 所示的串级控制系统，在这个串级系统中，出口温度 t_2 为主变量、载热体的流量为副变量。

(2) 控制载热流体的旁路流量

当载热体是工艺负荷，其流量不允许节流时，可采用如图 8-41 所示的控制方案。这种方案的控制机理与前一种方案相

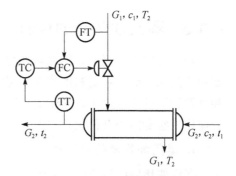

图 8-40　温度-流量串级控制系统

同，也是用改变温差 Δt_m 和 K 的手段来达到控制温度 t_2 的目的。方案中采用三通控制阀来改变进入换热器的载热体流量及其旁路流量的比例，这样既可控制进入换热器的载热体的流量，又可保证载热体总流量的不受影响。这种控制方案在载热体为工艺负荷时极为常见。

(3) 控制被加热流体的旁路流量

如图 8-42 所示为被加热流体旁路流量控制方案，一部分工艺物料经过换热器，另一部分走旁路。这种方案从控制机理来看，实际上是一个混合过程，所以反应迅速及时，适用于物料在换热器里停留时间较长的操作。但需要注意的是换热器的传热面积必须要有富裕，且载热体流量要一直处于高负荷下，所以，该方案在采用专门的载热体时是不经济的。然而对于某些热量回收系统，由于载热体是工艺负荷，总量本不宜控制，这时便不成为缺点了。

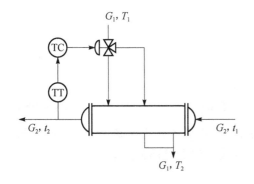
图 8-41　载热体旁路控制方案

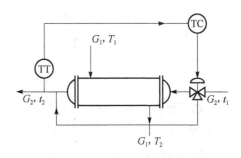
图 8-42　被加热流体旁路流量控制方案

以上 3 种控制方案都是换热器生产过程中常用的方案，在实际应用中要根据工艺生产要求和操作条件具体分析，选择较合理的一种控制方案，以满足生产过程的要求。

8.3.3 蒸汽加热器的控制

在工业生产过程中，经常遇到利用蒸汽冷凝来加热介质的加热器。这种加热器叫蒸汽加热器，它是利用蒸汽冷凝由汽相变为液相时放出大量的热量，再通过加热器的管壁来加热工艺介质的。假如要将工艺介质加热到 200 ℃ 以上时，经常要使用一些专门的有机化合物作为载热体。

1. 蒸汽加热器的加热原理

蒸汽加热器的载热体是蒸汽，通过蒸汽冷凝释放热量来加热物料，水蒸气是最常用的一种载热体，根据加热温度的不同，也可采用其他介质的蒸汽作为载热体。

蒸汽冷凝的传热过程不同于换热器的两侧均无相变的传热过程。它在整个冷凝过程中温度保持不变但有相变。传热过程分两阶段完成：先冷凝再降温。在一般情况下，由于蒸汽冷凝所放出的热量要比凝液降温时所放出的热量大得多，所以为简化起见，可以忽略凝液降温所放出的那部分热量。

当仅考虑蒸汽冷凝所放出的热量时，工艺介质吸收的热量应该等于蒸汽冷凝时放出的热量，因此，就能写出下列热量平衡方程式。

$$Q = G_1 c_1 (t_2 - t_1) = G_2 \lambda \tag{8-27}$$

式中　Q——单位时间传递的热量；
　　　G_1——被加热介质流量；
　　　G_2——蒸汽流量；
　　　c_1——被加热介质比热容；
　　　t_1，t_2——分别为被加热介质的入口、出口温度；
　　　λ——蒸汽的汽化潜热。

传热速率方程式仍为

$$Q = G_2 \lambda = KF\Delta t_m \tag{8-28}$$

如果被控变量是被加热介质的出口温度 t_2，可以考虑用控制进入的蒸汽流量 G_2 和通过改变冷凝液排出量以控制冷凝的有效面积 F 这两种方案。

2. 蒸汽加热器的控制方案

（1）控制蒸汽载热体的流量

如图 8-43 所示是控制蒸汽流量的温度控制方案。蒸汽在传热过程中起了相态变化，其传热机理是同时改变了传热速率方程中的平均温差 Δt_m 和传热面积 F。当加热器的传热面积没有富裕时，应以改变温差 Δt_m 为控制手段，调节蒸汽载热体流量 G_1 的大小即可改变温差 Δt_m 的大小，从而实现对被加热物料出口温

度 t_2 的控制。这种控制方案控制灵敏，但是当采用低压蒸汽作为载热体时，进入加热器内的蒸汽一侧会产生负压，此时，冷凝液将不能连续排出，采用该控制方案就需慎重。

(2) 控制冷凝液的排放量

如图 8-44 所示是控制冷凝液流量的控制方案。该方案的机理是通过控制冷凝液的排放量，改变了加热器内冷凝液的液位，导致传热面积 F 的变化，从而改变了传热量 Q，以达到对被加热物料出口温度的控制。这种控制方案有利于冷凝液的排放，传热变化比较平缓，可防止局部过热，有利于热敏介质的控制。此外该方案的排放阀的口径也小于蒸汽阀的，但这种改变传热面积的控制方案的动作比较迟钝。

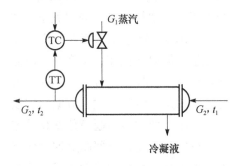

图 8-43 控制蒸汽流量的温度控制方案　　图 8-44 控制冷凝液排放量的温度控制方案

8.3.4 冷却器的自动控制

在工业生产中，经常用水或空气作为冷却剂。但在有些场合，常常需要用一些专门的冷却剂才能达到某种物料的冷却温度，专门的冷却剂有液氨、乙烯、丙烯等。这些液体冷却剂在冷却器中由液体汽化为气体时带走大量热量，从而使另一种物料得以冷却。以液氨为例，在常压下它汽化时带走的热量可以使物料冷却到零下 30 ℃。下面以氨冷器为例介绍几种控制方案。

1. 控制冷却剂的流量

在氨冷器的控制中，常常用改变进入氨冷器的液氨流量的办法来控制被冷却介质的出口温度，如图 8-45 所示。当被冷却介质的出口温度上升时，通过温度控制器的作用开大控制阀的开度，这样就相应地增加了液氨进入量，使氨冷器内液位上

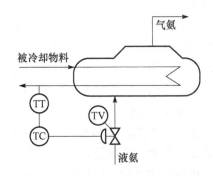

图 8-45 控制冷却剂流量的温度控制

升,从而使液体传热面积增加,传热量亦增加,那么被冷却介质的出口温度就会下降,这样就能保证出口温度的恒定。

2. 控制传热面积

氨冷器内的液位在这种控制方案中没有被控制,在实际生产过程中一定要注意氨冷器内的液位不能过高,如果液位过高会造成液氨蒸发空间不足,液氨不能充分蒸发,使出去的氨气中夹带大量液氨,这样会引起氨压缩机发生操作事故。因此,这种方案经常要设置液位的上限报警,或采用温度-液位自动选择性控制。当液氨的液位上升到上限值时,选择性控制系统自动把控制液氨的阀关小,甚至暂时关断。而图8-46所示方案中,操纵变量仍是液氨流量,但以液位作为副变量,以温度作为主变量构成串级控制系统。应用此类方案时也要对液位的上限值加以限制,以保证有足够的蒸发空间。这种方案的实质是改变传热面积。但由于采用了串级控制,将液氨压力变化而引起液位变化的这一主要干扰包含在副环内,只要液氨的压力或流量发生变化,副回路立即动作克服它,这样就少影响甚至不影响出口温度,大大地提高了系统的控制质量,达到了设计控制系统的目的。

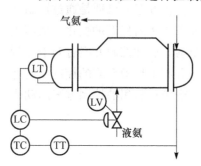

图8-46 控制传热面积的温度-液位串级控制

3. 控制气化压力

调节载热体的气化温度可以改变传热平均温差 N,同样可以达到调节传热量的目的。由于氨的气化温度与压力有关,所以可以将控制阀装在气氨出口管道上,以达到控制出口温度的目的,如图8-47所示。

该方案的控制原理是:控制阀开度变化会引起氨冷器内气化压力改变,于是相应的气化温度也就改变了。当工艺介质出口温度升高偏离给定值时,就开大氨气出口管道上的阀门,使氨冷器内压力下降,液氨温度下降,冷却剂与工艺介质间的温差 Δt_m 增大,传热量增大,工艺介质温度下降,这样就达到了控制工艺介质出口温度恒定的目的。但只控制冷却剂的流量还不行,为了保证液位不高于允许的上限值,使得液氨汽化有一定的空间,还要设置一液位控制系统来维持液位的高

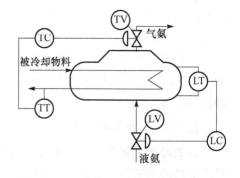

图8-47 控制气化压力的温度控制

度。这类方案的动态特点是滞后小，反应迅速、有效，只要气化压力稍有变化，就能很快影响气化温度，达到控制工艺介质出口温度的目的。因此应用比较广泛。另外，由于控制阀安装在气氨出口管道上，故要求氨冷器要耐压。并且当气氨压力由于整个制冷系统的统一要求不能随意加以控制时，该方案就不能采用了。由于该系统有两套控制系统，这样就需要较多的仪表，投资成本增加。

8.3.5 管式加热炉的控制方案

管式加热炉是化工、炼油生产中常见的传热设备。在管式加热炉内，工艺介质受热升温或同时进行汽化。工艺介质温度的高低会直接影响后面工序的工况和产品质量，同时当炉子温度过高时会使物料在加热炉内分解，甚至造成结焦而烧坏炉管。因此，加热炉出口温度是必须严格控制的参数。

加热炉的主要干扰因素有：工艺介质进料流量、进料成分、燃料总管压力、燃料流量、燃料成分、燃料雾化情况、空气过量情况、烟道阻力、烟囱阻力等。

常见的加热炉控制方案有以下几种。

1. 简单控制方案

在图 8-48 中，主要控制方案是以炉出口温度为被控变量，燃料流量为操纵变量的温度简单控制系统。为克服工艺介质流量波动、燃料压力波动以及燃料雾化情况等干扰量对被控变量的影响，同时设置了三个简单定值控制系统，即介质流量、燃料总管压力、雾化蒸汽压力控制系统，确保炉出口温度的恒定。

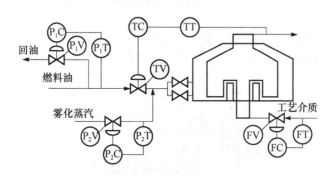

图 8-48 加热炉的简单控制方案

当工艺对炉出口温度要求十分严格，且干扰频繁、幅值较大，或炉膛容量较大（即被控对象容量滞后较大）时，上述简单控制系统就无法满足工艺要求，需要采用复杂控制系统。

2. 加热炉出口温度的复杂控制方案

① 炉出口温度与燃料流量的串级控制，如图 4-49 所示。该控制方案可以

克服燃料总管压力变化而引起燃料流量变化的干扰。并可以了解燃料消耗的状况。

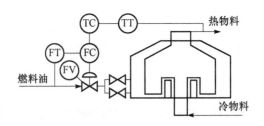

图 8-49　炉出口温度-燃料流量串级控制方案

② 炉出口温度与燃料压力串级控制，如图 8-50 所示。如果燃料流量测量比较困难，而压力测量较方便时，可采用该控制方案。注意必须防止燃料喷嘴部分堵塞，不然会导致控制阀发生误动作。

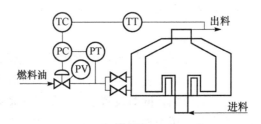

图 8-50　炉出口温度-燃料压力串级控制方案

③ 炉出口温度与炉膛温度串级，控制如图 8-51 所示。当主要干扰是燃料组分变化时，前两种控制方案的副回路无法控制，此时采用该控制方案。

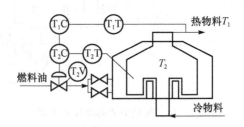

图 8-51　炉出口温度-炉膛温度串级控制方案

④ 进料流量与炉出口温度前馈-反馈控制，如图 8-52 所示。当工艺介质流量、温度变化频繁，干扰幅度较大且不可控，串级控制难以满足工艺指标时，可采用前馈-反馈控制。

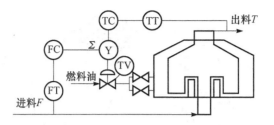

图 8-52　进料流量-炉出口温度前馈-反馈控制方案

8.4　精馏塔的控制

精馏是利用液体混合物中各组分具有不同挥发度，即同一温度下各组分的蒸汽分压不同，使液相中轻组分转移到气相，气相中的重组分转移到液相，将各组分分离并达到规定的纯度要求；是工业上应用最广的液体混合物分离操作方法，广泛用于石油、化工、轻工、食品、冶金等部门。

精馏操作按不同方法进行分类。根据操作方式，可分为连续精馏和间歇精馏；根据混合物的组分数，可分为二元精馏和多元精馏；根据是否在混合物中加入影响汽液平衡的添加剂，可分为普通精馏和特殊精馏（包括萃取精馏、恒沸精馏和加盐精馏）。若精馏过程伴有化学反应，则称为反应精馏。

精馏过程是一个复杂的传质传热过程。表现为：过程变量多、被控变量多、可操纵的变量也多，过程动态和机理复杂。因此，熟悉工艺过程和内在特性，对控制系统的设计十分重要。

8.4.1　精馏塔的组成、原理及工艺要求

1. 精馏塔的组成

精馏过程的主要设备有：精馏塔、再沸器、冷凝器、回流罐和输送设备等，如图 8-53 所示。精馏塔一般有两大类：填料塔和板式塔。板式塔又有筛板塔、浮阀塔、泡罩塔等多种形式。精馏塔以原料进料板为界，上部为精馏段，下部为提馏段。一定温度和压力的料液进入精馏塔后，轻组分在精馏段逐渐浓缩，离开塔顶后全部冷凝进入回流罐，一部分作为塔顶产品（也叫馏出液），另一部分被送入塔内作为回流液。回流液的目的是补充塔板上的轻组分，使塔板上的液体组成保持稳定，保证精馏操作连续稳定地进行。而重组分在提馏段中浓缩后，一部分作为塔釜产品（也叫残液），另一部分则经再沸器加热后送回塔中，为精馏操作提供一定量连续上升的蒸气气流。

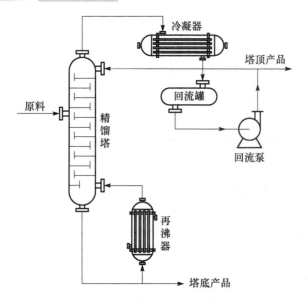

图 8-53 精馏塔结构示意图

2. 精馏的基本原理

精馏过程是一个传质传热过程，精馏塔的每块塔板上，同时发生上升蒸汽部分冷凝和回流液体部分汽化的过程，这个过程是一个传热过程。伴随着传热过渡同时发生的是，易挥发组分不断气化，从液相转为气相；难挥发组分不断冷凝，从气相转入液相，这种物质在相间的转移过程称为传质过程。

整个精馏塔的精馏过程，易挥发组分由下而上逐渐增加，难挥发组分自上而下逐渐增加，其塔板温度自下而上随着易挥发组分增加而逐渐降低。

3. 精馏塔的工艺操作要求

工艺生产对精馏塔的操作要求为：安全、平稳操作、在保证产品质量合格的前提下，使塔的回收率最高、能耗最低，即使总收益最大、成本最小。为达到上述要求，精馏塔配备的自动控制系统也应该满足质量指标、物料平衡、热量平衡以及约束条件的要求。

8.4.2 精馏塔控制要求及影响因素

精馏过程是在一定约束条件下进行的。因此，精馏塔的控制要求可从质量指标、产品产量、能量消耗和约束条件4方面考虑。

1. 质量指标

精馏塔的质量指标是指塔顶或塔底产品的纯度。通常，满足一端的产品质量，即塔顶或塔底产品之一达到规定纯度，而另一端产品的纯度维持在规定范围内。所谓产品的纯度,就二元精馏来说,其质量指标是指塔顶产品中轻组分含量和塔底产品中重组分含量。对于多元精馏而言,则以关键组分的含量来表示。关键组分是指对产品质量影响较大的组分,塔顶产品的关键组分是易挥发的,称为轻关键组分;塔底产品的关键组分是不易挥发的,称为重关键组分。就二元组分精馏塔来说,质量指标的要求就是使塔顶产品中的轻组分含量和塔底产品中重组分的含量符合规定的要求。而在多元组分精馏塔中,通常仅对产品质量影响较大的关键组分可以控制。

2. 产品产量

物料平衡塔顶馏出液和塔底釜液的平均采出量之和应该等于平均进料量,而且这两个采出量的变化应该比较和缓,以利于上下工序的平稳操作,塔内及顶、底容器的蓄液量应介于规定的上下限之间。

3. 能量消耗

要保证精馏塔产品质量、产品产量的同时,考虑降低能量的消耗,使能量平衡,实现较好的经济性。

4. 约束条件

精馏过程是复杂传质传热过程,为了满足稳定和安全操作的要求,对精馏塔操作参数有一定的约束条件。

液泛限:又称气相速度限,即精馏塔上升蒸汽速度的最大限值。当气相上升速度过高时,造成雾沫带,塔板上的液体不能向下流,下层塔板的液相组分倒流到上层塔板,出现液泛现象会破坏塔的正常操作。

漏液限:又称气相最小速度限,指精馏塔上升蒸汽速度的最小限值。当上升蒸汽速度过低时,上升蒸汽不能托起上层的液相,造成漏液,使板效率下降,精馏操作不能正常进行。

操作压力限:压力限是精馏塔的最大操作压力限制。超限会影响塔内气、液相平衡,严重超限会影响安全生产。

临界温差限:指再沸器两侧的温差。当该温差低于临界温差时,传热系数急剧下降,传热量也随之下降,就不能保证塔的正常传热需要。

8.4.3 精馏塔控制影响因素

影响精馏塔的操作因素很多,和其他化工过程一样,精馏塔是建立在物料平衡和能量平衡的基础上操作的。影响热量平衡的因素主要是进料温度(或热焓)的变化,再沸器的加热量和冷凝器的冷却量变化,此外还有环境温度的变化等。同时,物料平衡和热量平衡是相互影响的。

在各种扰动因素中,有些是可控的,有些则是不可控的,现分析如下。

1. 进料流量的波动

进料量在很多情况下是不可控的，它的波动通常难以完全避免。如果一个精馏塔是位于整个工艺生产过程的起点，要使进料流量恒定，可采用定值控制。然而，在多数情况下，精馏塔的处理量是由上一工序决定的。如果要使进料量恒定，势必需要设置很大的中间储存物料的容器。工艺生产上新的设计思想是尽量减小或取消中间贮槽，而是在上一工序中采用液位均匀控制系统来控制出料量，以使进料流量 F 的波动不至于剧烈。

2. 进料成分的变化

进料成分一般是不可控的，它的变化也是无法避免的，进料成分由上一工序或原料情况所确定。

3. 进料温度（热焓）的变化

进料温度和热焓值影响精馏塔的能量平衡。进料温度通常是比较恒定的，假如不恒定，可以先将进料进行预热，通过温度定值控制系统来使其保持恒定。然而，在进料温度恒定时，只有当进料状态全部是气态或全部是液态时，进料热焓才能恒定。当进料量是气、液混相状态时，则只有当气、液两相的比例恒定时，进料热焓才能恒定。为了保持精馏塔的进料热焓的恒定，必要时可通过热焓控制的方法来维持热焓的恒定。

4. 再沸器加入热量的变化

当加热剂是蒸汽时，加入热量的变化往往是由蒸汽压力的变化而引起的，可以通过在蒸汽总管设置压力控制系统来加以克服，或者在串级控制系统的副回路予以克服。

5. 冷凝器内除去热量的变化

冷却过程热量的变化会影响到回流量或回流温度，它的变化主要是由于冷却剂的压力或温度变化而引起的。一般情况冷却剂温度的变化较小，而压力的波动可采用克服加热剂压力变化的方法予以控制。

6. 环境温度的变化

一般情况下，环境温度变化的影响较小。但在采用风冷器作冷凝器时，则天气骤变与昼夜温差会对塔的操作影响较大，它会使回流量或回流温度发生改变。为此，可采用内回流控制的方法进行克服。内回流控制是指在精馏过程中，控制内回流量为恒定量或按某一规律变化的操作。

从上述的干扰分析可以得知，进料量和进料成分的变化是精馏塔操作的主要干扰，而往往是不可控的。其余干扰一般比较小，而且往往是可控的，或者可以采用一些控制系统预先加以克服的。当然，遇到具体问题时，还需根据具体情况作具体分析。

8.4.4 精馏塔被控变量的选择

精馏塔被控变量的选择，指的是实现产品质量控制，表征产品质量指标的选择。精馏塔产品质量指标选择有两类：直接产品质量指标和间接产品质量指标。

精馏塔最直接的质量指标是产品成分。但由于成分分析仪表价格昂贵，维护保养复杂，采样周期较长，即反应缓慢，滞后较大，加上可靠性不够，应用受到一定限制。

最常用的间接质量指标是温度。这是因为对于一个二元组分的精馏塔而言，在塔内压力一定的条件下，温度与产品纯度之间存在着单值的函数关系。因此，如果压力恒定，则塔板的温度就间接反映了浓度。对于多元精馏塔而言，虽然情况比较复杂，但在塔内压力恒定条件下，温度与成分之间仍有较好的对应关系，误差较小。因此，绝大多数精馏塔仍采用温度作为间接质量指标。

1. 灵敏板温度

精馏段温度控制以精馏段产品的质量为控制目标，根据温度检测点的位置不同，有塔顶温度控制、中温控制和灵敏板温度控制等类型。

采用塔顶温度作为被控变量，能够直接反映产品质量，但因邻近塔顶处塔板之间的温差很小，该控制方案对温度检测装置的要求较高，例如高精确度、高灵敏度等。此外，产品中的杂质影响产品的沸点，造成对温度的扰动，因此，采用塔顶温度控制塔顶产品质量的控制方案很少采用。

中温通常指加料板稍上或稍下的塔板或加料板的温度。采用中温作为被控变量，可以兼顾塔顶和塔底成分，及时发现操作线的变化。但因不能及时反映塔顶或塔底产品的成分，因此，不能用于分离要求较高、进料浓度变化较大的应用场合。

采用精馏段灵敏板温度作为被控变量，能够快速反映产品成分的变化。灵敏板是在扰动影响下塔板温度变化最大的塔板。因此，该塔板与上下塔板之间有最大的浓度梯度，具有快速的过程动态响应。灵敏板位置可仿真计算或实测确定，因塔板效率不易准确估计，因此，实际应用时，可在灵敏板上下设置若干温度检测点，根据实际运行情况选择。

2. 温差控制

精馏塔中，成分是温度和塔压的函数，当塔压恒定或有较小变化时，温度与成分有一一对应关系。但精密精馏时，产品纯度要求较高，微小塔压变化将引起成分波动。例如，苯-甲苯分离时，压力变化 6.67 kPa，苯的沸点变化为 2 ℃。

采用温差控制可以消除压力波动对产品质量的影响。在选择温差信号时，如果塔顶采出量是主要产品，宜将一个检测点放在塔顶（或者稍下一点），即温度变化较小的位置；另一个检测点放在灵敏板附近，即浓度和温度变化较大的位置，然后取上述两个检测点温度差作为被控变量。此时压力波动的影响几乎互相抵消。

3. 双温差控制

精馏塔温差控制的缺点是进料流量变化时，会引起塔内成分变化和塔压压降变化。二者都使温差变化，前者使温差减小，后者使温差增大，使温差与成分呈现非单值函数关系。双温差控制的设计思想是进料对精馏段温差的影响和对提馏段温差的影响相同，因此，可用双温差控制来补偿因进料流量变化造成的对温差的影响。应用时除了要合适选择温度检测点位置外，对双温差的设定值也要合理设置。

8.4.5 精馏塔的基本控制方案

精馏塔是个多变量被控过程，在许多被控变量和操纵变量中，选定一种变量配对，就构成了一个精馏塔的控制方案。当选用塔顶产品馏出物流量 D 或塔底采出液量 B 来作为操纵变量控制产品质量时，称为物料平衡控制；而选用塔顶回流量 L 或再沸器加热蒸汽量 V 来作为操纵变量时，称为能量平衡控制。

1. 按精馏段质量指标的控制

按精馏段质量指标进行控制是指以精馏段温度或成分作为被控变量的控制。如果操纵变量是产品的出料，则称为间接物料平衡控制。

（1）直接物料平衡控制

该控制方案的被控变量是精馏段温度，可以是塔顶温度。操纵变量是塔顶馏出量 D，同时，控制塔釜蒸汽加热量恒定。变量配对见表 8-3，控制方案如图 8-54 所示。

表 8-3 精馏塔直接物料平衡控制的变量配对

被控变量	精馏段温度	再沸器加热蒸汽 V	回流罐液位	塔釜液位
操纵变量	塔顶馏出量 D	再沸器加热蒸汽 V	回流量 L	塔底采出液量 B

该控制方案的优点是物料和能量平衡之间的关联最小，内回流在环境温度变化时基本不变，产品不合格时不出料。缺点是控制回路的滞后大，馏出量 D 改变后，需经回流罐液位变化并影响回流量，再影响温度，因此，动态响应较差。适用于塔顶馏出量 D 很小（回流比很大）、回流罐容积较小的精馏操作。

当馏出量 D 有较大波动时，还可将精馏段温度作为被控变量，馏出量 D 作为副被控变量组成串级控制系统。

(2) 间接物料平衡控制

由于回流变化后再影响馏出量 D，因此是间接物料平衡控制。精馏段的变量配对见表 8-4，控制方案如图 8-55 所示。

表 8-4　精馏段间接物料平衡控制的变量配对

被控变量	精馏段温度	再沸器加热蒸汽 V	回流罐液位	塔釜液位
操纵变量	回流量 L	再沸器加热蒸汽 V	塔顶馏出量 D	塔底采出液量 B

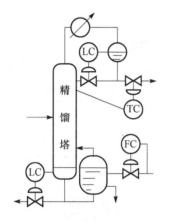

图 8-54　精馏段直接物料平衡控制

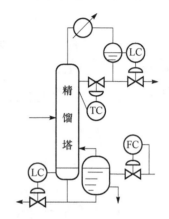

图 8-55　精馏段间接物料平衡控制

该控制方案的优点是控制作用及时，温度稍有变化就可通过回流量进行控制，动态响应快，对克服扰动影响有利。该控制方案的缺点是内回流受外界环境温度影响大，能量和物料平衡直接的关联大。主要使用于回流比小于 0.8 及需要动态响应快速的精馏操作，是精馏塔最常用的控制方案。

当内回流受环境温度影响较大时，可采用内回流控制；当回流量变动较大时，可采用串级控制；当进料量变动较大时，可采用前馈-反馈控制等。

2. 按提馏段指标的控制

按提馏段质量指标进行控制是将提馏段温度或成分作为被控变量的控制。也可分为直接物料平衡控制和间接物料平衡控制。

(1) 直接物料平衡控制

根据提馏段温度控制塔底采出量 B 的控制方案是直接物料平衡控制。同时，保持回流比或回流量恒定。变量配对见表 8-5，控制方案如图 8-56 所示。

表 8-5　提馏段直接物料平衡控制的变量配对

被控变量	提馏段温度	回流量 L	回流罐液位	塔釜液位
操纵变量	塔底采出液量 B	回流量 L	塔顶馏出量 D	再沸器加热蒸汽 V

该控制方案具有能量和物料平衡关系的关联小，塔底采出量 B 较小时操作较平稳，产品不合格时不出料等特点。但与精馏段直接物料平衡控制方案相似，动态响应较差，滞后较大，液位控制回路存在反向特性。适用于 B 很小，且 $B/V < 0.2$ 的精馏操作。

(2) 间接物料平衡控制

采用再沸器加热量 V 作为操纵变量，控制提馏段温度的控制是间接物料平衡控制。采用回流量或回流比定值控制。变量配对见表 8-6，控制方案如图 8-57 所示。

表 8-6 提馏段间接物料平衡控制的变量配对

被控变量	提馏段温度	回流量 L	回流罐液位	塔釜液位
操纵变量	再沸器加热蒸汽 V	回流量 L	塔顶馏出量 D	塔底采出液量 B

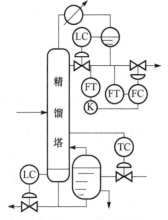

图 8-56 提馏段直接物料平衡控制

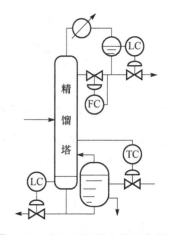

图 8-57 提馏段间接物料平衡控制

该控制方案具有响应快、滞后小的特点，能迅速克服进入精馏塔的扰动影响。缺点是物料平衡和能量平衡关系有较大关联。适用于 $V/F < 2.0$ 的精馏操作。

3. 压力控制

在精馏塔的自动控制中，保持塔压恒定是稳定操作的条件。这主要是两方面因素决定的，一是压力的变化将会引起塔内气相流量和塔顶上气液平衡条件的变化，导致塔内物料平衡变化。二是由于混合条件组分的沸点和压力间存在一定关系，而塔板的温度间接反映了物料的成分。因此压力恒定是保证物料平衡和产品质量的先决条件。在精馏塔的控制中，往往都设有压力调节系统，来保持塔内压力恒定。

在采用成分分析用于产品质量控制的精馏塔控制方案中，则可以在可变压力操作下采用温度调节或对压力变化补偿的方法实现质量控制。其做法是让塔压浮动于冷凝器的约束，而使冷凝器始终接近于满负荷操作。这样，当塔的处理量下降而使热负荷降低或冷凝器冷却介质温度下降时，塔压将维持在比设计要求低的数值。压力的降低可以使塔内被分离组分间的挥发度增加，这样使单位处理量所需的再沸器加热量下降，节省能量，提高经济效益。同时塔压的下降使同一组分的平衡温度下降，再沸器两侧的温度差增加，提高了再沸器的加热能力，减轻再沸器的结构。

本 章 小 结

1. 主要内容

在工业生产过程中，流体输送设备、传热设备、锅炉、精馏塔等设备和装置是最常见的典型操作单元。本章从过程控制的角度出发，根据对象的特性和控制要求，分析具体的有代表性的控制方案，以满足实际工业应用中对这些单元的不同控制要求。

① 流体输送设备。泵和压缩机是生产过程中用来输送流体或提高流体压头的重要机械设备。泵用来输送液体，压缩机用来输送气体。离心泵的流量控制常采用改变阀开度、改变泵转速和改变回流量的控制方案，容积泵多用改变原动机转速、改变泵冲程和调节旁路回流量的方法。离心式压缩机的控制主要是防喘振，防喘振控制方案有两类：固定极限流量法和可变极限流量法。

② 锅炉设备。锅炉是电力、石油、化工生产中必不可少的重要的动力设备，锅炉的控制方案主要有汽包水位单冲量、双冲量、三冲量控制，锅炉燃烧系统的控制和过热蒸汽系统的控制。

③ 传热设备是工业上用以实现换热目的的设备，类型有换热器、蒸汽加热器、低温冷却器等。换热器常采用的控制方案有控制载热体流量、控制载热体旁路流量和控制被加热流体的流量；蒸汽加热器是一种利用蒸汽冷凝给热的换热设备，常采用的控制方案有控制蒸汽的流量、控制蒸汽加热器的传热面积；低温冷却器的作用是将物料冷却到较低的温度，控制方案有控制冷却剂的流量、控制传热面积和控制汽化压力等。管式加热炉是将工艺介质加热升温或同时进行气化的设备，其出口温度必须严加控制。常用的控制方案有简单控制方案、串级控制方案和前馈-反馈控制方案。

④ 精馏过程是利用混合物中各组分挥发度的不同将混合物分离成较纯组分的单元操作，多用于半成品或产品的分离和精制。精馏塔的基本控制方案有精馏段温度控制方案和提馏段温度控制方案。

2. 基本要求

结合前几章内容，把简单控制系统和复杂控制系统的知识应用于典型单元设备的控制方案中。对各典型单元的对象特性、操作条件和质量指标进行全面的了解；然后掌握各典型单元的控制要求、被控变量和操作变量的选择；掌握典型单元的基本控制方案；最后总结出各典型单元的操作特点，确定控制方案中的共性原则和方法。

习题与思考题

1. 离心泵的控制方案有几种？各有什么特点？
2. 什么是离心式压缩机的喘振？喘振产生的原因是什么？
3. 叙述离心式压缩机固定极限防喘振方案。
4. 两侧无相变的换热器常采用哪些控制方案？各有什么特点？
5. 低温换热器的控制方案有几种？它们的特点是什么？
6. 精馏塔操作过程中主要干扰有哪些？
7. 锅炉设备的主要控制系统有哪些？
8. 什么是锅炉汽包水位的假液位现象？它是在什么情况下产生的？具有什么危害性？
9. 汽包水位控制有哪些控制方案？分别适用于哪些场合？
10. 精馏塔的精馏段温度控制和提馏段温度控制各有什么特点？分别适用在什么场合？

项目一

一阶单容上水箱对象特性测试实验

一、能力目标

① 熟悉单容水箱的数学模型及其阶跃响应曲线。

② 根据由实际测得的单容水箱液位的阶跃响应曲线,用相关的方法分别确定它们的参数。

二、项目设备

YL-PCS-Ⅲ型过程控制实验装置;

配置:万用表、上位机软件、计算机、RS232-485转换器1只、串口线1根、实验连接线。

三、项目结构框图

单容水箱如图1.1所示:

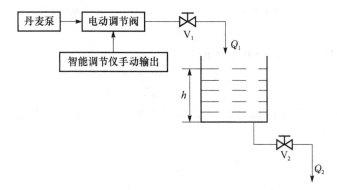

图1.1 单容水箱系统结构图

四、项目任务解析

阶跃响应测试法是系统在开环运行条件下,待系统稳定后,通过调节器或其他操作器,手动改变对象的输入信号(阶跃信号),同时记录对象的输出数据或阶跃响应曲线。然后根据已给定对象模型的结构形式,对实验数据进行处理,确定模型中各参数。

图解法是确定模型参数的一种实用方法。不同的模型结构,有不同的图解方法。单容水箱对象模型用一阶加时滞环节来近似描述时,常可用两点法直接求取对象参数。

如图 1.1 所示，设水箱的进水量为 Q_1，出水量为 Q_2，水箱的液面高度为 h，出水阀 V_2 固定于某一开度值。根据物料动态平衡的关系，求得

$$R_2^* C^* \frac{\mathrm{d}\Delta h}{\mathrm{d}t} + \Delta h = R_2^* \Delta Q_2 \tag{1.1}$$

在零初始条件下，对上式求拉氏变换，得

$$G(s) = \frac{H(s)}{Q_1(s)} = \frac{R_2}{R_2^* C^* s + 1} = \frac{K}{T^* s + 1} \tag{1.2}$$

式中　T——水箱的时间常数（注意：阀 V_2 的开度大小会影响到水箱的时间常数），$T = R_2^* C$；

$K = R_2$——单容对象的放大倍数；

R_1，R_2——V_1、V_2 阀的液阻；

C——水箱的容量系数。

令输入流量 Q_1 的阶跃变化量为 R_0，其拉氏变换式为 $Q_1(s) = R_0/s$，R_0 为常量，则输出液位高度的拉氏变换式为

$$H(s) = \frac{KR_0}{s(Ts+1)} = \frac{KR_0}{s} - \frac{KR_0}{s+1/T}$$

当 $t = T$ 时，则有

$$h(T) = KR_0(1 - \mathrm{e}^{-1}) = 0.632 KR_0 = 0.632 h(\infty) \tag{1.3}$$

即

$$h(t) = KR_0(1 - \mathrm{e}^{-t/T})$$

当 $t \rightarrow \infty$ 时，$h(\infty) = KR_0$，因而有

$$K = \frac{h(\infty)}{R_0} = \frac{\text{输出稳态值}}{\text{阶跃输入}}$$

式（1.3）表示一阶惯性环节的响应曲线是一单调上升的指数函数，如图 1.2 所示。

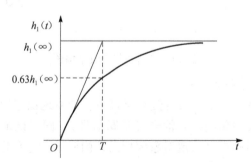

图 1.2　一阶惯性环节的阶跃响应曲线

当由实验求得图 1.2 所示的阶跃响应曲线后，该曲线上升到稳态值的 63% 所对应的时间，就是水箱的时间常数 T，该时间常数 T 也可以通过坐标原点对响应

曲线作切线，切线与稳态值交点所对应的时间就是时间常数 T，其理论依据是

$$\frac{\mathrm{d}h(t)}{\mathrm{d}t}\bigg|_{t=0} = \frac{KR_0}{T}\mathrm{e}^{-\frac{1}{T}t}\bigg|_{t=0} = \frac{KR_0}{T} = \frac{h(\infty)}{T} \tag{1.4}$$

上式表示 $h(t)$ 若以在原点时的速度 $h(\infty)/T$ 恒速变化，即只要花 T 秒时间就可达到稳态值 $h(\infty)$。

五、项目任务实施

实验软件界面如图 1.3 所示。

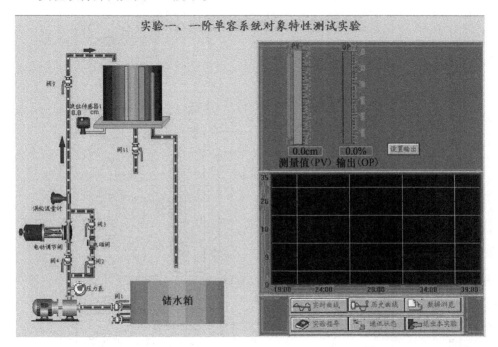

图 1.3　实验软件界面

1. 设备的连接和检查

① 关闭阀 11，将 YL – PCS – Ⅲ 实验对象的储水箱灌满水（至最高高度）。

② 打开以丹麦泵、电动调节阀、涡轮流量计组成的动力支路至上水箱的出水阀门：阀 1、阀 4、阀 9，关闭动力支路上通往其他对象的切换阀门：阀 2、阀 5、阀 7、阀 14、阀 21、阀 24。

③ 打开上水箱的出水阀：阀 11 至适当开度。

④ 检查电源开关是否关闭。

2. 系统的连接

① 如图 1.4 所示：将 I/O 信号接口板上的上水箱液位的钮子开关打到 1～5 V 位置。

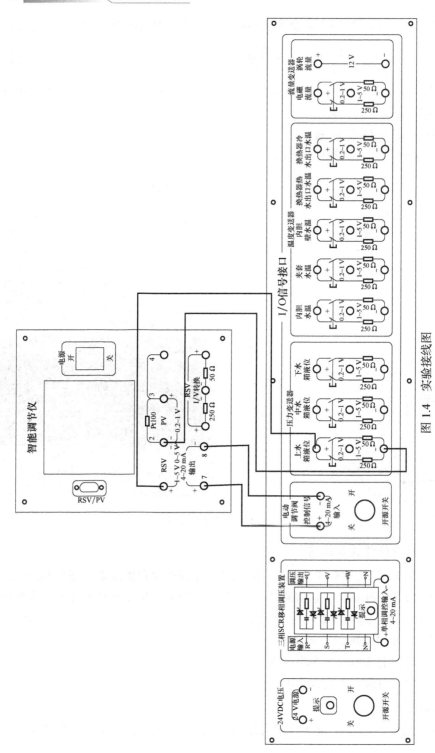

图 1.4 实验接线图

② 将上水箱液位"＋"（正极）接到任意一个智能调节仪的 1 端（即 RSV 的正极），上水箱液位"－"（负极）接到智能调节仪的 2 端（即 RSV 的负极）。

③ 将智能调节仪的 4～20 mA 输出端的 7 端（即"＋"极）接至电动调节阀的 4～20 mA 输入端的"＋"端（即正极），将智能调节仪的 4～20 mA 输出端的 5 端（即"－"极）接至电动调节阀的 4～20 mA 输入端的"－"端（即负极）。

④ 电源控制板上的三相电源空气开关、单相空气开关、单相泵电源开关打在关的位置。

⑤ 电动调节阀的～220 V 电源开关打在关的位置。

⑥ 智能调节仪的～220 V 电源开关打在关的位置。

3. 启动实验装置

① 将实验装置电源插头接到 380 V 的三相交流电源。

② 打开电源三相带漏电保护空气开关，电压表指示 380 V。

③ 打开总电源钥匙开关，按下电源控制屏上的启动按钮，即可开启电源。

4. 实验步骤

① 开启单相空气开关，根据仪表使用说明书和液位传感器使用说明调整好仪表各项参数和液位传感器的零位、增益，仪表输出方式设为手动输出，初始值为 0。

② 启动计算机 MCGS 组态软件，进入实验系统相应的实验如图 1.2 所示。

③ 双击设定输出按钮，设定输出值的大小，或者在仪表手动状态下，按住仪表的 STOP 键将仪表的输出值上升到所想设定的值，这个值根据阀门开度的大小来给定，一般初次设定值＜25。开启单相泵电源开关，启动动力支路。将被控参数液位高度控制在 20% 处（一般为 7 cm）。

④ 观察系统的被调量：上水箱的水位是否趋于平衡状态。若已平衡，应记录调节仪输出值，以及水箱水位的高度 h_1 和智能仪表的测量显示值，并填入表 1.1 中。

表 1.1

仪表输出值	水箱水位高度 h_1/cm	仪表显示值/cm
0～100		

⑤ 迅速增加仪表手动输出值，增加 5% 的输出量，记录此引起的阶跃响应的过程参数，填入表 1.2 中，它们均可在上位软件上获得，以所获得的数据绘制变化曲线。

表 1.2

t/s												
水箱水位 h_1/cm												
仪表读数/cm												

⑥ 直到进入新的平衡状态。再次记录平衡时的下列数据，并填入表 1.3 中。

表 1.3

仪表输出值	水箱水位高度 h_1/cm	仪表显示值/cm
0～100		

⑦ 将仪表输出值调回到步骤⑤前的位置，再用秒表和数字表记录由此引起的阶跃响应过程参数与曲线，填入表 1.4 中。

表 1.4

t/s												
水箱水位 h_1/cm												
仪表读数/cm												

⑧ 重复上述实验步骤。

六、项目报告要求

① 作出一阶环节的阶跃响应曲线。
② 根据实验原理中所述的方法，求出一阶环节的相关参数。

七、注意事项

① 本实验过程中，阀 11 不得任意改变开度大小。
② 阶跃信号不能取得太大，以免影响正常运行；但也不能过小，以防止因读数误差和其他随机干扰影响对象特性参数的精确度。一般阶跃信号取正常输入信号的 5%～15%。
③ 在输入阶跃信号前，过程必须处于平衡状态。

八、思考题

① 在做本实验时，为什么不能任意改变上水箱出水阀的开度大小？
② 用两点法和用切线对同一对象进行参数测试，它们各有什么特点？

项目二

上水箱液位 PID 整定实验

一、能力目标
① 通过实验熟悉单回路反馈控制系统的组成和工作原理。
② 分析分别用 P、PI 和 PID 调节时的过程图形曲线。
③ 定性地研究 P、PI 和 PID 调节器的参数对系统性能的影响。

二、项目设备
① YL-PCS-Ⅲ型过程控制实验装置、上位机软件、计算机、RS232-485 转换器 1 只、串口线 1 根。
② 万用表一只。

三、项目任务解析
图 2.1 为单回路上水箱液位控制系统。单回路控制系统一般指在一个被控对象上用一个控制器来保持一个参数的恒定，而控制器只接受一个测量信号，其输出也只控制一个执行机构。本系统所要保持的参数是液位的给定高度，即控制的任务是使上水箱液位等于给定值所要求的高度。根据控制框图，这是一个闭环反馈单回路液位控制，采用工业智能仪表控制。当调节方案确定之后，接下来就是整定控制器的参数，一个单回路系统设计安装就绪之后，控制质量的好坏与控制器参数选择有着很大的关系。合适的控制参数，可以带来满意的控制效果。反之，控制器参数选择得不合适，则会使控制质量变坏，达不到预期效果。一个控制系统设计好以后，系统的投运和参数整定是十分重要的工作。

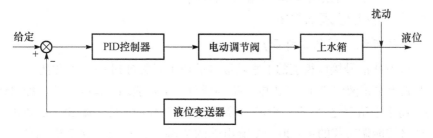

图 2.1 单回路上水箱液位控制系统的方框图

一般而言，用比例（P）控制器的系统是一个有差系统，比例度 δ 的大小不仅会影响余差的大小，而且也与系统的动态性能密切相关。比例积分（PI）控制器，由于积分的作用，不仅能实现系统无余差，而且只要参数 $δ$、T_i 调节合理，也能使系统具有良好的动态性能。比例积分微分（PID）控制器是在 PI 控制器的基础上再引入微分 D 的作用，从而使系统既无余差存在，又能改善系统的动态性能（快速性、稳定性等）。但是，并不是所有单回路控制系统在加入微分作用后都能改善系统品质，对于容量滞后不大，微分作用的效果并不明显，而对噪声敏感的流量系统，加入微分作用后，反而使流量品质变坏。对于我们的实验系统，在单位阶跃作用下，P、PI、PID 调节系统的阶跃响应分别如图 2.2 中的曲线①、②、③所示。

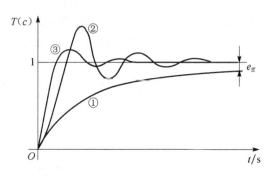

图 2.2　P、PI 和 PID 调节的阶跃响应曲线

四、项目任务实施

1. 设备的连接和检查

① 将 YL-PCS-Ⅲ 实验对象的储水箱灌满水（至最高高度）。

② 打开以丹麦泵、电动调节阀、涡轮流量计组成的动力支路至上水箱的出水阀门：阀 1、阀 4、阀 9，关闭动力支路上通往其他对象的切换阀门：阀 2、阀 5、阀 7、阀 14、阀 21、阀 24。

③ 打开上水箱的出水阀阀 11 至适当开度。

④ 检查电源开关是否关闭。

2. 系统连线（图 2.3 所示）

① 将 I/O 信号接口板上的上水箱液位的钮子开关打到 1~5 V 位置。

② 将上水箱液位"＋"（正极）接到任意一个智能调节仪的 1 端（即 RSV 的正极），将上水箱液位"－"（负极）接到智能调节仪的 2 端（即 RSV 的负极）。

③ 将智能调节仪的 4~20 mA 输出端的 7 端（即正极）接至电动调节阀的 4~20 mA 输入端的"＋"端（即正极），将智能调节仪的 4~20 mA 输出端的 5 端（即负极）接至电动调节阀的 4~20 mA 输入端的"－"端（即负极）。

项目二 上水箱液位 PID 整定实验 245

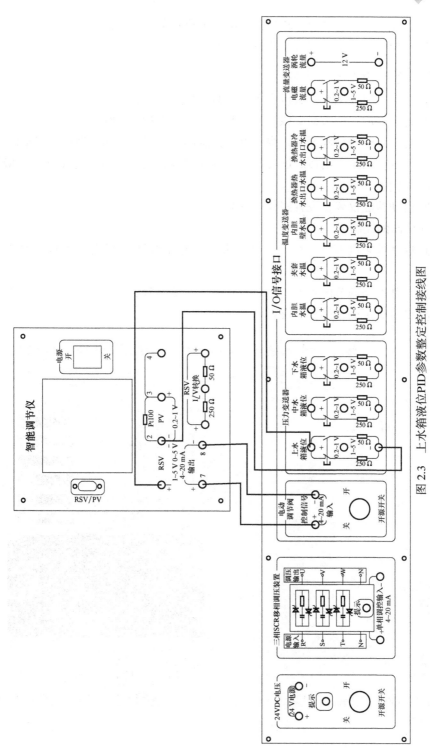

图 2.3 上水箱液位 PID 参数整定控制接线图

④ 智能调节仪的交流 220 V 的电源开关打在关的位置。

⑤ 三相电源、单相空气开关打在关的位置。

3. 启动实验装置

① 将实验装置电源插头接到 380 V 的三相交流电源。

② 打开电源三相带漏电保护空气开关，电压表指示 380 V。

③ 打开总电源钥匙开关，按下电源控制屏上的启动按钮，即可开启电源。

④ 开启单相阀，调整好仪表各项参数（仪表初始状态为手动且为 0）和液位传感器的零位。

⑤ 启动智能仪表，设置好仪表参数。

（1）比例控制

① 启动计算机 MCGS 组态软件，进入实验系统选择相应的实验，如图 2.4 所示。

② 打开电动调节阀和单相电源泵开关，开始实验。

③ 设定给定值，调整 P 参数。

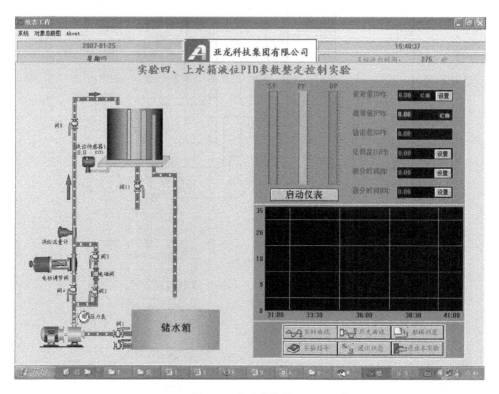

图 2.4 实验软件界面

④ 待系统稳定后,对系统加扰动信号(在纯比例的基础上加扰动,一般可通过改变设定值实现)。记录曲线在经过几次波动稳定下来后,系统有稳态误差,并记录余差大小。

⑤ 减小 P 重复步骤 4,观察过渡过程曲线,并记录余差大小。

⑥ 增大 P 重复步骤 4,观察过渡过程曲线,并记录余差大小。

⑦ 选择合适的 P,可以得到较满意的过渡过程曲线。改变设定值(如设定值由 50% 变为 60%),同样可以得到一条过渡过程曲线。

⑧ 注意:每当做完一次试验后,必须待系统稳定后再做另一次试验。

(2) 比例积分(PI)控制

① 在比例调节实验的基础上,加入积分作用,即在界面上设置 I 参数不为 0,观察被控制量是否能回到设定值,以验证 PI 控制下,系统对阶跃扰动无余差存在。

② 固定比例 P 值(中等大小),改变 PI 调节器的积分时间常数值 T_i,然后观察加阶跃扰动后被调量的输出波形,并记录不同 T_i 值时的超调量 σ_p,将其填入表 2.1。

表 2.1

积分时间常数 T_i	大	中	小
超调量 σ_p			

③ 固定 I 于某一中间值,然后改变 P 的大小,观察加扰动后被调量输出的动态波形,据此列表记录不同值 P 下的超调量 σ_p,将其填入表 2.2 中。

表 2.2

比例 P	大	中	小
超调量 σ_p			

④ 选择合适的 P 和 T_i 值,使系统对阶跃输入扰动的输出响应为一条较满意的过渡过程曲线。此曲线可通过改变设定值(如设定值由 50% 变为 60%)来获得。

(3) 比例积分微分(PID)控制

① 在 PI 调节器控制实验的基础上,再引入适量的微分作用,即在软件界面上设置 D 参数,然后加上与前面实验幅值完全相等的扰动,记录系统被控制量响应的动态曲线,并与实验 PI 控制下的曲线相比较,由此可看到微分 D 对系统性能的影响。

② 选择合适的 P、T_i 和 T_d,使系统的输出响应为一条较满意的过渡过程曲线(阶跃输入可由给定值从 50% 突变至 60% 来实现)。

③ 在历史曲线中选择一条较满意的过渡过程曲线进行记录。

(4) 用临界比例度法整定调节器的参数（该项目可在第 4 章学习后进行实验）

在现实应用中，PID 调节器的参数常用下述实验的方法来确定。用临界比例度法去整定 PID 调节器的参数是既方便又实用的。它的具体做法如下。

① 待系统稳定后，逐步减小调节器的比例度 δ（即 $1/P$），并且每当减小一次比例度 δ，待被调量回复到平衡状态后，再手动给系统施加一个 5% ~15% 的阶跃扰动，观察被调量变化的动态过程。若被调量为衰减的振荡曲线，则应继续减小比例度 δ，直到输出响应曲线呈现等幅振荡为止。如果响应曲线出现发散振荡，则表示比例度调节得过小，应适当增大，使之出现等幅振荡。图 2.5 为它的实验方块图。

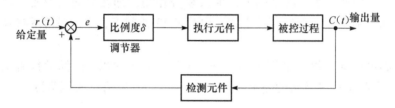

图 2.5　具有比例调节器的闭环系统

② 在图 2.5 的系统中，当被调量作等幅振荡时，此时的比例度 δ 就是临界比例度，用 δ_k 表示，相应的振荡周期就是临界周期 T_k（如图 2.6 所示）。据此，按表 2.3 可确定 PID 调节器的 3 个参数 δ、T_i 和 T_d。

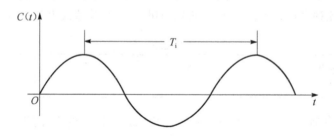

图 2.6　具有周期 T_K 的等幅振荡

表 2.3

调节器名称 \ 调节器参数	δ_k	T_i/s	T_d/s
P	$2\delta_k$		
PI	$2.2\delta_k$	$T_k/1.2$	
PID	$1.6\delta_k$	$0.5T_k$	$0.125T_k$

③ 必须指出，表 2.3 中给出的参数值是对调节器参数的一个初略设计，因为它是根据大量实验而得出的结论。若要得到更满意的动态过程（例如，在阶跃作用下，被调参量作 4∶1 的衰减振荡），则要在表 2.3 给出参数的基础上，对 δ、T_i（或 T_d）作适当调整。

五、项目报告要求

① 画出单容水箱液位控制系统的方块图。
② 用接好线路的单回路系统进行投运练习，并叙述无扰动切换的方法。
③ 用临界比例度法整定调节器的参数，写出 3 种调节器的余差和超调量。
④ 作出 P 调节器控制时，不同 δ 值下的阶跃响应曲线。
⑤ 作出 PI 调节器控制时，不同 δ 和 T_i 值时的阶跃响应曲线。
⑥ 画出 PID 控制时的阶跃响应曲线，并分析微分 D 的作用。
⑦ 比较 P、PI 和 PID 三种调节器对系统无差度和动态性能的影响。

六、注意事项

实验线路接好后，必须经指导老师检查认可后方可接通电源。

七、思考题

① 实验系统在运行前应做好哪些准备工作？
② 为什么要强调无扰动切换？
③ 试定性地分析 3 种调节器的参数 δ、(δ、T_i) 和 (δ、T_i 和 T_d) 的变化对控制过程各产生什么影响？
④ 如何实现减小或消除余差？纯比例控制能否消除余差？

项目三

串接双容中水箱液位 PID 整定实验

一、能力目标
① 熟悉单回路双容液位控制系统的组成和工作原理。
② 研究系统分别用 P、PI 和 PID 调节器时的控制性能。
③ 定性地分析 P、PI 和 PID 调节器的参数对系统性能的影响。

二、项目设备
① YL-PCS-Ⅲ型过程控制实验装置、上位机软件、计算机、RS232-485 转换器 1 只、串口线 1 根。
② 万用表一只。

三、项目任务解析

图 3.1 为双容水箱液位控制系统。这也是一个单回路控制系统,它有两个水箱相串联,控制的目的是使下水箱的液位高度等于给定值所期望的高度,具有减少或消除来自系统内部或外部扰动的影响功能。显然,这种反馈控制系统的性能完全取决于调节器 $G_c(s)$ 的结构和参数的合理选择。由于双容水箱的数学模型是二阶的,故它的稳定性不如单容液位控制系统。

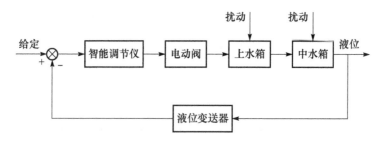

图 3.1 双容水箱液位控制系统的方框图

对于阶跃输入(包括阶跃扰动),这种系统用比例(P)调节器去控制系统有余差,且与比例度成正比,若用比例积分(PI)调节器去控制,不仅可实现无余差,而且只要调节器的参数 δ 和 T_i 调节得合理,也能使系统具有良好的动态性能。比例积分微分(PID)调节器是在 PI 调节器的基础上再引入微分 D 的控制作用,从而使系统既无余差存在,又使其动态性能得到进一步改善。

四、项目任务实施

1. 设备的连接和检查

① 将 YL - PCS - Ⅲ 实验对象的储水箱灌满水(至最高高度)。

② 打开以丹麦泵、电动调节阀、涡轮流量计组成的动力支路至上水箱的出水阀门:阀1、阀4、阀9,关闭动力支路上通往其他对象的切换阀门:阀2、阀5、阀7、阀14、阀21、阀24。

③ 打开中水箱的出水阀:阀12 至适当开度。

④ 检查电源开关是否关闭。

2. 系统连线(如图3.2所示)

① 将 I/O 信号接口板上的上水箱液位的钮子开关打到1~5 V 位置。

② 将中水箱液位"+"(正极)接到任意一个智能调节仪的1端(即RSV的正极),将中水箱液位"-"(负极)接到智能调节仪的2端(即RSV的负极)。

③ 将智能调节仪的4~20 mA 输出端的7端(即正极)接至电动调节阀的4~20 mA 输入端的"+"端(即正极),将智能调节仪的4~20 mA 输出端的5端(即负极)接至电动调节阀的4~20 mA 输入端的"-"端(即负极)。

④ 智能调节仪的~220 V 的电源开关打在关的位置。

⑤ 三相电源、单相空气开关打在关的位置

3. 启动实验装置

① 将实验装置电源插头接到380 V 的三相交流电源上。

② 打开电源三相带漏电保护空气开关,电压表指示380 V。

③ 打开总电源钥匙开关,按下电源控制屏上的启动按钮,即可开启电源。

④ 开启单相,调整好仪表各项参数(仪表初始状态为手动且为0)和液位传感器的零位。

4. 调节器控制

① 按图3.2所示接成单回路的实验系统。其中被控对象是两个水箱,被控制量是中水箱的液位高度。

② 把调节器置于"手动"状态,其智能仪表的积分时间常数置于0,微分时间常数置于0,比例设置于最大值处,即此时的调节器为比例调节(P)。

③ 开启相关仪器和计算机软件,进入相应的实验,如图3.3所示。

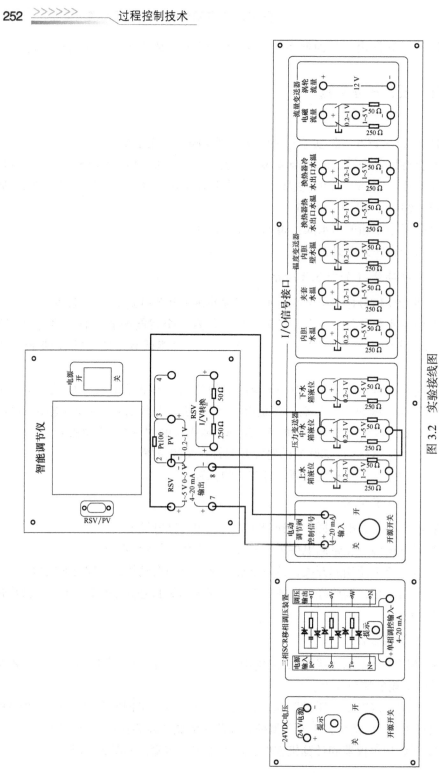

图 3.2 实验接线图

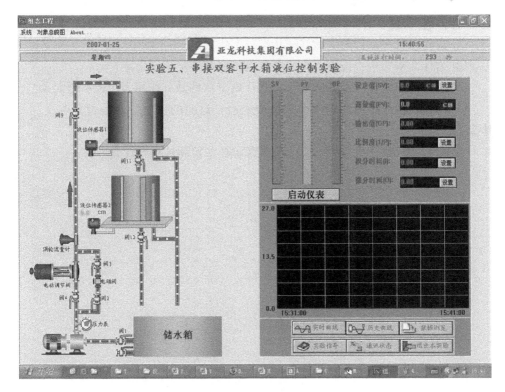

图 3.3 软件界面图

④ 在开环状态下，利用调节器的手动操作开关把被调量调到给定值（一般把液面高度控制在水箱高度的50%处）。

⑤ 观察计算机显示屏的曲线，待被调量基本稳定于给定值后，即可将调节器由"手动"位置切换到"自动"状态，使系统变为闭环控制运行。

⑥ 待系统的输出趋于平衡不变后，加入阶跃扰动信号（一般可通过改变设定值的大小来实现）

五、项目报告要求

① 画出双容水箱液位控制实验系统的结构图。

② 按图 3.2 要求接好实验线路，经老师检查无误后投入运行。

③ 画出 PID 控制时的阶跃响应曲线，并分析微分 D 对系统性能的影响。

六、注意事项

① 实验线路接好后，必须经指导老师检查认可后方可接通电源。

② 水泵启动前，出水阀门应关闭，待水泵启动后，再逐渐开启出水阀，直至适当开度。

③ 在老师的指导下，开启计算机系统。

七、思考题

① 实验系统在运行前应做好哪些准备工作？

② 为什么双容液位控制系统比单容液位控制系统难于稳定？

③ 试用控制原理的相关理论分析 PID 调节器的微分作用为什么不能太大？

④ 为什么微分作用的引入必须缓慢进行？这时的比例度 δ 是否要改变？为什么？

⑤ 调节器参数（δ、T_i 和 T_d）的改变对整个控制过程有什么影响？

项目四

锅炉夹套水温 PID 整定实验（动态）

一、能力目标
① 了解不同单回路温度控制系统的组成与工作原理。
② 研究 P、PI、PD 和 PID 四种调节器分别对温度系统的控制作用。
③ 改变 P、PI、PD 和 PID 的相关参数，观察它们对系统性能的影响。
④ 了解 PID 参数自整定的方法及参数整定在整个系统中的重要性。
⑤ 分析动态的温度单回路控制和静态的温度单回路控制不同之处。

二、项目设备
① YL-PCS-Ⅲ型过程控制实验装置，配置：计算机、RS232-485 转换器 1 只、串口线 1 根。
② 计算机软件系统。

三、项目任务解析
图 4.1 为一个闭环单回路的锅炉夹套温度控制系统的结构框图，锅炉内胆为动态循环水，变频器、齿轮泵、锅炉内胆组成循环供水系统。实验之前，变频器、齿轮泵供水系统通过阀 15 将锅炉内胆的水装至适当高度，阀 17 关闭。实验投入运行以后，变频器再以固定的频率使锅炉夹套的水处于循环状态。静态闭环单回路的锅炉夹套温度控制，没有循环水加以快速热交换，而三相电加热管功率为 4.5 kW，加热过程相对快速，散热过程相对比较缓慢，调节的效果受对象特性和环境的限制，在精确度和稳定性上存在一定的误差。增加了循环水系统后，

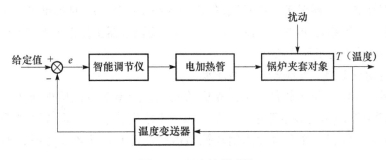

图 4.1 温度控制系统

便于热交换及加速了散热能力,相比于静态温度控制实验,在控制的精度性、快速性上有了很大的提高。本系统所要保持的恒定参数是锅炉夹套温度给定值,即控制的任务是控制锅炉夹套温度等于给定值,采用工业智能 PID 调节。

四、项目任务实施

1. 设备的连接与检查

① 按图 4.2 所示的要求接成实验系统,接法如下。

② 三相电源、单相空气开关打在关的位置。

③ 将锅炉夹套水温"+"(正极)接到任意一个智能调节仪的 1 端(即 RSV 的正极),将锅炉夹套水温"-"(负极)接到智能调节仪的 2 端(即 RSV 的负极)。

④ 将智能调节仪的 4~20 mA 输出端的 7 端(即正极)接至三相 SCR 移相调压装置的 4~20 mA 输入端的"+"端(即正极),将智能调节仪的 4~20 mA 输出端的 5 端(即负极)接至三相 SCR 移相调压装置的 4~20 mA 输入端的"-"端(即负极)。

2. 启动实验装置

① 将实验装置电源插头接到 380 V 的三相交流电源。

② 打开电源三相带漏电保护空气开关,电压表指示 380 V。

③ 打开总电源钥匙开关,按下电源控制屏上的启动按钮,即可开启电源。

④ 开启单相,调整好仪表各项参数(仪表初始状态为手动且为0)和液位传感器的零位。

1. 比例调节器(P)控制

① 打开阀1、阀2、阀3、阀21、阀17 至适当开度,关闭阀5、阀7、阀9、阀14、阀24,启动丹麦泵往锅炉夹套进水,直至锅炉夹套有水溢流出。将变频器支路打开,给锅炉内胆灌满水后,并加以循环冷却水。

② 开启相关仪器和计算机,运行软件,进入相应的实验,如图 4.3 所示。

③ 把智能调节器置于"手动",输出值为小于等于 10,把温度设定于某给定值(如将水温控制在 40 ℃),设置各项参数,使调节器工作在比例(P)调节器状态,此时系统处于开环状态。

④ 启动丹麦泵、变频器,加循环水。

⑤ 运行 MCGS 组态软件,进入相应的实验,观察实时或历史曲线,待水温(由智能调节器的温度显示器指示)基本稳定于给定值后,将调节器"手动"切换至"自动"位置,使系统变为闭环控制运行。待基本不再变化时,加入阶跃扰动。

项目四 锅炉夹套水温 PID 整定实验（动态）

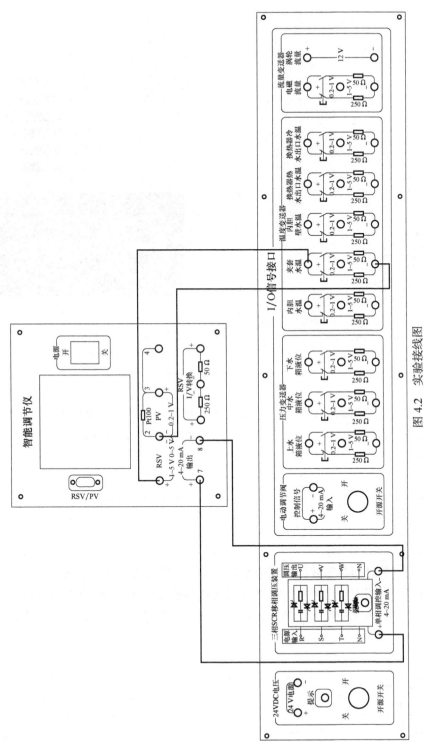

图 4.2 实验接线图

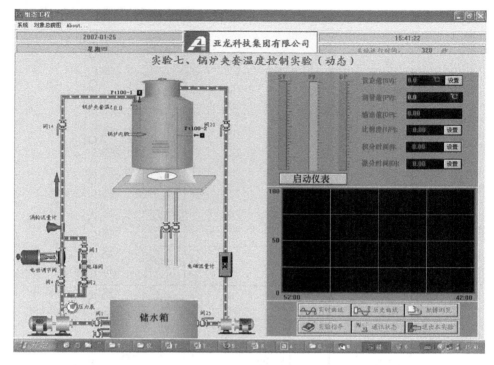

图 4.3 实验软件界面

通过改变智能调节器的设定值来实现。观察并记录在当前比例 K_p 时的余差和超调量。每当改变值 K_p 后,再加同样大小的阶跃信号,比较不同 K_p 时的 e_{ss} 和 σ_p,并把数据填入表 4.1 中。

表 4.1

K_p	大	中	小
e_{ss}			
σ_p			

记录实验过程各项数据绘成过渡过程曲线(数据可在软件上获得)。

改变变频器的输出频率,观察并记录在当前比例 K_p 时的余差和超调量。待系统稳定后,再改变输出频率,比较不同输出频率时的 e_{ss} 和 σ_p,并把数据填入表 4.2 中。

表 4.2

频率/Hz	大	中	小
P			
e_{ss}			
σ_p			

(2) 比例积分（PI）调节器控制

① 在比例调节器控制实验的基础上，待被调量平稳后，加入积分（I）作用，观察被控制量能否回到原设定值的位置，以验证系统在 PI 调节器控制下没有余差。

② 固定比例 K_p 值（中等大小），然后改变积分时间常数 T_i 值，观察加入扰动后被调量的动态曲线，并记录不同 T_i 值时的超调量 σ_p，填入表 4.3 中。

表 4.3

积分时间常数 T_i	大	中	小
超调量 σ_p			

③ 固定 T_i 于某一中间值，然后改变比例 K_p 的大小，观察加扰动后被调量的动态曲线，并将相应的超调量 σ_p 记入表 4.4 中。

表 4.4

比例 K_p	大	中	小
超调量 σ_p			

④ 选择合适的 K_p 和 T_i 值，使系统瞬态响应曲线为一条令人满意的曲线。此曲线可通过改变设定值（如把设定值由 50% 增加到 60%）来实现。

(3) 比例微分调节器（PD）控制

① 在比例调节器控制实验的基础上，待被调量平稳后，引入微分作用 "D"。固定比例 K_p 值（中间值），改变微分时间常数 T_d 的大小，观察系统在阶跃输入作用下相应的动态响应曲线，并将相应数据记入表 4.5 中。

表 4.5

T_d	大	中	小
e_{ss}			
σ_p			

② 选择合适的 K_p 和 T_d 值，使系统的瞬态响应为一条令人满意的动态曲线。

(4) 比例积分微分（PID）调节器控制

① 在比例调节器控制实验的基础上，待被调量平稳后，引入积分（"I"）作用，使被调量回复到原设定值。减小 K_p，并同时增大 T_i，观察加扰动信号后的被调量的动态曲线，验证在 PI 调节器作用下，系统的余差为零。

② 在 PI 控制的基础上加上适量的微分作用 "D"，然后再对系统加扰动（扰动幅值与前面的实验相同），比较所得的动态曲线与用 PI 控制时的不同处。

③ 选择合适的 PID 参数，以获得一条较满意的动态曲线。

(5) 用临界比例度法整定 PID 调节器的参数

在实际应用中,PID 调节器的参数常用下述实验的方法来确定,这种方法既简单又较实用,它的具体做法如下。

① 按图 4.4 所示接好实验系统,逐步减小调节器的比例度 $\delta(1/K_p)$,直到系统的被调量出现等幅振荡为止。如果响应曲线发散,则表示比例度 δ 调得过小,应适当增大之,使曲线出现等幅振荡为止。

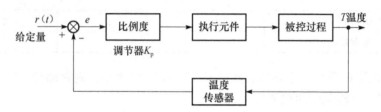

图 4.4 具有比例调节器的闭环系统

② 图 4.5 为被调量作等幅振荡时的曲线。此时对应的比例度 δ 就是临界比例度,用 δ_K 表示;相应的振荡周期就是临界振荡周期 T_K。据此按表 4.6 确定 PID 调节器的参数。

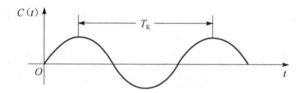

图 4.5 具有周期 T_k 等幅振荡

表 4.6

调节器名称	调节器参数 δ	T_i/s	T_d/s
P	$2\delta_K$		
PI	$2.2\delta_K$	$T_K/1.2$	
PID	$1.6\delta_K$	$0.5T_K$	$0.125T_K$

③ 必须指出,表格中给出的参数仅是对调节器参数的一个初步整定。使用上述参数的调节器很可能使系统在阶跃信号作用下,达不到 4∶1 的衰减振荡。因此若希望获得理想的动态过程,应在此基础上,对表中给出的参数稍作调整,并记下此时的 δ、T_i 和 T_d。

(6) PID 参数自整定的连续温度控制

当发现 AI 人工智能调节效果不佳时可启动自整定功能(具体操作参考 AI 人

工智能工业调节器使用说明书)。当自整定结束后,以前所设的 PID 参数会被整定出来的参数所代替,并自动将 CTRL 参数设为 3,这样就无法再次从面板上启动自整定功能,可以避免人为的误操作再次启动自整定。之后系统直接将整定出来的参数投入运行。根据自整定得出的参数去控制被控对象,若对此效果不是很满意,可根据输出特性,在自整定参数的基础上适当修改一下参数,即可达到满意的效果。

一般通过自整定得出的 P、I、D 参数,效果都比较好。超调量小,过渡过程时间缩短。但如果一开始,温控对象的温度不是最低,也就是说自整定寻求的最大斜率并不一定是真正的。此时自整定得出的 P、I、D 参数并不一定很理想。

五、项目报告要求

① 画出温度控制系统的方块图。

② 用临界比例度法整定 3 种调节器的参数,并分别作出系统在这 3 种调节器控制下的阶跃响应曲线。

③ 作出比例调节器控制时,不同 δ 值时的阶跃响应曲线,得到的结论是什么?

④ 分析 PI 调节器控制时,不同 K_p 和 T_i 值对系统性能的影响?

⑤ 绘制用 PD 调节器控制时系统的动态波形。

⑥ 绘制用 PID 调节器控制时系统的动态波形。

⑦ 绘制用 PID 自整定控制时系统的动态波形。

⑧ 分析动态的温度单回路控制和静态的温度单回路控制不同之处。

六、注意事项

① 实验线路接好后,必须经指导老师检查认可后方可接通电源。

② 系统连接好以后,在老师的指导下,运行温度控制实验。

七、思考题

① 在阶跃扰动作用下,用 PD 调节器控制时,系统有没有余差存在?为什么?

② 在温度控制系统中,为什么用 PD 和 PID 控制,系统的性能并不比用 PI 控制有明显的改善?

项目五

锅炉夹套和锅炉内胆温度串级控制系统

一、能力目标
① 熟悉串级控制系统的结构与控制特点。
② 掌握串级控制系统的投运与参数整定方法。
③ 研究阶跃扰动分别作用在副对象和主对象时对系统主被控量的影响。

二、项目设备
① YL-PCS-Ⅲ型过程控制实验装置：上位机软件、计算机、RS232-485转换器1只、串口线1根。
② 万用表一只。

三、项目任务解析
1. 串级控制系统的组成

图5.1为锅炉夹套和锅炉内胆温度串级控制系统。这种系统具有两个调节器、两个闭合回路和两个被控对象。两个控制器分别设置在主、副回路中，设在主回路的控制器称主控制器，设在副回路的控制器称为副控制器。两个控制器串联连接，主控制器的输出作为副回路的给定量，副控制器的输出去控制一个执行元件。主对象的输出为系统的被控变量锅炉夹套温度，副对象的输出是一个辅助控制变量，即锅炉内胆温度。

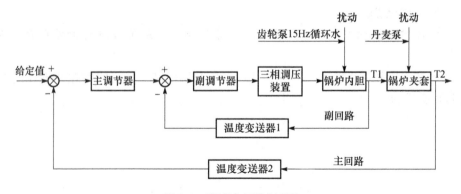

图5.1 温度串级控制系统

2. 串级系统的抗干扰能力

串级系统由于增加了副回路，对于进入副环内的干扰具有很强的抑制作用，因此作用于副环的干扰对主被控变量的影响就比较小。系统的主回路是定值控制，而副回路是一个随动控制。在设计串级控制系统时，要求系统副对象的时间常数要远小于主对象。此外，为了指示系统的控制精度，一般主控制器设计成 PI 或 PID 控制器，而副控制器一般设计为比例 P 控制，以提高副回路的快速响应。在搭实验线路时，要注意到两个调节器的极性（目的是保证主、副回路都是负反馈控制）。

3. 串级控制系统与单回路的控制系统相比

串级控制系统由于副回路的存在，改善了对象的特性，使等效对象的时间常数减小，系统的工作频率提高，改善了系统的动态性能，使系统的响应加快，控制及时。同时，由于串级系统具有主副两只控制器，总放大倍数增大，系统的抗干扰能力增强。因此，它的控制质量要比单回路控制系统高。

串级控制系统的投运和整定有一步整定法，也有两步整定法，即先整定副回路，后整定主回路。

四、项目任务实施

1. 设备的连接和检查

① 打开阀 1、阀 4、阀 15、阀 21、阀 25，关闭动力支路上通往其他对象的切换阀门。

② 检查电源开关是否关闭。

2. 系统连线（如图 5.2 所示）

① 电源控制板上的三相电源、单相的空气开关、单相泵电源开关打在关的位置。

② 电动调节阀的 ~220 V 电源开关打在关的位置。

③ 将锅炉夹套水温的"＋"端（正极）接到任意一个智能控制器的 1 端（即 RSV 的正极），将锅炉夹套水温的"－"端（负极）接到该控制器的 2 端（即 RSV 的负极）。仪表地址设为 1，软件地址为 1 的控制器为主控制器，控制器地址为 2 的为副控制器。

④ 将主控制器的 4～20 mA 输出接至转换电阻上转换成 1～5 V 的电压信号，再将此信号接至副控制器的 1 端和 2 端作为外部给定，锅炉内胆的测量信号转换成 0.2～1 V 的电压信号接入副控制器的 3、2 端。控制器输出的 4～20 mA 接电动调节阀 4～20 mA 控制信号两端。

注：需将 I/O 面板上锅炉内胆的钮子开关打到 0.2～1 V 上。

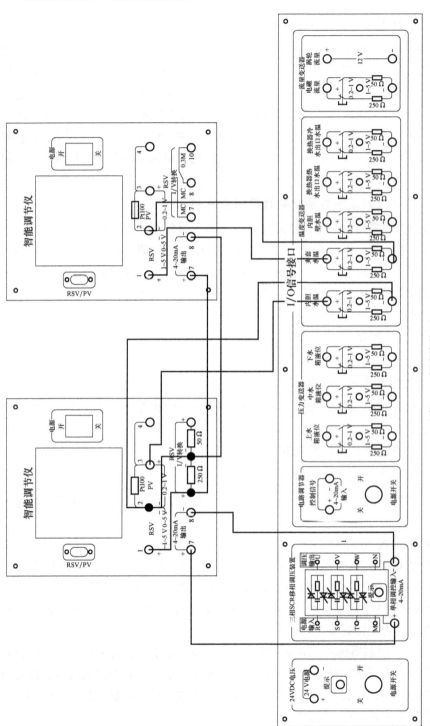

图 5.2 实验接线图

3. 启动实验装置

① 将实验装置电源插头接到 380 V 的三相交流电源上。

② 打开电源三相带漏电保护空气开关,电压表指示 380 V。

③ 打开总电源钥匙开关,按下电源控制屏上的启动按钮,即可开启电源。

4. 运行软件

进入相应的实验界面,如图 5.3 所示。

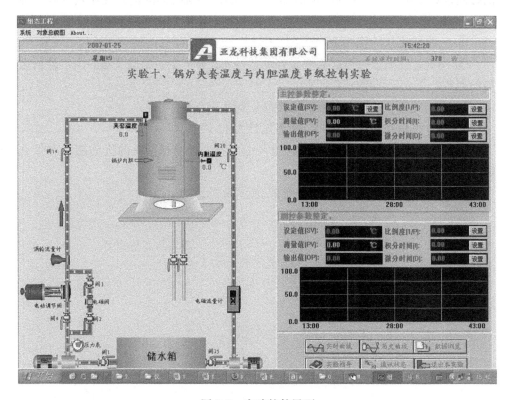

图 5.3　实验软件界面

① 正确设置 PID 控制器。

副控制器:纯比例(P)控制,正作用,自动,K_{c2}(副回路的开环增益)较大。

主控制器:比例积分(PI)控制,反作用,自动,K_{c1}(主回路开环增益)。

② 待系统稳定后,类同于单回路控制系统,对系统加扰动信号,扰动的大小与单回路时相同。

③ 通过反复对副调节器和主调节器参数的调整,使系统具有较满意的动态响应和较高的控制精度。

五、项目报告要求

① 扰动作用于主、副对象,观察对主变量(被控制量)的影响。

② 观察并分析副调节器 K_p 的大小对系统动态性能的影响。

③ 观察并分析主调节的 K_p 与 T_i 对系统动态性能的影响。

六、思考题

① 试述串级控制系统为什么对主扰动具有很强的抗扰动能力?如果副对象的时间常数不是远小于主对象的时间常数,副回路抗扰动的优越性还具有吗?为什么?

② 一步整定法的依据是什么?

③ 串级控制系统投运前需要做好那些准备工作?主、副调节器的内、外给定如何确定?正、反作用如何设置?

④ 本实验中主、副调节器的极性应如何确定?

⑤ 为什么副回路中的副调节器不设计为 PI 调节器?

⑥ 改变副调节器比例放大倍数的大小,对串级控制系统的扰动能力有什么影响?试从理论上给予说明。

⑦ 分析串级系统比单回路系统控制质量高的原因。

项目六

主副回路涡轮流量计流量比值控制系统实验

一、能力目标
① 了解两种流量计的结构及其使用方法。
② 熟悉单回路流量控制系统的组成。
③ 了解比值控制在工业上的应用。

二、项目设备
① YL-PCS-Ⅲ型过程控制实验装置，配置：上位机软件、计算机、RS232-485转换器1只、串口线1根。
② 万用表一只。

三、项目任务解析

在各种生产过程中，需要使两种物料的流量保持严格的比例关系是常见的，例如，在锅炉的燃烧系统中，要保持燃料和空气量的一定比例，以保证燃烧的经济性。而且往往其中一个流量随外界负荷需要而变，另一个流量则应由控制器控制，使之成比例地改变，保证二者之比值不变。否则，如果比例严重失调，就可能造成生产事故，或发生危险。又如，以重油为原料生产合成氨时，在造气工段应该保持一定的氧气和重油比率，在合成工段则应保持氢和氮的比值一定。这些比值控制的目的是使生产能在最佳的工况下进行。本实验比值控制系统的组成原理如图6.1所示。

对于节流元件来说，压差与流量的平方成正比，即

$$\Delta P \propto Q^2$$

对于图6.1单闭环比值控制系统，A、B两个管路上的 ΔP 可分别写为

$$\Delta P_A = K_A Q_A^2$$
$$\Delta P_B = K_B Q_B^2$$

式中 K_A，K_B——放大系数。

变送器送出的信号为4~20 mA电流信号，那么 F_1、F_A 有如下关系：

$$F_1 - 4 = C_A \Delta P_A$$
$$F_A - 4 = C_B \Delta P_B$$

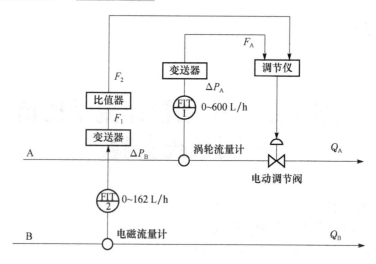

图 6.1 比值控制系统原理图

式中 C_A,C_B——变送器的放大系数；

F_1,F_A——变送器的输出信号电流。

比值器的输出关系为

$$F_2 - 4 = K_C(F_1 - 4)$$

式中 K_C——比值器的放大系数。

则有

$$F_2 - 4 = K_C C_A K_A Q_A^2$$
$$F_A - 4 = C_B K_B Q_B^2$$

由于控制器为比例积分调节，在稳态下它可保持 $F_A = F_2$，故有

$$K_C C_A K_A Q_A^2 = C_B K_B Q_B^2$$

即

$$(Q_A/Q_B)^2 = C_B K_B/(C_A K_A K_C)$$

从上式可知，为使流量 Q_A、Q_B 的比值满足工艺要求，只要适当地调整比值器的放大系数 K_C 即可。

四、项目任务实施

1. 设备的连接和检查

① 检查电源开关是否关闭。

② 关闭阀 26 将 YL – PCS – Ⅲ 实验对象的储水箱灌满水（至最高高度）。

③ 打开阀 1、阀 4、阀 9、阀 10、阀 11、阀 12、阀 25，关闭动力支路上通往其他对象的切换阀门。

2. 系统连线图（如图 6.2 所示）

项目六 主副回路涡轮流量计流量比值控制系统实验

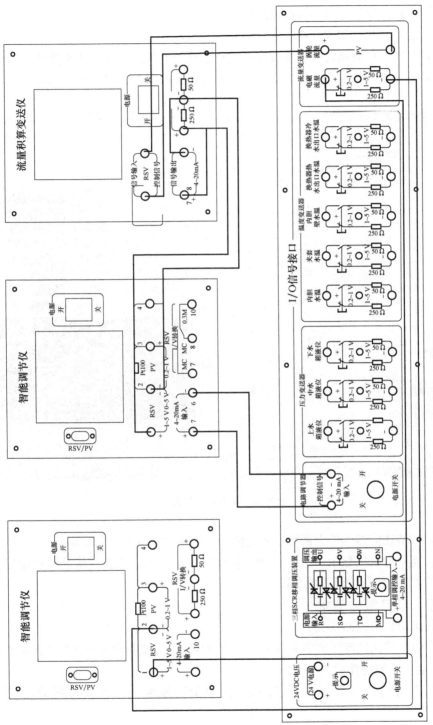

图 6.2 实验接线图

① 连接好比值调节实验硬件连线。
② 启动工艺流程并开启相关仪器和计算机系统。
③ 设定好调节仪的各项参数。它们和常规的 PID 调节参数设置相同。
④ 运行 MCGS 组态软件，进入实验系统相关的实验，如图 6.3 所示。

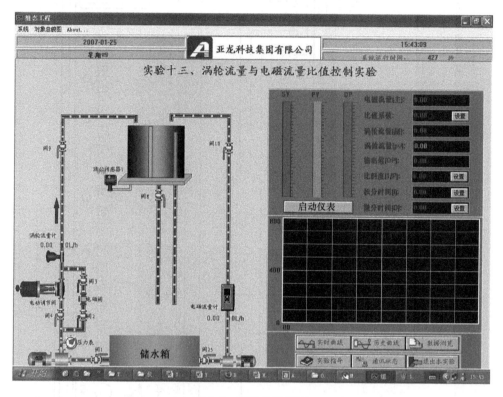

图 6.3　实验软件界面

⑤ 调节比值器的放大系数，在上位机上实现软件设定放大系数。
⑥ 观察计算机显示屏上实时的响应曲线，改变放大系数，待系统稳定后记录过渡过程曲线。记录各项参数。

五、项目报告要求

① 画出比值控制系统的方块图。
② 用临界比例度法整定 3 种调节器的参数，并分别作出系统在这 3 种调节器控制下的阶跃响应曲线。
③ 作出比值器控制时，不同 K_C 值时的阶跃响应曲线？得到的结论是什么？
④ 分析 PI 调节器控制时，不同 K_p 和 T_i 值对系统性能的影响？

六、注意事项

① 实验线路接好后，必须经指导老师检查认可后方可接通电源。

② 系统连接好以后，在老师的指导下，运行温度控制实验。

七、思考题

比值器在实验中起什么作用？

项目七

流量 – 液位前馈反馈控制实验

前馈控制又称扰动补偿，它与反馈调节原理完全不同，是按照引起被调参数变化的干扰大小进行调节的。在这种调节系统中要直接测量负载干扰量的变化，当干扰刚刚出现而能测出时，调节器就能发出调节信号使调节量作相应的变化，使两者抵消。因此，前馈调节对干扰的克服比反馈调节快。但是前馈控制是开环控制，其控制效果需要通过反馈加以检验。前馈控制器在测出扰动之后，按过程的某种物质或能量平衡条件计算出校正值。

一、能力目标

了解液位控制的构成环节，前馈反馈工作原理，熟悉上位机组态网的组态及通信。通过实验，掌握前馈反馈 PID 参数的整定。

二、项目要求

① 实验前需熟悉实验的设备装置以及管路构成。

② 熟悉仪表装置，如检测单元、控制单元、控制阀等。

③ 用响应曲线法求取 PID 参数，以 4∶1 标准衰减振荡作为指标，整定出最佳的比例度、积分时间和微分时间。

三、项目设备及系统组成

1. 实验设备：A3000 对象系统

① 泵。

② 电动调节阀：工作电源为 24 V AC，控制信号为 2~10 V DC。

③ 涡轮流量计：量程为 0~3 m^3/h，输出信号为 4~20 mA。

④ 液位变送器：量程为 0~50 cm，输出信号为 4~20 mA。

2. 系统组成

流量 – 液位前馈反馈控制流程图如图 7.1 所示。

项目七 流量-液位前馈反馈控制实验

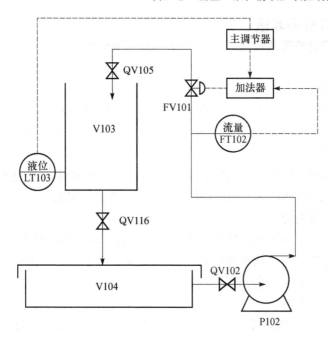

图 7.1 流量-液位前馈反馈控制

3. 测点清单（表 7.1）

表 7.1 流量-液位前馈反馈控制测点清单

序号	位号或代号	设备名称	用途	原始信号类型		工程量
1	FV101	电动调节阀	阀位控制	2~10 V DC	AO	0~100%
2	FT102	涡轮流量计	管道流量	4~20 mA	AI	0~3 m³/h
3	LT103	液位变送器	V1 水箱液位	4~20 mA	AI	0~50 cm

水介质由泵 P102 从水箱 V104 中加压获得压头，经流量变送器、调节阀 FV101 后进入水箱 V103，通过 QV116 回流至水箱 V104 而形成水循环；其中，电动调节阀开度的大小影响管路液体流量的大小，进而影响液位。本例为前馈调节系统，调节阀 FV101 为操纵变量，LT103 为被控变量的定值液位控制系统，接收流量 FT102 的前馈信号参与到定值系统中，整体构成前馈-反馈控制系统。如果水路流量出现扰动，经过流量计 FT102 测量之后，测量得到干扰的大小，然后通过调整调节阀开度，直接进行补偿。而不需要经过调节器。

需要全打开的手阀：QV102、QV105。

需要全关闭的手阀：QV101、QV104、QV107、QV109。

需要半打开的手阀：QV116 打开 0.5 cm。

四、项目任务实施

① 编写控制器算法程序，下装调试；编写测试组态工程，连接控制器，进行联合调试。

② 在现场对象上，选择管路，打开或关闭相应手阀。

③ 在控制柜上，将 I/O 面板的下水箱液位输出连接到 AI0，将 I/O 面板的二支路流量输出接到 AI1，将 I/O 面板的电动调节阀控制端连到 AO0（连线时注意正接正，负接负）。

注意：具体哪个通道连接指定的传感器和控制器依赖于控制器编程。对于全连好线的系统，例如 DCS，则必须安装已经接线的通道来编程。

④ 打开设备电源。

⑤ 连接好控制系统和监控计算机之间的通信电缆，启动控制系统。

⑥ 启动计算机，启动组态软件，进入实验项目界面。启动调节器，设置各项参数，将调节器切换到自动控制。

⑦ 启动水泵 P102。

⑧ 设定 $K=0$，然后设置 PID 控制器参数，（参考前面整定的斜率 K 值）可以使用各种经验法来整定参数。

⑨ 设定 K 值。建议：运行过程中 PID 的 SP 值会有一定的波动，所以控制的稳定性稍差，有一些难度。干扰可以是 K 值的改变，也可以是变频器控制量的改变（从而改变 FT1）。

五、结果

整理实验趋势曲线，记录合适的 PID 值以及 K 值，写实验报告。

六、思考题

如果不考虑反馈，那流量与电动调节阀之间有怎样的关系；如果不考虑前馈，那液位和调节阀的关系又是怎样呢？

项目八

锅炉内胆水温 PID 整定实验（动态）

一、能力目标
① 了解单回路温度控制系统的组成与工作原理。
② 研究 P、PI、PD 和 PID 四种调节器分别对温度系统的控制作用。
③ 改变 P、PI、PD 和 PID 的相关参数，观察它们对系统性能的影响。
④ 了解 PID 参数自整定的方法及参数整定在整个系统中的重要性。

二、项目设备
① YL－PCS－Ⅲ型过程控制实验装置，配置：计算机、RS232－485 转换器 1 只、串口线 1 根。
② 计算机软件系统。

三、项目任务解析
本系统所要保持的恒定参数是锅炉内胆温度给定值，即控制的任务是控制锅炉内胆温度等于给定值。根据控制框图（如图 8.1 所示），采用工业智能 PID 调节。

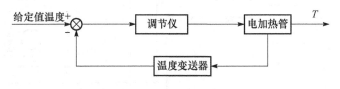

图 8.1　温度控制系统原理图

四、项目任务实施
1. 设备的连接与检查

① 按图 8.1 所示方块图的要求接成实验系统。连线图如图 8.2 所示。
② 三相电源、单相空气开关打在关的位置。
③ 将锅炉内胆水温"＋"端（正极）接到任意一个智能调节仪的 1 端（即 RSV 的正极），将锅炉内胆水温"－"端（负极）接到智能调节仪的 2 端（即 RSV 的负极）。

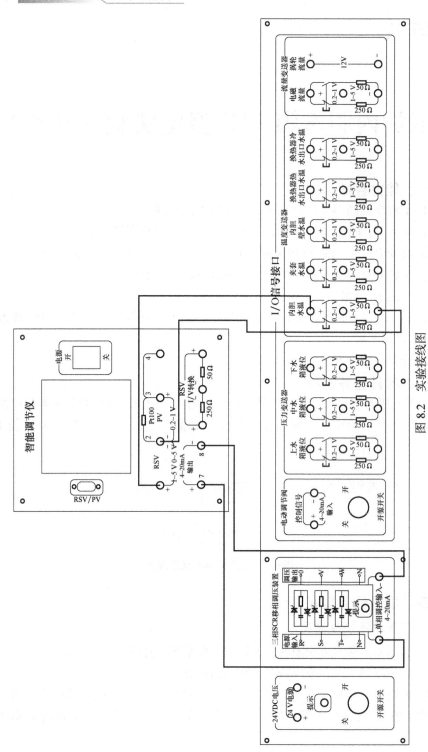

图 8.2 实验接线图

④ 将智能调节仪的 4～20 mA 输出端的 7 端（即正极）接至三相 SCR 移相调压装置的 4～20 mA 输入端的"＋"端（即正极），将智能调节仪的 4～20 mA 输出端的 5 端（即负极）接至三相 SCR 移相调压装置的 4～20 mA 输入端的"－"端（即负极）。

2. 启动实验装置

① 将实验装置电源插头接到 380 V 的三相交流电源上。
② 打开电源三相带漏电保护空气开关，电压表指示 380 V。
③ 打开总电源钥匙开关，按下电源控制屏上的启动按钮，即可开启电源。
④ 开启单相，调整好仪表各项参数（仪表初始状态为手动且为 0）和液位传感器的零位。
⑤ 开通以丹麦泵、电动调节阀、涡轮流量计以及锅炉内胆进水阀 1、阀 4、阀 14、阀 18 所组成的水路系统，关闭通往其他对象的切换阀 2、阀 5、阀 7、阀 9、阀 21、阀 24、阀 19。
⑥ 开启相关仪器和计算机软件，进入相应的实验，如图 8.3 所示。

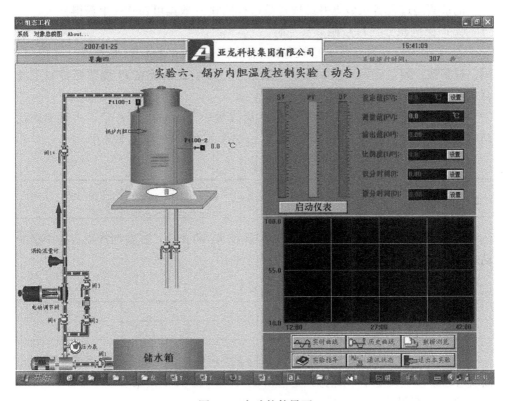

图 8.3　实验软件界面

⑦ 把智能调节器置于"手动",输出值为小于等于10,把温度设定于某给定值(如将水温控制在40 ℃),设置各项参数,使调节器工作在比例(K_p)调节器状态,此时系统处于开环状态。

⑧ 运行 MCGS 组态软件,进入相应的实验,观察实时或历史曲线,待水温(由智能调节器的温度显示器指示)基本稳定于给定值后,将调节器的开关由"手动"位置拨至"自动"位置,使系统变为闭环控制运行。待基本不再变化时,加入阶跃扰动(可通过改变智能调节器的设定值来实现)。观察并记录在当前比例 K_p 时的余差和超调量。每当改变值 K_p 后,再加同样大小的阶跃信号,比较不同 K_p 时的 e_{ss} 和 σ_p,并把数据填入表8.1中。

表 8.1

K_p	大	中	小
e_{ss}			
σ_p			

(1) 比例(K_p)控制器控制

记录实验过程各项数据并绘成过渡过程曲线(数据可在软件上获得)。

(2) 比例积分(PI)调节器控制

① 在比例调节器控制实验的基础上,待被调量平稳后,加入积分(I)作用,观察被控制量能否回到原设定值的位置,以验证系统在 PI 调节器控制下没有余差。

② 固定比例 K_p 值(中等大小),然后改变积分时间常数 T_i 值,观察加入扰动后被调量的动态曲线,并记录不同 T_i 值时的超调量 σ_p 于表8.2中。

表 8.2

积分时间常数 T_i	大	中	小
超调量 σ_p			

③ 固定 T_i 于某一中间值,然后改变比例 K_p 的大小,观察加扰动后被调量的动态曲线,并记下相应的超调量 σ_p 于表8.3中。

表 8.3

比例 K_p	大	中	小
超调量 σ_p			

④ 选择合适的 K_p 和 T_i 值,使系统瞬态响应曲线为一条令人满意的曲线。此曲线可通过改变设定值(如把设定值由50%增加到60%)来实现。

(3) 比例积分微分(PID)调节器控制

① 在比例调节器控制实验的基础上,待被调量平稳后,引入积分(I)作

用，使被调量回复到原设定值。减小 K_p，并同时增大 T_i，观察加扰动信号后的被调量的动态曲线，验证在 PI 调节器作用下，系统的余差为零。

② 在 PI 控制的基础上加上适量的微分作用"D"，然后再对系统加扰动（扰动幅值与前面的实验相同），比较所得的动态曲线与用 PI 控制时的不同处。

③ 选择合适的 P、I 和 D，以获得一条较满意的动态曲线。

（4）用临界比例度法整定 PID 调节器的参数

在实际应用中，PID 调节器的参数常用下述实验的方法来确定，这种方法既简单又较实用，它的具体做法如下。

① 按图 8.4 所示接好实验系统，逐步减小调节器的比例度 $\delta(1/K_p)$，直到系统的被调量出现等幅振荡为止。如果响应曲线发散，则表示比例度 δ 调得过小，应适当增大之，使曲线出现等幅振荡为止。

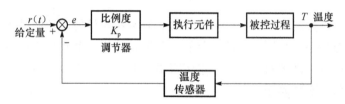

图 8.4　具有比例调节器的闭环系统

② 图 8.5 为被调量作等幅振荡时的曲线。此时对应的比例度 δ 就是临界比例度，用 δ_k 表示；相应的振荡周期就是临界振荡周期 T_k。据此按表 8.4 确定 PID 调节器的参数。

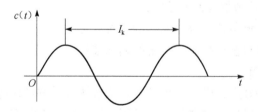

图 8.5　具有周期 T_k 的等幅振荡

表 8.4

调节器名称	调节器参数 δ	T_i/s	T_d/s
P	$2\delta_k$		
PI	$2.2\delta_k$	$T_k/1.2$	
PID	$1.6\delta_k$	$0.5T_k$	$0.125T_k$

③ 必须指出，表8.4 中给出的参数仅是对调节器参数的一个初步整定。使用上述参数的调节器很可能使系统在阶跃信号作用下，达不到4∶1 的衰减振荡。因此若获得理想的动态过程，应在此基础上，对表中给出的参数稍作调整，并记下此时的 δ、T_i 和 T_d。

(5) PID 参数自整定的连续温度控制

当发现 AI 人工智能调节效果不佳时可启动自整定功能（具体操作参考 AI 人工智能工业调节器使用说明书）。当自整定结束后，以前所设的 PID 参数会被整定出来的参数所代替，并自动将 CTRL 参数设为3，这样就无法再次从面板上启动自整定功能，可以避免人为的误操作再次启动自整定。之后系统直接将整定出来的参数投入运行。根据自整定得出的参数去控制被控对象，若对此效果不是很满意，可根据输出特性，在自整定参数的基础上适当修改一下参数，即可达到满意的效果。

一般通过自整定得出的 P、I、D 参数，效果都比较好。超调量小，过渡过程时间缩短。但如果一开始，温控对象的温度不是最低，也就是说自整定寻求的最大斜率并不一定是真正的。此时自整定得出的 P、I、D 参数并不一定很理想。

五、项目报告要求

① 画出温度控制系统的方块图。

② 用临界比例度法整定3 种调节器的参数，并分别作出系统在这3 种调节器控制下的阶跃响应曲线。

③ 作出比例调节器控制时，不同 δ 值时的阶跃响应曲线，得到的结论是什么？

④ 分析 PI 调节器控制时，不同 K_p 和 T_i 值对系统性能的影响？

⑤ 绘制用 PD 调节器控制时系统的动态波形。

⑥ 绘制用 PID 调节器控制时系统的动态波形。

⑦ 绘制用 PID 自整定控制时系统的动态波形。

六、注意事项

① 实验线路接好后，必须经指导老师检查认可后方可接通电源。

② 系统连接好以后，在老师的指导下，运行温度控制实验。

七、思考题

① 在阶跃扰动作用下，用 PD 调节器控制时，系统有没有余差存在？为什么？

② 在温度控制系统中，为什么用 PD 和 PID 控制，系统的性能并不比用 PI 控制有明显地改善？

③ 为什么要整定 P、I、D 参数？

④ 连续温控与断续温控有何区别？为什么？

附录 1

拉普拉斯变换

附录 1.1 拉氏变换的定义

如果有一个以时间为变量的函数 $f(t)$，它的定义域是 $t>0$，那么拉氏变换为

$$F(s) = \int_{t}^{\infty} f(t) e^{st} dt \qquad (A-1)$$

式中 s——复数。一个函数可以进行拉氏变换的充分条件是

(1) 在 $t<0$ 时，$f(t)=0$。

(2) 在 $t \geq 0$ 时的任一有限区域内，$f(t)$ 是分段连续的。

(3) $\int_{0}^{\infty} f(t) e^{st} dt < \infty$

在实际工程中，上述条件通常是满足的。式（A-1）中，$F(s)$ 成为像函数，$f(t)$ 成为原函数。为了表述方便，通常把式（A-1）记作

$$F(s) = \mathscr{L}[f(t)]$$

如果已知像函数 $F(s)$，可用下式求出原函数

$$f(t) = \frac{1}{2\pi j} \int_{c-j\infty}^{c+j\infty} F(s) e^{st} ds \qquad (A-2)$$

式中 c——实数，并且大于 $F(s)$ 任意奇点的实数部分，此式称为拉氏变换的反变换。同样，为了表述方便，可以记作

$$f(t) = \mathscr{L}^{-1}[F(s)]$$

为了工程应用方便，常把 $F(s)$ 和 $f(t)$ 的对应关系编成表格，就是一般所说的拉氏变换表。表 A-1 列出了最常用的几种拉氏变换关系。

附录 1.1.1 单位阶跃函数的拉氏变换

这一函数的定义为

$$u(t) = \begin{cases} 0, & t<0 \\ 0, & t \geq 0 \end{cases}$$

它表示 $t=0$ 时,突然作用于系统的一个不变的给定量或扰动量。单位阶跃函数的拉氏变换为

$$F(s) = \int_0^\infty e^{-st} dt = \left[-\frac{1}{s}e^{-st}\right]_0^\infty = \frac{1}{s}$$

在进行这个积分时,假设 s 的实部比零大,即 $\text{Re}[s]>0$,因此

$$\lim_{t\to\infty} e^{-st} \to 0$$

附录1.1.2 单位脉冲函数的拉氏变换

单位脉冲函数也是作为自动控制系统常用的标准输入量。它是在持续时间 $\varepsilon \to 0$ 期间内作用的矩形波,其幅值与作用时间的乘积等于1。其数学表达式为

$$\delta(t) = \begin{cases} 0 & 0 > t \text{ 和 } t \geqslant \varepsilon \\ \lim_{\varepsilon \to 0} \dfrac{1}{\varepsilon} & 0 \leqslant t < \varepsilon \end{cases}$$

其拉氏变换为

$$\mathscr{L}[\delta(t)] = \delta(s) = \lim_{\varepsilon \to 0} \int_0^\varepsilon \delta(t) e^{-st} dt$$

$$= \lim_{\varepsilon \to 0}\left[\frac{1}{\varepsilon} \times \frac{e^{-st}}{s}\right]_0^\varepsilon = \lim_{\varepsilon \to 0} \frac{1}{\varepsilon s}[1 - e^{-s\varepsilon}]$$

$$= \lim_{\varepsilon \to 0} \frac{1}{\varepsilon s}\left[1 - \left(\frac{\varepsilon s}{1!} + \frac{\varepsilon^2 s^2}{2!} + \cdots\right)\right] = 1$$

附录1.1.3 单位脉冲函数的拉氏变换

单位斜坡时间函数为 $f(t) = \begin{cases} 0, & t < 0 \\ t, & t \geqslant 0 \end{cases}$

斜坡时间函数的拉氏变换为

$$F(s) = \int_0^\infty t e^{-st} dt = \left[-\frac{t}{s}e^{-st} + \frac{1}{s^2}e^{-st}\right]_0^\infty = \frac{1}{s^2} \quad \text{Re}[s] > 0$$

同理单位抛物线函数为

$$f(t) = \frac{1}{2}t^2$$

其拉氏变换为 $F(s) = \dfrac{1}{s^3}$,$\text{Re}[s]>0$。

附录 1.1.4　正弦和余弦时间函数的拉氏变换

正弦函数的拉氏变换为

$$\mathscr{L}[\sin \omega t] = F(s) = \int_0^\infty \sin \omega t\, e^{-st} dt = \frac{1}{2j}\int_0^\infty (e^{j\omega t} - e^{-j\omega t}) e^{-st} dt$$

$$= \frac{1}{2j}\int_0^\infty e^{-(s-j\omega)t} dt - \frac{1}{2j}\int_0^\infty e^{-(s+j\omega)t} dt$$

$$= \frac{1}{2j}\left(\frac{1}{s - j\omega} - \frac{1}{s + j\omega}\right)$$

$$= \frac{\omega}{s^2 + \omega^2}$$

同理求得余弦函数的拉氏变换为

$$\mathscr{L}[\cos \omega t] = F(s) = \frac{\omega}{s^2 + \omega^2}$$

附录 1.2　常用的拉氏变换法则（不作证明）

1. 线性性质

拉氏变换也遵从线性函数的齐次性和叠加性。拉氏变换的齐次性是一个时间函数乘以常数时，其拉氏变换为该时间函数的拉氏变换乘以该常数，即 $\mathscr{L}(af(t)) = aF(s)$ 拉氏变换的叠加性是：若 $f_1(t)$ 和 $f_2(t)$ 的拉氏变换分别是 $F_1(s)$ 和 $F_2(s)$，则有

$$\mathscr{L}[f_1(t) + f_2(t)] = F_1(s) + F_2(s)$$

2. 微分定理

原函数的导数的拉氏变换为

$$\mathscr{L}\left[\frac{df(t)}{dt}\right] = sF(s) - f(0)$$

式中　$f(0)$——$f(t)$ 在 $t=0$ 时的值。

同样，可得 $f(t)$ 各阶导数的拉氏变换是

$$\mathscr{L}\left[\frac{d^2 f(t)}{dt^2}\right] = s^2 F(s) - sf(0) - f'(0)$$

$$\mathscr{L}\left[\frac{d^3 f(t)}{dt^3}\right] = s^3 F(s) - s^2 f(0) - sf'(0) - f''(0)$$

$$\mathscr{L}\left[\frac{\mathrm{d}^n f(t)}{\mathrm{d}t^n}\right] = s^n F(s) - s^{n-1} f(s) - s^{n-2} f'(0) - \cdots - f^{n-1}(0)$$

如果上列各式中所有的初始值都为零，则各阶导数的拉氏变换为

$$\mathscr{L}[f'(t)] = sF(s)$$
$$\mathscr{L}[f''(t)] = s^2 F(s)$$
$$\mathscr{L}[f'''(t)] = s^3 F(s)$$
$$\mathscr{L}[f^n(t)] = s^n F(s)$$

3. 积分定理

原函数 $f(t)$ 积分的拉氏变换为

$$\mathscr{L}\left[\int f(t)\mathrm{d}t\right] = \frac{\left(\int f(t)\mathrm{d}t\right)_{t=0}}{s} + \frac{F(s)}{s}$$

当初始值为零时

$$\mathscr{L}\left[\int f(t)\mathrm{d}t\right] = \frac{F(s)}{s}$$

4. 时滞定理

如图 A-1 所示，原函数 $f(t)$ 沿时间轴平移 T，平移后的函数为 $f(t-T)$。该函数满足下述条件

$$t < 0 \text{ 时}, \quad f(t) = 0$$
$$0 < t < T \text{ 时}, \quad f(t-T) = 0$$

则平移函数的拉氏变换为

$$\mathscr{L}[f(t-T)] = \int_0^\infty f(t-T)\mathrm{e}^{-st}\mathrm{d}t = \mathrm{e}^{-sT} F(s)$$

这就是时滞定理。

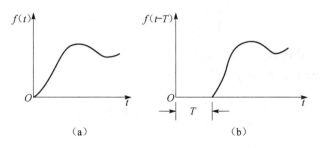

图 A-1 平移函数

5. 初值定理

如果原函数 $f(t)$ 的拉氏变换为 $F(s)$，并且 $\lim\limits_{s\to\infty} sF(s)$ 存在，则时间函数 $f(t)$ 的初值为

$$\lim_{t\to 0} f(t) = \lim_{s\to\infty} sF(s)$$

常用拉普拉斯变换对照表见表 A-1。

表 A-1 拉普拉斯变换对照表

原函数 $f(t)$	拉普拉斯函数 $F(s)$
$\delta(t)$	1
$1(t)$	$\dfrac{1}{s}$
e^{-at}	$\dfrac{1}{s+a}$
te^{-at}	$\dfrac{1}{(s+a)^2}$
$\dfrac{t^{r-1}}{(r-1)!}e^{-at}\ (r=1,2,3)$	$\dfrac{1}{(s+a)^r}$
$\sin\omega t$	$\dfrac{\omega}{s^2+\omega^2}$
$\cos\omega t$	$\dfrac{s}{s^2+\omega^2}$
t^n	$\dfrac{n!}{s^{n+1}}$
$\dfrac{1}{b-a}(be^{-bt}-ae^{-at})$	$\dfrac{s}{(s+a)(s+b)}$
$e^{-at}\sin\omega_n t$	$\dfrac{\omega_n}{(s+a^2)+\omega_n^2}$
$e^{-at}\cos\omega_n t$	$\dfrac{s+a}{(s+a)^2+\omega_n^2}$
$\dfrac{\omega_n}{\sqrt{1-\zeta^2}}e^{-\zeta\omega_n t}\sin\omega_n\sqrt{1-\zeta^2}\,t$	$\dfrac{\omega_n^2}{s^2+2\zeta\omega_n s+\omega_n^2}$
$\dfrac{-1}{\sqrt{1-\zeta^2}}e^{-\zeta\omega_n t}\sin(\omega_n\sqrt{1-\zeta^2}\,t-\theta)$ $\theta=\arctan\dfrac{\sqrt{1-\zeta^2}}{\zeta}\quad 0<\zeta<1$	$\dfrac{s}{s^2+2\zeta\omega_n s+\omega_n^2}$

6. 终值定理

如果原函数 $f(t)$ 的拉氏变换为 $F(s)$，并且 $sF(s)$ 在 s 平面的右半平面和虚轴上是解析的，则时间函数 $f(t)$ 的稳态值可如下求得

$$\lim_{t\to\infty} f(t) = \lim_{s\to 0} sF(s)$$

这一定理对于求暂态过程的稳态值是很有用的。但是，当 $sF(s)$ 的极点的实

部为正或等于零时，不能应用终值定理。这一点必须注意。在下面的例题中，还要说明。

例 A-1 应用初值定理求 $F(s) = \dfrac{1}{(s+2)^2}$ 的原函数 $f(t)$ 的初始值 $f(0)$ 和 $f'(0)$。

（1）求 $f(0)$。根据初值定理 $f(0) = \lim\limits_{s \to \infty} sF(s)$ 得

$$f(0) = \lim_{s \to \infty} \frac{s}{(s+2)^2} = \lim_{s \to \infty} \frac{1}{s+4+\dfrac{4}{s}} = 0$$

（2）求 $f'(0)$。因为

$$\mathscr{L}[f'(t)] = sF(s) - f(0) = \frac{s}{(s+2)^2} - f(0)$$

将已求得的 $f(0) = 0$ 带入上式得

$$\mathscr{L}[f'(t)] = \frac{s}{(s+2)^2}$$

根据初值定理得

$$f'(0) = \lim_{s \to \infty} s\frac{s}{(s+2)^2} = \lim_{s \to \infty} \frac{1}{1+\dfrac{4}{s}+\dfrac{4}{s^2}} = 1$$

可以校核这一结果的正确性，由

$$\mathscr{L}^{-1}[F(s)] = f(t)$$

得

$$f(t) = te^{-2t}$$
$$f(0) = \lim_{t \to 0} te^{-2t} = 0$$
$$f'(0) = \lim_{t \to 0}[e^{-2t} - 2te^{-2t}] = 1$$

例 A-2 应用终值定理求 $f(t) = 5 - 5e^{-t}$ 的终值。

因

$$F(s) = \frac{5}{s(s+1)}$$

所以得

$$\lim_{t \to \infty} f(t) = \lim_{s \to 0} sF(s) = \lim_{s \to 0} \frac{5}{(s+1)} = 5$$

也可以按下式求 $f(t)$ 的终值 $\lim\limits_{t \to \infty} f(t) = \lim\limits_{t \to \infty}(5 - 5e^{-t}) = 5$。

例 A-3 应用终值定理 $F(s) = \dfrac{\omega}{s^2 + \omega^2}$ 原函数的终值，并用 $f(t) = \sin\omega t$ 的终值进行校核。

由于 $sF(s) = \dfrac{s\omega}{s^2 + \omega^2}$ 有两个极点在虚轴上，所以不能应用终值定理。如用终

值定理，则得
$$\lim_{t\to\infty} f(t) = \lim_{s\to 0} sF(s) = \lim_{s\to 0} \frac{s\omega}{s^2+\omega^2} = 0$$

这个结论是错误的，因为表 A-1 得知原函数为 $f(t) = \sin\omega t$，该函数为周期性的简谐振荡函数，没有终值。

7. 卷积和定理

如果时间函数 $f_1(t)$ 和 $f_2(t)$ 都满足条件：

$$当\ t < 0\ 时，f_1(t) = f_2(t) = 0$$

则 $f_1(t)$ 和 $f_2(t)$ 的卷积为

$$f_1(t) * f_2(t) = \int_0^t f_1(\tau) f_2(t-\tau) \mathrm{d}\tau$$

由于卷积符合交换律，卷积也可写成

$$f_2(t) * f_1(t) = \int_0^t f_2(\tau) f_1(t-\tau) \mathrm{d}\tau$$

$$f_1(t) * f_2(t) = f_2(t) * f_1(t)$$

如果 $f_1(t)$ 和 $f_2(t)$ 是可以进行拉氏变换的，$F_1(s) = \mathscr{L}[f_1(t)]$，$F_2(s) = \mathscr{L}[f_2(t)]$。那么 $f_1(t) * f_2(t)$ 的拉氏变换为

$$\mathscr{L}\left[\int_0^t f_1(\tau) f_2(t-\tau) \mathrm{d}\tau\right] = F_1(s) F_2(s)$$

这称为卷积定理。根据卷积符合交换律得

$$\mathscr{L}\left[\int_0^t f_2(\tau) f_1(t-\tau) \mathrm{d}\tau\right] = F_2(s) F_1(s)$$

因此

$$\mathscr{L}[f_1(t) * f_2(t)] = \mathscr{L}[f_2(t) * f_1(t)] = F_1(s) F_2(s) = F_2(s) F_1(s)$$

8. 位移性质

如果 $\mathscr{L}[f(t)] = F(s)$，则有

$$\mathscr{L}[\mathrm{e}^{-at} f(t)] = F(s+a), \quad \mathrm{Re}[s+a] > 0$$

附录1.3　拉普拉斯反变换

求反变换的运算公式是

$$f(t) = \frac{1}{2\pi\mathrm{j}} \int_{c-\mathrm{j}\infty}^{c+\mathrm{j}\infty} F(s) \mathrm{e}^{st} \mathrm{d}s$$

用上式求反变换显然是很复杂的，但是对与绝大多数控制系统，并不需要利

用这一公式求解反变换，而是按照下面的方法求反变换。

在控制系统中，拉氏变换可以写成下列一般形式

$$F(s) = \frac{b_0 s^m + b_1 s^{m-1} + \cdots + b_{m-1}s + b_m}{a_0 s^n + a_1 s^{n-1} + \cdots + a_{n-1}s + b_n} \quad (A-3)$$

一般 $n > m$。式（A-3）可以分解为诸因式之积。

$$F(s) = \frac{K(s+z_1)(s+z_2)\cdots(s+z_m)}{(s+p_1)(s+p_2)\cdots(s+p_n)} \quad (A-4)$$

式中，当 $s = -z_1, s = -z_2, \cdots, s = -z_m$ 时，$F(s) = 0$。因此，$-z_1, -z_2, \cdots, -z_m$ 称为复变函数 $F(s)$ 的零点。

当 $s = -p_1, s = -p_2, \cdots, s = -p_n$ 时，$F(s) = \infty$，因此，$-p_1, -p_2, \cdots, -p_n$ 称为复变函数 $F(s)$ 的极点。

对于式（A-4）所示的拉氏变换，可以用部分分式展开，然后查拉氏变换表来求原函数。

1. 只包含不相同极点时的反变换 $f(t)$

因为各极点均不相同，因此 $F(s)$ 可以分解为诸分式之和。

$$F(s) = \frac{A_1}{s+p_1} + \frac{A_2}{s+p_2} + \cdots + \frac{A_n}{s+p_n}$$

式中 $A_1, A_2, \cdots, A_n$ 为常数，A_i 称为 $s = -p_i$ 的留数，该值可以按下式求出。

$$A_i = \lim_{s \to -p_i}(s+p_i)F(s)$$

即

$$A_i = [F(s)(s+p_i)]_{s=-p_i}$$

当各项系数求出后，可按下式求原函数 $f(t)$。

$$f(t) = L\mathscr{L}^{-1}[F(s)] = \mathscr{L}^{-1}\left[\frac{A_1}{s+p_1}\right] + \mathscr{L}^{-1}\left[\frac{A_2}{s+p_2}\right] + \cdots + \mathscr{L}^{-1}\left[\frac{A_n}{s+p_n}\right]$$

因

$$\mathscr{L}^{-1}\left[\frac{A_i}{s+p_i}\right] = A_i \mathrm{e}^{-p_i t}$$

故得

$$f(t) = A_1 \mathrm{e}^{-p_1 t} + A_2 \mathrm{e}^{-p_2 t} + \cdots + A_n \mathrm{e}^{-p_n t}, \quad t \geq 0$$

例 A-4 求下列拉氏变换得反变换。

（1）已知 $F(s) = \dfrac{s+3}{(s+1)(s+2)}$，求 $f(t) = \mathscr{L}^{-1}[F(s)]$。

将 $F(s)$ 分解为部分分式

$$F(s) = \frac{A_1}{s+1} + \frac{A_2}{s+2}$$

式中

$$A_1 = \left[\frac{s+3}{(s+1)(s+2)}(s+1)\right]_{s=-1} = 2,$$

$$A_2 = \left[\frac{s+3}{(s+1)(s+2)}(s+2)\right]_{s=-2} = -1$$

于是

$$f(t) = 2e^{-t} - e^{-2t}, \quad t \geq 0$$

(2) 已知 $F(s) = \dfrac{s^3 + 4s^2 + 6s + 5}{(s+1)(s+2)}$,求 $f(t) = \mathscr{L}^{-1}[F(s)]$。

因上式中的分子的幂次大于分母 s 的幂次,在求其反变换前,先将分子除以分母,得

$$F(s) = s + 1 + \frac{s+3}{(s+1)(s+2)}$$

对上式中的三项分别求拉氏反变换得

$$f(t) = \mathscr{L}^{-1}[F(s)] = \mathscr{L}^{-1}[s] + \mathscr{L}^{-1}[1] + \mathscr{L}^{-1}\left[\frac{s+3}{(s+1)(s+2)}\right]$$

式中

$$\mathscr{L}^{-1}[s] = \frac{d\delta(t)}{dt},$$

$$\mathscr{L}^{-1}[1] = \delta(t),$$

$$\mathscr{L}^{-1}\left[\frac{s+3}{(s+1)(s+2)}\right] = 2e^{-t} - e^{-2t}$$

因此得到原函数为

$$f(t) = \frac{d\delta(t)}{dt} + \delta(t) + 2e^{-t} - e^{-2t}, \quad t \geq 0$$

2. 包含共轭复极点的反变换

如果 $F(s)$ 有一对共轭极点,则可利用下面的展开式简化运算。设 $-p_1$, $-p_2$ 为共轭极点,则

$$F(s) = \frac{A_1 s + A_2}{(s+p_1)(s+p_2)} + \frac{A_3}{s+p_3} + \cdots + \frac{A_n}{s+p_n}$$

式中,A_1,A_2 可按下式求解

$$[F(s)(s+p_1)(s+p_2)]_{s=-p_1} = [A_1 s + A_2]_{s=-p_1}$$

因为 $-p_1$ 是一个复数值,故等号两边都是复数值。使等号两边的实数部分和虚数部分分别相等,得两个方程式。联立求解,即得到 A_1 及 A_2 两个常数值。

例 A -5 已知 $F(s) = \dfrac{s+1}{s(s^2+s+1)} = \dfrac{A_0}{s} + \dfrac{A_1 s + A_2}{s^2+s+1}$,求 $f(t)$。

三个极点分别为

$$s = 0, \quad s_{1,2} = -\frac{1}{2} \pm j\frac{\sqrt{3}}{2} = -0.5 \pm j0.866$$

确定各部分分式的待定系数

$$A_0 = \left[\frac{s+1}{s(s^2+s+1)} s\right]_{s=0} = 1$$

因

$$\left[\frac{(s+1)(s^2+s+1)}{s(s^2+s+1)}\right]_{s=-0.5-j0.866} = A_1(-0.5 - j0.866) + A_2$$

可得

$$\frac{0.5 - j0.866}{-0.5 - j0.866} = A_1(-0.5 - j0.866) + A_2$$

即

$0.5 - j0.866 = A_1(-0.5 - j0.866)^2 + A_2(-0.5 - j0.866) = A_1(-0.5 + j0.866) + A_2(-0.5 - j0.866)$ 使等号两端得实部和虚部分别相等,得

$$-0.5A_1 - 0.5A_2 = 0.5$$
$$0.866A_1 - 0.866A_2 = -0.866$$

解之得

$$A_1 = -1, \quad A_2 = 0$$

所以

$$F(s) = \frac{1}{s} - \frac{s}{s^2+s+1} = \frac{1}{s} - \frac{s+0.5}{(s+0.5)^2+(0.866)^2} + \frac{0.5}{(s+0.5)^2+(0.866)^2}$$

则

$$f(t) = \mathscr{L}^{-1}\left[\frac{1}{s} - \frac{s+0.5}{(s+0.5)^2+(0.866)^2} + \frac{0.5}{(s+0.5)^2+(0.866)^2}\right]$$

$$= 1 - e^{-0.5t}\cos 0.866t + 0.57e^{-0.5t}\sin 0.866t, \quad t \geq 0$$

3. 包含有 r 个重极点时的反变换

如果有 r 个重极点,则 $F(s)$ 可写为

$$F(s) = \frac{K(s+z_1)(s+z_2)\cdots(s+z_m)}{(s+p_0)^r(s+p_{r+1})(s+p_{r+2})\cdots(s+p_n)}$$

将上式展开成部分分式

$$F(s) = \frac{A_{o1}}{(s+p_0)^r} + \frac{A_{02}}{(s+p_0)^{r-1}} + \cdots + \frac{A_{0r}}{s+p_0} + \frac{A_{r+1}}{s+p_{r+1}} + \cdots + \frac{A_n}{s+p_n}$$

式中，A_{r+1}，A_{r+2}……的计算与在单极点情况下求待定系数的方法相同，而 A_{01}，$A_{02}\cdots A_{0r}$ 的求法如下：

$$A_{01} = \{(s+p_0)^r F(s)\}_{s=-p_0}$$

$$A_{02} = \left\{\frac{\mathrm{d}}{\mathrm{d}s}[(s+p_0)^r F(s)]\right\}_{s=-p_0}$$

$$\cdots\cdots\cdots\cdots\cdots\cdots\cdots\cdots$$

$$A_{0i} = \frac{1}{(i-1)!}\left\{\frac{\mathrm{d}^{i-1}}{\mathrm{d}s^{i-1}}[(s+p_0)^r F(s)]\right\}_{s=-p_0}$$

$$\cdots\cdots\cdots\cdots\cdots\cdots\cdots\cdots$$

$$A_{0r} = \frac{1}{(r-1)!}\left\{\frac{\mathrm{d}^{r-1}}{\mathrm{d}s^{r-1}}[(s+p_0)^r F(s)]\right\}_{s=-p_0}$$

则具有 r 个重极点的拉氏反变换为

$$f(t) = \left[\frac{A_{01}}{(r-1)!}t^{r-1} + \frac{A_{02}}{(r-2)!}t^{r-2} + \cdots + A_{0r}\right]\mathrm{e}^{-p_0 t} + A_{r+1}\mathrm{e}^{-(p_{r+1})t} + \cdots + A_n \mathrm{e}^{-p_n t}, \quad t \geq 0$$

例 A-6 求 $F(s) = \dfrac{s+3}{(s+2)^2(s+1)}$ 的拉氏反变换。

将 $F(s)$ 分解为部分分式

$$F(s) = \frac{A_{o1}}{(s+2)^2} + \frac{A_{02}}{s+2} + \frac{A_{03}}{s+1}$$

上式中各项系数为

$$A_{o1} = \left[\frac{s+3}{(s+2)^2(s+1)}(s+2)^2\right]_{s=-2} = 1$$

$$A_{02} = \left\{\frac{\mathrm{d}}{\mathrm{d}s}\left[\frac{s+3}{(s+2)^2(s+1)}(s+2)^2\right]\right\}_{s=-2} = -2$$

$$A_{03} = \left[(s+1)\frac{s+3}{(s+2)^2(s+1)}\right]_{s=-1} = 2$$

于是得

$$F(s) = \frac{-1}{(s+2)^2} - \frac{2}{(s+2)} + \frac{2}{s+1}$$

所以原函数为

$$f(t) = -(t+2)e^{-2t} + 2e^{-t}, \quad t \geq 0$$

附录 1.4　用拉氏变换求解系统的暂态过程

上面介绍了用拉氏变换解常系数线性微分方程的方法，举例说明用这种方法求解系统的暂态过程。

例 A-7　设一线性系统的微分方程为

$$\frac{d^2 x_c}{dt^2} + 5\frac{dx_c}{dt} + 6x_c = 6u(t)$$

并设初始条件是

$$\dot{x}_c(0) = 2, \quad x_c(0) = 2$$

求输出量 $x_c(t)$。

系统微分方程的拉氏变换为

$$s^2 x_c(s) - s x_c(0) - \dot{x}_c(0) + 5s x_c(s) - 5 x_c(0) + 6 x_c(s) = 6/s$$

代入初始条件的值并整理得 $x_c(s)$ 如下方程：

$$x_c(s) = \frac{2s^2 + 12s + 6}{s(s^2 + 5s + 6)} = \frac{2s^2 + 12s + 6}{s(s+3)(s+2)}$$

将上式展开为部分分式

$$x_c(s) = \frac{A_0}{s} + \frac{A_1}{s+3} + \frac{A_2}{s+2}$$

式中

$$A_0 = [x_c(s)s]_{s=0} = 1$$
$$A_1 = [x_c(s)(s+3)]_{s=-3} = -4$$
$$A_2 = [x_c(s)(s+2)]_{s=-2} = 5$$

因此

$$x_c(s) = \frac{1}{s} - \frac{4}{s+3} + \frac{5}{s+2}$$

利用表 A-1 就可求出上式的拉氏反变换为

$$x_c(t) = 1 - 4e^{-3t} + 5e^{-2t}$$

上述解由两部分组成，稳态解为 1，暂态解为 $(-4e^{-3t} + 5e^{-2t})$。系统的稳态解也可以用终值定理求得

$$\lim_{t \to \infty} x_c(t) = \lim_{s \to 0} s x_c(s) = \lim_{s \to 0} \frac{2s^2 + 12s + 6}{(s+3)(s+2)} = 1$$

例 A-8 闭环速度自动控制系统的微分方程式是

$$\frac{T_d T_m}{1 + K_h} \frac{d^2 n}{dt^2} + \frac{T_m}{1 + K_h} \frac{dn}{dt} + n = \frac{K_y U_g(t)}{C_e(1 + K_h)}$$

给定量为阶跃函数时，其拉氏变换为

$$U_g(s) = \frac{U_g}{s}$$

设初始值为零，微分方程式的拉氏变换为

$$\left(\frac{T_d T_m}{1 + K_h} s^2 + \frac{T_m}{1 + K_h} s + 1 \right) n(s) = \frac{K_y U_g}{C_e(1 + K_h) s}$$

于是得

$$n(s) = \frac{K_y U_g / C_e}{s \left(\dfrac{T_d T_m}{1 + K_h} s^2 + \dfrac{T_m}{1 + K_h} s + 1 \right)(1 + K_h)}$$

设系统的参数如下：

$$C_e = 0.2, \quad K_y = 100, \quad K_h = 4, \quad T_m = 0.5s, \quad T_d = 0.1s$$

则

$$n(s) = \frac{100 U_g}{s(0.01 s^2 + 0.1 s + 1)} = \frac{100^2 U_g}{s(s^2 + 10 s + 100)}$$

$$= 100^2 U_g \left(\frac{A_0}{s} + \frac{A_1 s + A_2}{s^2 + 10 s + 100} \right)$$

特征方程的根为 $s = 0, s_{1,2} = 5(-1 \pm j\sqrt{3})$

求各项系数得

$$A_0 = \left[\frac{1}{s(s^2 + 10 s + 100)} s \right]_{s=0} = \frac{1}{100}$$

又由

$$\left[\frac{1}{s(s^2 + 10 s + 100)} (s^2 + 10 s + 100) \right]_{s = 5(-1 + j\sqrt{3})}$$

$$= \left[\left(\frac{A_0}{s} + \frac{A_1 s + A_2}{s^2 + 10s + 100} \right) (s^2 + 10s + 100) \right]_{s=5(-1+j\sqrt{3})}$$

得
$$\frac{1}{5(-1+j\sqrt{3})} = 5(-1+j\sqrt{3})A_1 + A_2$$

令等号两边的实部和虚部分别相等,得
$$A_1 = -\frac{1}{100}, \quad A_2 = -\frac{1}{10}$$

所以
$$n(s) = 100 U_g \left(\frac{1}{s} - \frac{s+10}{s^2 + 10s + 100} \right)$$

$$= 100 U_g \left[\frac{1}{s} - \frac{s+5}{(s+5)^2 + (5\sqrt{3})^2} - \frac{\frac{1}{\sqrt{3}} \times 5\sqrt{3}}{(s+5)^2 + (5\sqrt{3})^2} \right]$$

查表 A-1 得原函数
$$n(t) = 100 U_g \left[1 - e^{-5t} \left(\cos 5\sqrt{3}t + \frac{1}{\sqrt{3}} \sin 5\sqrt{3}t \right) \right]$$

$$= 100 U_g \left[1 - \frac{2}{\sqrt{3}} e^{-5t} \sin \left(\frac{\sqrt{3}}{2} \cos 5\sqrt{3}t + \frac{1}{2} \sin 5\sqrt{3}t \right) \right]$$

$$= 100 U_g \left[1 - \frac{2}{\sqrt{3}} e^{-5t} \sin \left(5\sqrt{3}t + \frac{\pi}{3} \right) \right], \quad t \geq 0$$

$$n(s) = 100 U_g \left(\frac{1}{s} - \frac{s+10}{s^2 + 10s + 100} \right)$$

$$= 100 U_g \left[\frac{1}{s} - \frac{s+5}{(s+5)^2 + (5\sqrt{3})^2} - \frac{\frac{1}{\sqrt{3}} \times 5\sqrt{3}}{(s+5)^2 + (5\sqrt{3})^2} \right]$$

查表 A-1 得原函数
$$n(t) = 100 U_g \left[1 - e^{-5t} \left(\cos 5\sqrt{3}t + \frac{1}{\sqrt{3}} \sin 5\sqrt{3}t \right) \right]$$

$$= 100 U_g \left[1 - \frac{2}{\sqrt{3}} e^{-5t} \sin \left(\frac{\sqrt{3}}{2} \cos 5\sqrt{3}t + \frac{1}{2} \sin 5\sqrt{3}t \right) \right]$$

$$= 100 U_g \left[1 - \frac{2}{\sqrt{3}} e^{-5t} \sin \left(5\sqrt{3}t + \frac{\pi}{3} \right) \right], \quad t \geq 0$$

附录 2

《过程控制技术》部分中英文词汇对照表

A

Acceleration 加速度
Angle of departure 分离角
Asymptotic stability 渐近稳定性
Automation 自动化
Auxiliary equation 辅助方程

B

Backlash 间隙
Bandwidth 带宽
Block diagram 方框图
Bode diagram 波特图

C

Cauchy's theory 高斯定理
Characteristic equation 特征方程
Closed – loop control system 闭环控制系统
Constant 常数
Control system 控制系统
Control lability 可控性
Critical damping 临界阻尼

D

Damping constant 阻尼常数
Damping ratio 阻尼比
DC control system 直流控制系统

Dead zone　死区
Delay time　延迟时间
Derivative control　微分控制
Differential equations　微分方程
Digital computer compensator　数字补偿器
Dominant poles　主导极点
Dynamic equations　动态方程

E

Error coefficients　误差系数
Error transfer function　误差传递函数

F

Feedback　反馈
Feedback compensation　反馈补偿
Feedback control systems　反馈控制系统
Feedback signal　反馈信号
Final – value theorem　终值定理
Frequency – domain analysis　频域分析
Frequency – domain design　频域设计
Friction　摩擦

G

Gain　增益
Generalized error coefficients　广义误差系数

I

Impulse response　脉冲响应
Initial state　初始状态
Initial – value theorem　初值定理
Input vector　输入向量
Integral control　积分控制
Inverse z – transformation　反 z 变换

J

Jordan block 约当块
Jordan canonical form 约当标准形

L

Lag – lead controller 滞后 – 超前控制器
Lag – lead network 滞后 – 超前网络
Laplace transform 拉氏变换
Lead – lag controller 超前 – 滞后控制器
Linearization 线性化
Linear systems 线性系统

M

Mass 质量
Mathematical models 数学模型
Matrix 矩阵
Mechanical systems 机械系统

N

Natural undamped frequency 自然无阻尼频率
Negative feedback 负反馈
Nichols chart 尼科尔斯图
Nonlinear control systems 非线性控制系统
Nyquist criterion 奈奎斯特判据

O

Observability 可观性
Observer 观测器
Open – loop control system 开环控制系统
Output equations 输出方程
Output vector 输出向量

P

Parabolic input 抛物线输入

Partial fraction expansion 部分分式展开
PD controller 比例微分控制器
Peak time 峰值时间
Phase – lag controller 相位滞后控制器
Phase – lead controller 相位超前控制器
Phase margin 相角裕度
PID controller 比例、积分微分控制器
Polar plot 极坐标图
Poles definition 极点定义
Positive feedback 正反馈
Prefilter 前置滤波器
Principle of the argument 幅角原理

R

Ramp error constant 斜坡误差常数
Ramp input 斜坡输入
Relative stability 相对稳定性
Resonant frequency 共振频率
Rise time 上升时间
Robust system 鲁棒系统
Root loci 根轨迹
Routh tabulation (array) 劳斯表

S

Sampling frequency 采样频率
Sampling period 采样周期
Second – order system 二阶系统
Sensitivity 灵敏度
Series compensation 串联补偿
Settling time 调节时间
Signal flow graphs 信号流图
Similarity transformation 相似变换
Singularity 奇点
Spring 弹簧

Stability 稳定性
State diagram 状态图
State equations 状态方程
State feedback 状态反馈
State space 状态空间
State transition equation 状态转移方程
State transition matrix 状态转移矩阵
State variables 状态变量
State vector 状态向量
Steady – state error 稳态误差
Steady – state response 稳态响应
Step error constant 阶跃误差常数
Step input 阶跃输入

T

Time delay 时间延迟
Time – domain analysis 时域分析
Time – domain design 时域设计
Time – invariant systems 时不变系统
Time – varying systems 时变系统
Type number 型数
Torque constant 扭矩常数
Transfer function 转换方程
Transient response 暂态响应
Transition matrix 转移矩阵

U

Unit step response 单位阶跃响应

V

Vandermonde matrix 范德蒙矩阵
Velocity control system 速度控制系统
Velocity error constant 速度误差常数

Z

Zero – order hold 零阶保持

z – transfer function z 变换函数

z – transform z 变换

附录 3

常用管道仪表流程图设计符号

管道仪表图（Piping and Instrument Diagram，P&ID），有时称为带控制点工艺流程图。在 P&ID 设计时，需要采用标准的设计符号用于表示在工艺流程图中的检测和控制系统。设计符号分为文字符号和图形符号两类。本附录对有关内容作简单介绍。

1. 文字符号

文字.符号是用英文字母表示仪表位号。仪表位号由仪表功能标志字母和仪表回路的顺序流水号组成。字母的功能标志如附表 1 所示。

附表 1　字母的功能标志

英文字母	首位字母		后续字母		
	被测、被控或引发变量	修饰词	读出功能	输出功能	修饰词
A	分析	—	报警	—	(供选用)
B	烧嘴、火焰	—	(供选用)	(供选用)	—
C	电导率	—	—	控制	—
D	密度	差	—	—	—
E	电压（电动势）	—	检测元件	—	—
F	流量	比率（比值）	—	—	—
G	位置或长度（尺寸）	—	玻璃、视镜、观测	—	—
H	手动	—	—	—	高
I	电流	—	指示	—	—
J	功率	扫描	—	—	—
K	时间、时间程序	变化速率	—	手-自动操作器	—
L	物位	—	指示灯	—	低
M	水分、湿度	瞬动	—	—	中
N	(供选用)	—	(供选用)	(供选用)	(供选用)
O	(供选用)	—	节流孔	—	—
P	压力、真空	—	连续、测试点	—	—
Q	数量	积算、累计	—	—	—
R	核辐射	—	记录、DCS 趋势记录	—	—
S	速度、频率	安全	—	开关、联锁	—

续表

英文字母	首位字母		后续字母		
	被测、被控或引发变量	修饰词	读出功能	输出功能	修饰词
T	温度	—	—	变送、传送	—
U	多变量	—	多功能	多功能	多功能
V	黏度	—	—	阀、风门、百叶窗	—
W	重力、力	—	套管	—	—
X	未分类	X 轴	未分类	未分类	未分类
Y	事件、状态	Y 轴	—	继电器、计算器等	—
Z	位置、尺寸	Z 轴	—	驱动器、执行元件	—

例如：PSV 表示压力安全阀，P 表示被测变量是压力，S 表示具有安全功能，V 表示控制阀；TT 表示温度变送器，第一个字母 T 表示被测变量是温度，第二个字母 T 表示变送器；TS 表示温度开关，第一个字母 T 表示温度，S 表示开关；ST 表示转速变送器，S 表示被测变量是转速，T 表示变送器。

后续字母 Y 表示该仪表具有继电器、计算器或转换器的功能。例如，可以是一个放大器或气动继电器等，也可以是一个乘法器、加法器或实现前馈控制规律的函数关系等，也可以是电信号转换成气信号的电气转换器，或频率–电流转换器或其他的转换器。

在 P&ID 中，一个控制回路可以用组合字母表示。例如，一个温度控制回路可表示为 TIC，或简化为 T。它表示该控制回路由 TT 温度变送器、TE 温度检测元件、TC 温度控制器、TI 温度指示仪表、TY 电气阀门定位器和 TV 气动薄膜控制阀组成。

2. 图形符号

图形符号用于表示仪表的类型、安装位置、操作人员可否监控等功能。基本图形符号如附表 2 所示。

附表 2　基本图形符号

类别	安装在现场，正常情况操作员不能监控	安装在主操作台，正常情况操作员可监控	安装在盘后或不与 DCS 通信	安装在辅助设备，正常情况操作员可监控
仪表	○	⊖	⊝	⊖
分散控制共用显示共用控制	⊕	⊕	⊕	□

附录3 常用管道仪表流程图设计符号 303

续表

类别	安装在现场，正常情况操作员不能监控	安装在主操作台，正常情况操作员可监控	安装在盘后或不与DCS通信	安装在辅助设备，正常情况操作员可监控
计算机	⬯	⬯	⬯	⬯
可编程逻辑控制器	◇	◇	◇	◇

当后继字母是 Y 时，仪表的附加功能图形符号如附表 3 所示。

信号转换是指信号类型的转换。例如，模拟信号转换成数字信号用 A/D 表示；电流信号转换成气信号，用 I/P 表示。信号切换是对输入信号的选择。附加的功能图形符号通常标注在仪表图形符号外部的矩形框内。

当仪表具有开关、联锁（S）的输出功能，或具有报警（A）功能时，应在仪表基本图形符号外标注开关、连锁或报警的条件。例如，高限（H）、低限（L）、高高限（HH）等。

当仪表以分析检测（A）作为检测变量时，应在仪表基本图形符号外标注被检测的介质特性。例如，用于分析含氧量的仪表图形符号外标注 O2，用于 pH 值检测的仪表图形符号外标注 pH 值等。

根据规定，所有的功能标志字母均用大写字母。为简化有时也将一些修饰字母用小写字母表示。例如，T_dT 等同于 T_DT，表示温差变送器。

附表 3 附加功能符号

图形符号	功能	说明	图形符号	功能	说明
Σ	和	输入信号的代数和	f(x)	函数	输入信号的非线性函数
Σ/n	平均值	输入信号的均值	f(t)	时间函数	输入信号的时间函数
Δ	差	输入信号的代数差	⪴	上限	输入信号的上限限幅
×	乘	输入信号的乘积	⪵	下限	输入信号的下限限幅
÷	除	输入信号的商	>	高选	输入信号的最大值

续表

图形符号	功能	说明	图形符号	功能	说明
$\sqrt[n]{}$	方根	输入信号的 n 次方根	<	低选	输入信号的最小值
X^n	指数	输入信号的 n 次幂	-k	反比	输入信号的反比
k	比例	输入信号的正比	*/*	转换	信号的转换
∫	积分	输入信号的时间积分	SW	切换	信号的切换
d/d	微分	输入信号的变化率	+ − ±	偏置	加或减一个偏置值

3. 仪表位号

仪表位号由仪表功能标志字母和仪表回路的顺序流水号组成。例如，PIC-101 中 PIC 表示该仪表具有压力指示和控制功能，101 是该仪表的控制回路编号。在 P&ID 中，通常，图形符号中分子部分表示该仪表具有的功能，分母部分表示该仪表的控制回路编号。在本教材中，为了简化，有时也将仪表顺序流水号标注在功能字母中，例如，P_1T 等同于 PT-1。

参 考 文 献

[1] 王爱广,王琦. 过程控制技术 [M]. 北京:化学工业出版社,2011.
[2] 张井岗. 过程控制与自动化仪表 [M]. 北京:北京大学出版社,2007.
[3] 王银锁. 过程控制系统 [M]. 北京:石油工业出版社,2009.
[4] 翁维勤,周庆海. 过程控制系统及工程 [M]. 北京:化学工业出版社,1996.
[5] 王再英,刘淮霞. 过程控制系统与仪表 [M]. 北京:机械工业出版社,2006.
[6] 王树青. 工业过程控制工程 [M]. 北京:化学工业出版社,2002.
[7] 林锦国. 过程控制 [M]. 南京:东南大学出版社,2006.
[8] 邵裕森,戴先中. 过程控制工程 [M]. 北京:机械工业出版社,2000.
[9] 蒋慰孙,俞金寿. 过程控制工程 [M]. 北京:中国石化出版社,2004.
[10] 何离庆. 过程控制系统与装置 [M]. 重庆:重庆大学出版社,2003.
[11] 孙优贤,邵惠鹤. 工业过程控制技术 [M]. 北京:化学工业出版社,2006.
[12] 俞金寿. 过程控制系统和应用 [M]. 北京:机械工业出版社,2003.
[13] 何衍庆,俞金寿. 工业生产过程控制 [M]. 北京:化学工业出版社,2004.
[14] 王树青. 过程控制工程 [M]. 北京:化学工业出版社,2003.
[15] 阳惠宪,郭海涛. 安全仪表系统的功能安全 [M]. 北京:清华大学出版社,2007.